国家中等职业教育改革发展示范学校
重点建设专业草原建设与保护专业教材

牧草饲料作物栽培技术

主　审　侯新锋
主　编　努尔沙娜·哈力克
　　　　艾买提·哈力木汗

中国商业出版社

图书在版编目(CIP)数据

牧草饲料作物栽培技术/努尔沙娜·哈力克，艾买提·哈力木汗主编. —北京:中国商业出版社，2013.9

ISBN 978-7-5044-8179-5

Ⅰ.①牧… Ⅱ.①努…②艾… Ⅲ.①牧草-栽培技术-中等专业学校-教材 Ⅳ.①S54

中国版本图书馆 CIP 数据核字(2013)第 169365 号

责任编辑:唐伟荣

中国商业出版社出版发行

(100053 北京广安门内报国寺 1 号)

新华书店总店北京发行所经销

北京燕龙印刷有限公司印刷

* * * * *

开本:787×1092 毫米 1/16 18 印张 300 千字

2013 年 9 月第 1 版 2013 年 9 月第 1 次印刷

定价:37.00 元

* * * *

(如有印装质量问题可更换)

前　言

《牧草饲料作物栽培技术》是专为中等职业学校草原专业设立的核心专业课，是草业科学主要研究方向之一。本教材重点介绍了适合新疆北疆和阿勒泰地区气候、土壤和耕作特点的牧草种类和栽培技术，是以能力培养为主的工学结合校本特色教材。全书共分两个大部分，共九个学习情境。第一部分为牧草及饲料作物栽培基础知识，阐述了牧草的分布和区划、牧草饲料作物的生长发育、土壤耕作及其耕作制、牧草地建植和管理技术、牧草种子生产；第二部分为新疆牧草与饲料作物栽培技术实训，阐述了适合新疆地区种植的优质豆科、禾本科牧草，其他科牧草与主要饲料作物栽培技术要点。此外，还有附表：顶岗实习工作过程作业记录单。

本书学习情境1、情境2、情境6、情境7、情境8、情境9由努尔沙娜·哈力克执笔；情境3、情境4、情境5由艾买提·哈力木汗执笔。由于我们水平和能力有限，时间仓促，书中错误和不妥之处在所难免，希望该专业教师和相关行业专家提出宝贵意见和建议，以进一步修改和完善。

编写人员：努尔沙娜·哈力克（阿勒泰畜牧兽医职业学校草原专业教师）

艾买提·哈力木汗（原阿勒泰地区草原站站长）

审核：侯新锋

编者

2013年9月

目 录

第一部分

牧草及饲料作物栽培基础知识

绪 论

一、牧草在现代草地畜牧业生产中的地位

(一)草地在国民经济建设中的基本地位

中国草地资源总面积3.93亿公顷，占国土总面积的41.4%，占世界草地总面积的12.4%，仅次于澳大利亚，居世界第二位。我国草地面积是农田面积的近4倍，养活近1.3亿人口(占全国人口总数的8.3%)，年产量3亿吨。

(二)牧草饲料作物在国民经济可持续发展中的作用

牧草饲料作物是从栽培的植物中分化出来的一类特殊植物，早先用于饲养家畜，继而用于改良农田，后来用于绿化和水土保持，这些功能的深化和发展也反映了牧草饲料作物与人类生存和发展的关系。牧草饲料作物的广泛精细栽培是文明社会进步发展的标志之一。下面将从各个方面论述牧草饲料作物在国民经济可持续发展中的作用。

1.牧草及饲料作物是发展现代畜牧业的物质基础。畜牧业是国民经济的重要组成部分，与国民经济的可持续发展密不可分。受人口增长和经济发展作用，增加畜牧业生产，持续、大幅度提高动物产品总量已经成为我国农业发展的基本特征。

现代畜牧业是集约化经营的草地畜牧业，在整个生产流程中，草料生产是基础，它限制和规定了畜牧业发展的规模和速度，也制约着草地畜牧业的集约化程度。尽管草料生产有天然草场、人工种草和农副产品三个途径，但由于天然草场受自然条件和经营条件所限，加之整体退化趋势明显存在，难于在现代草地畜牧业的集约化经营中有较大改观;粮食作物对水热条件要求严格，其所需的条件得不到满足时，会严重影响产量，甚至颗粒无收。同时单位面积所含营养物质不及牧草，农副产品因受自身品质和加工技术的限制，也难于在现代草地畜牧业的集约化经营中发挥多大作用。只有人工种草不仅产量高、稳定，而且营养丰富，富含畜禽所需的蛋白质、维生素和其他营养物质，粗纤维含量低;柔嫩多汁，适口性好，易消化。可青饲、青贮、糖饲;可调制干草、草粉、草块、颗粒饲料和放牧;可提取叶蛋白;其籽粒还可代替粮食作精料，均为各种畜禽所喜食。由于人工种草选用了优良牧草种和品种，用了技术密集型栽培措施，使得产投比得到最高回报，从而获得高额效益。国内外的经验告诉我们，解决草畜矛盾的根本出路在于建立稳产、高产、优质的人工草地。

2.牧草绿肥是保障现代农业可持续发展的基础资源。农业是国民经济的基础，农业的可持续发展制约着国民经济的可持续发展，而农业的可持续发展又取决于农田地力的可持续利用。土壤是农作物的立地基础，人们从事农业生产，就是要充分利用土地获得高产、优质、高效益，而要达到两高一优，就要不断保持和培肥地力，这是保持农业持续增产的根本。种植牧草，特别是豆科牧草是积极养地的有效途径。土壤肥力的中心是有机质，增加土壤有机质的措施，除施用有机肥料和实行秸秆还田外，种植牧草，收后能给土壤留下大量的含有丰富的有机质、氮素和其他养分的根茬和枯枝落叶，从而可以提高耕层土壤的有效养分含量，以

保证持续均衡地供应农业生产的需要。

3. 种草植树是实现生态系统良性循环的重要环节。人类生存环境的可持续发展依赖于周围空间生态系统的良性循环。这个系统由大气—植物—土壤三者组成，以双向方式进行物质循环流动。其中植物（包括草地和森林）是最活跃的因子。它们具有调节气候、涵养水源、保持水土、防风固沙、净化空气、改良土壤、培育肥力、土地复垦的能力，并可从大气和土壤中吸收不利于人们生活的有害物质，如 CO_2、CO、SO_2、H_2S、O_3 等，同时通过光合作用排出人类生活需要的氧使空气变得清新，从而通过改良大气和土壤的质量达到改善和美化人类生活环境的目的。

二、新疆草地概况与人工饲草基地建设的重要性

（一）新疆草地与种植业条件概况

新疆是中国的“四大牧区”之一。天然草场辽阔，类型丰富，草原畜牧业是新疆地方经济不可替代的重要组成部分，同时也是该区广大农牧民增收途径中增幅比例最高、增速最快的产业。全疆天然草地总面积 57258.77 千公顷，其中可利用天然草地面积 48006.84 千公顷，占农林牧用地总面积 55266.7 千公顷的 86.86%，是耕地面积 3082.52 千公顷的 15.57 倍，是林地面积 2068.27 千公顷的 23.2 倍。

天然草地是新疆畜牧业和农牧民赖以生存和发展的重要国土资源。长期以来，由于草地建设投入严重不足，管理不规范，乱采乱挖，无计划地在草原上开发旅游业，又受制于特定的地理条件，生态环境严酷，建设投入有限，传统的草原畜牧业经营方式和生产条件没有得到根本改善，发展缓慢；同时，随着社会的进步，生产的发展，人口和牲畜不断增加，天然草场过度超载放牧，引起天然牧草资源严重退化，山地草场和荒漠草场的生态状况也不断恶化，特别是春秋牧场和荒漠草场大面积“三化”（退化、沙化、盐碱化）问题极为突出，不同程度退化的草地面积已达到 85% 以上，致使草地生产力和环境维护能力严重衰退。草原放牧是最经济的畜牧业，但没有农业人工牧草做后盾的畜牧业是低生产率和不稳定的畜牧业。

新疆是典型的绿洲型农业，其牧草与饲料作物生产条件具有以下特点：

1. 大陆性气候：新疆是典型的大陆性气候，属于干旱生态环境。

（1）降水量少：年降水量南疆 <100mm，北疆 200mm 左右，而蒸发量一般都在 2000mm 以上，因此空气干燥。

（2）温差变异大：新疆温带荒漠草地区，主要分布于阿勒泰山、巴尔鲁克山冲积带和伊犁河谷地，天山北坡中山带、准格尔盆地及绿洲边缘，天山南坡冲积带、塔里木盆地及绿洲边缘，昆仑山北坡、帕米尔高原的山区。大多属于温带荒漠性气候。这些地区，除年际和昼夜变化较大外，地区间温度差异尤大，气温是南疆高于北疆，年均温度南疆为 7.5℃ ~14.2℃，北疆为 5℃ ~7℃；≥10℃积温南疆为 4000℃，北疆为 3000℃ ~3600℃；无霜期南疆 180 ~210 天，而北疆一些地区生育期短，无霜期 100 ~120 天。

（3）日照时间长：北疆一般为 2700 ~3000 小时，南疆中部地区一般为 3100 ~3600 小时；而且日照百分率高，北疆为 60% ~70%，南疆中部地区一般为 70% ~80%；太阳辐射量大，一般为 586 ~628kJ/cm^2。

2. 水土不平衡：新疆地多水少，土质多为盐土及灰钙土和棕钙土，而且地区之间差异很大，生产季节分配不均衡，牧草与饲料作物生长、分布和技术措施受水源制约较大。

3. 灌溉农业:新疆属典型的灌溉农业，灌溉面积占94%左右，种植饲草料也需要大量的水资源。新疆灌溉的水源主要来自高山的冰川和山地降水，形成地面径流和地下水。所以要搞好农田水利建设和引进先进的节水灌溉技术，是解决新疆农田灌溉和种植业持续发展的关键措施。

4. 中、低产田面积大:在全疆3985.7hm^2 的耕地中，盐碱地、戈壁地等中、低产田面积约占80%，所以改良中、低产田，培肥地力的有效方法是种植豆科牧草，对提高农作物产量，调整产业结构具有重要的意义。

(二)阿勒泰地区草地与种植业概况

阿勒泰地区是典型的草原畜牧业地区，全地区境内天然草原毛面积1.48亿亩(不含区外跨区放牧面积2639万亩)，其中:可利用草原面积1.36亿亩(含区外跨区放牧面积2639万亩、兵团使用面积253万亩)，其中不同程度退化面积已达到80%。据不完全统计，到2003年底，全地区退化草场面积6929.5万亩，占可利用草场面积的64%，其中严重退化面积占40%，沙化草场面积545.99万亩，占可利用草场面积的5.03%，盐碱化草场面积458.86万亩，占可利用草场面积的4.23%，草地产草量和植物覆盖度不断下降，估计产草量比上世纪60年代下降30%~60%，严重者下降60%~80%。因此，目前以农业人工牧草与饲料作物支撑做后盾的畜牧业是必要之路。

阿勒泰地区农业，其牧草与饲料作物生产条件具有以下特点:

1. 大陆性气候:阿勒泰地区位于欧亚大陆腹地，远离海洋，属大陆性寒温带气候区，从海拔3000多米的高山到500米左右的沙漠，气候差异非常明显。

(1)降水量相对多，但不均匀:年降水量垂直变化大，沙漠边缘约100㎜，山麓平原区100~200㎜，山区400~600㎜，局部可达800㎜，是新疆降水量相对较多的地区。全区气温自北向南增加，降水量自西向东减少，但由于地形及气流路径的影响，本区各部分的气候仍有一定差异。

(2)四季气候分别明显:四季气候特点分为，按气候平均气温≥0℃~20℃为春季，≥20℃为夏季，20℃~0℃为秋季，≤0℃为冬季。大于10℃的有效积温1900℃~3334.7℃，无霜期100~188天，气候冷凉，光照条件好，特别是在4~9月的农业生产季节。

(3)日照时间长:日照时数1630~1920小时，日照百分率69%~72%，太阳辐射量大。

2. 土壤质量差异大，退化情况严重:耕作土壤主要有灌耕栗钙土、灌耕棕钙土、潮土、灌耕草甸土、盐化灌耕龟裂土、旱作黑钙土等6类;大部分土壤具有土层薄、质地粗、含砾石多、透水性强，下伏有第三纪泥岩不透水层，易下潮及盐碱化等特点。(目前全地区土壤盐渍、次生盐渍化面积大约有40万亩，较严重的约有20万亩。)

土壤有机质含量普遍较低，缺氧、少磷、部分地方钾不足，钼、锌、硼、锰等微量元素缺乏。

3. 灌溉农业:全区有三大水系，全流域地表水资源量为123.44亿立方米，农业用水较丰富;目前推广节水灌溉措施有滴灌、开沟灌水和畦灌等方式。

4. 中、低产田面积大:阿勒泰地区高产面积占总面积的20%、中产面积占30%、低产面积占50%左右，目前中低产田改良面积39.55万亩，秸秆还田21.7万亩，农区种草18.9万亩，粮:经:草为33:50:17。主要障碍因素为有机质含量低、土壤土层薄、质地粗、含砾石多、土壤下潮及盐碱化等，还有部分寒冷和干旱等。因此，“旱作节水农业”和“退耕还草林”是主要改良中、低产地的措施。

5. **适宜本地区中、低产田地牧草品种：**紫花苜蓿、红豆草、百脉根、草木犀、三叶草、沙打旺、柠条、冰草、沙蒿、无芒雀麦、苇状羊茅、披碱草、鸡脚草、苏丹草等。**补播天然草地的优良品种：**草地早熟禾、紫羊茅、木地肤和驼绒藜等。**饲用价值较高饲料作物品种：**饲料甜高粱、青贮玉米、燕麦、菊芋草、马铃薯、胡萝卜和豌豆等。

三、人工饲草基地不可替代的作用

人工草地是指选择适宜的草种通过人工措施而建植或改良的草地。它具有以下几个方面的重要作用：

1. 人工种植的饲草是家畜的必需饲料；
2. 人工饲草基地是畜牧业可持续发展的保证；
3. 人工优质饲草是现代畜牧业集约化经营的前提；
4. 人工饲草可以有效地改良和培肥贫瘠土壤；
5. 人工饲草基地可以大面积置换天然草场；
6. 人工草地有防治水土流失，保护生态环境的作用。

学习情境1　牧草的分布和区划

学习任务单

<table>
<tr><td>学习情境1</td><td colspan="2">牧草的分布和区划</td><td colspan="2">学时</td><td colspan="2">10</td></tr>
<tr><td colspan="7">布置任务</td></tr>
<tr><td>学习目标</td><td colspan="6">1. 掌握牧草与饲料作物基本概念。
2. 掌握牧草分类方法和主要特点。
3. 了解新疆地区适宜栽培的牧草及饲料作物种类。
4. 掌握栽培牧草基本特点。</td></tr>
<tr><td>任务描述</td><td colspan="6">学习和查阅资料，掌握新疆和阿勒泰地区土壤、气候、雨水、日照等生态环境条件和耕作条件知识，能区别常见栽培牧草和饲料作物种类及形态特征。
具体任务：
1. 掌握牧草的分类标准与相关知识。
2. 识别适合新疆地区的栽培牧草种类与生长特点。
3. 区别同一种牧草的野生与栽培种类。</td></tr>
<tr><td>学时分配</td><td>资讯2学时</td><td>计划2学时</td><td>决策0.5学时</td><td>实施4学时</td><td>考核1学时</td><td>评价0.5学时</td></tr>
<tr><td>提供资料</td><td colspan="6">1. 陈宝书，牧草饲料作物栽培学. 北京：中国农业出版社，2001年
2. 杨青，苜蓿生产与管理指南. 北京：中国林业出版社，2003年
3. 董宽虎，沈益，饲草生产学. 北京：中国农业出版社，2003年
4. 杜桂娟，草类植物资源与利用. 北京：中国农业出版社，2010年
5. 草原休牧轮牧禁牧舍饲养畜技术300问. 北京：全国农业科技，2003年
6. 朱进忠，草业科学实践教学指导书. 中国农业出版社，2009年
7. 新疆牧民饲草现代种植技术与管理手册，新疆畜牧厅，2008年</td></tr>
<tr><td>对学生要求</td><td colspan="6">1. 由3～4人组成一个学习小组，完成本项目学习。
2. 课前以小组为单位，完成资讯问题答案的搜集与整理。
3. 严格遵守牧草栽培工学结合教室的规章制度。</td></tr>
<tr><td>资讯方式</td><td colspan="6">通过资讯问题和资讯引导，全国高职牧草栽培技术精品课网站、图书、新疆和阿勒泰生态环境相关杂志资料查询，课件、视频及模拟实验展示，指导老师咨询等形式完成。</td></tr>
<tr><td>资讯问题</td><td colspan="6">1. 什么是草地？草地组成生态环境的因素是什么？它们相互作用如何？
2. 北疆地区土壤类型特点是什么？主要适合种植牧草与饲料作物种类特点是什么？
3. 新疆和阿勒泰地区人工草地面积是多少？主要种植牧草种类有哪些？人工草地建植与利用方面存在什么样的问题？
4. 新疆地区农业土地利用情况如何？存在什么样的问题？
5. 人工草地在新疆畜牧业生产中的地位和作用如何？</td></tr>
</table>

续表

	6. 什么叫牧草？什么叫饲料作物？有什么区别？ 7. 上繁草与下繁草的区别在哪儿？ 8. 什么叫野生牧草？什么叫杂草？什么叫栽培牧草？ 9. 栽培牧草与野生牧草适应性和外部形状方面有哪些区别？ 10. 草地生产是什么？新疆草地生产发展如何？
资讯引导	1. 在相关信息单中查询； 2. 新疆牧民饲草现代种植技术与管理手册； 3. 陈宝书，牧草饲料作物栽培学. 北京：中国农业出版社，2001 年； 4. 在其他相关资料中查询。

项目一　认识适合在新疆栽培的牧草种类

【工作场景】

地点：牧草栽培工学教室、实训基地

仪器与材料：植物标本、放大镜、标本夹与纸、标签、铁锹、记录本、铅笔。

【工作过程】

采集主要豆科、禾木科和野生种类牧草标本（要求植物五大部分完整），观察比较所采集牧草的形态特征、生长发育特点。

紫花苜蓿

箭筈豌豆

沙打旺

红豆草

百脉根

黄花苜蓿

图 1－1　主要栽培的豆科牧草种类

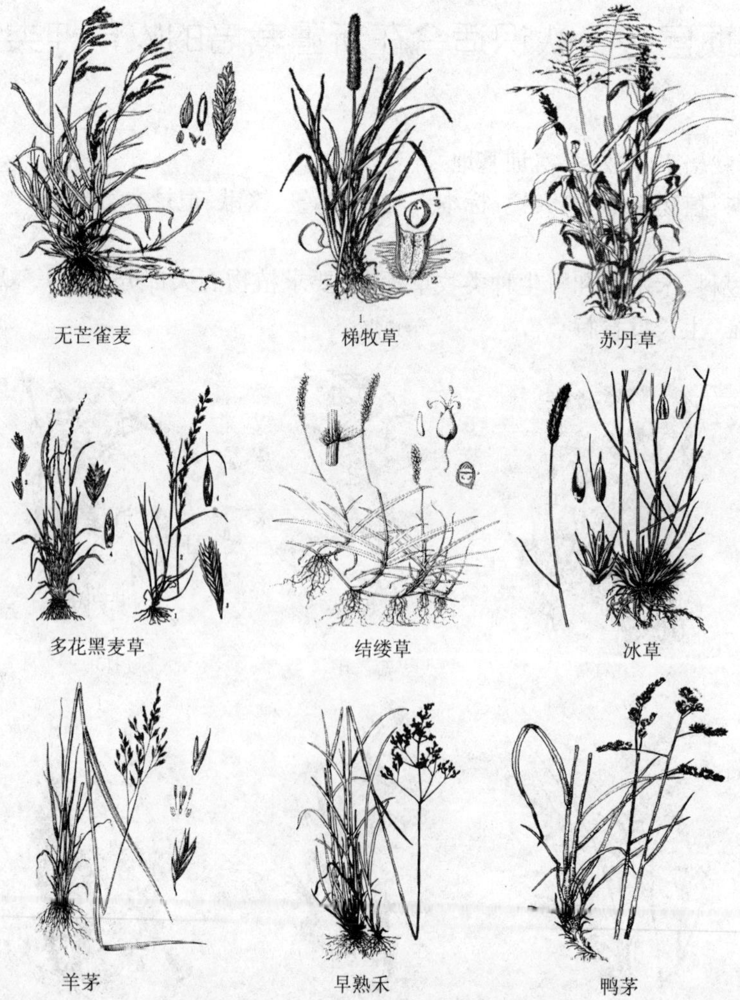

图 1－2　主要栽培的禾本科牧草种类

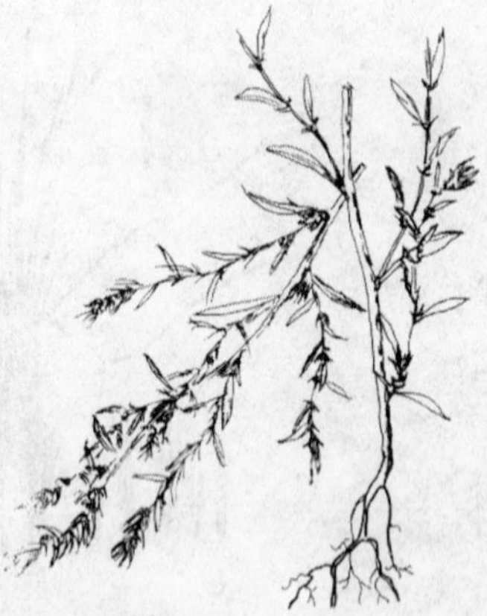

驼绒藜

木地肤

图1-3　主要栽培的其他科牧草种类

【结果展示】

1. 能说出豆科牧草、禾本科牧草以及其他栽培牧草的根、茎、叶、花、种子等主要部分的构造和特点，野生种类与栽培种类的主要区别。

2. 能说出标本中的栽培牧草繁殖方式，根系特点、花序特点等。

3. 采集的标本操作符合标准。

【操作注意事项】

（1）观察标本时要注意避免对植物标本的损坏，采集活标本观察时不要乱挖和踩踏牧草栽培地。

（2）学生自己采集观察标本时必须要以五个部分完整的植株为观察标本。

项目二　观察牧草分蘖特性

【工作场景】

地点：实训基地

仪器与材料：植物标本、放大镜、小铁锹、记录本、铅笔、卷尺。

【工作过程】

从牧草栽培地或天然草地中采集标本，识别豆科和禾本科牧草分蘖方式，制作标本作为作业。

根茎型禾草(羊茅)

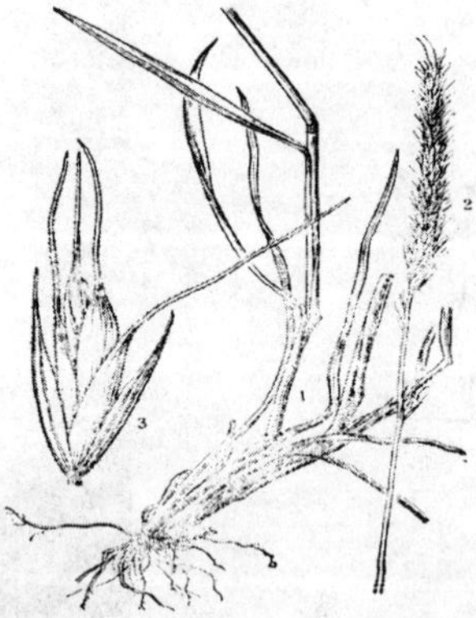

疏丛型禾草(披碱草)

密丛型禾草(针茅)

根茎-疏丛型禾草(紫羊茅)

轴根型豆草科(紫苜蓿)

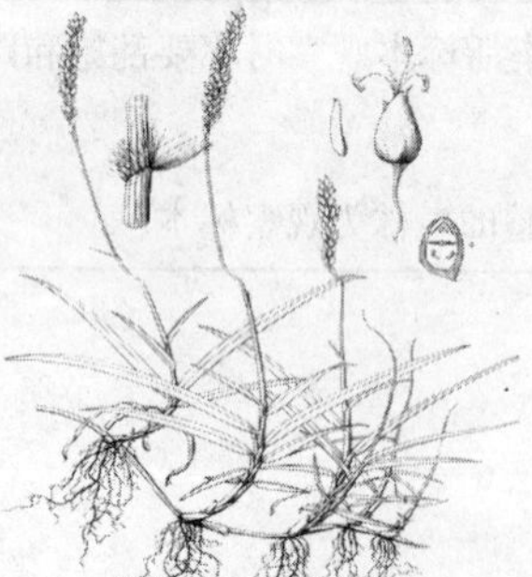

匍匐型禾草(结缕草)

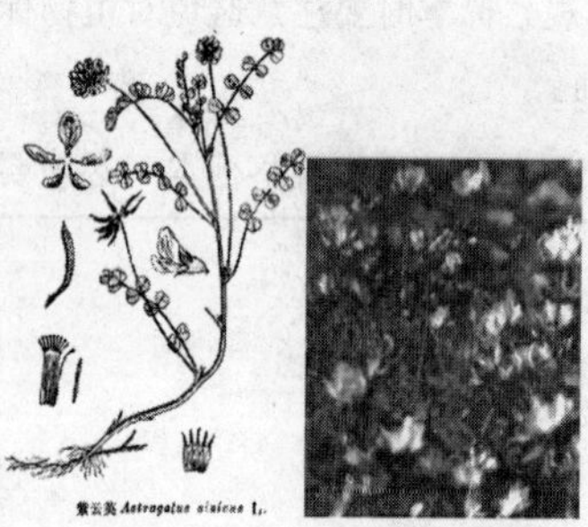

根蘖型豆科草(紫云英)

图1-4　代表性牧草分蘖特性

【结果展示】

1. 能说出禾本科和豆科牧草主要分蘖方式与代表性植物名称。

2. 制作代表性植物标本并说明分蘖特性。

○○必备知识

一、牧草的概念与分类种类

牧草，广义上泛指可用于饲喂家畜的草类植物，包括草本型、藤本型及小灌木、半灌木和灌木等各类型栽培或野生的植物；狭义上仅指可供栽培的饲用草本植物，尤指豆科牧草和禾本科牧草，这两科几乎囊括了所有栽培牧草。此外，藜科、菊科及其他科也有，但种类极少。

饲料作物，指用于栽培作为家畜饲用的作物，如玉米、高粱、燕麦、大豆、甜菜、胡萝卜、马铃薯、南瓜等各类作物。

栽培牧草属于广义上的作物范畴，也是从野生植物中经过长期引种驯化选育出来的。地球上约有39万种植物，可利用的植物约在2500～3000种以上。目前栽培的作物仅为2300余种，其中食用作物900余种，经济作物1000余种，栽培牧草（含绿肥）400余种。

栽培牧草的类型可按不同分类方法进行划分，目前生产上通常利用的牧草划分方法是分类系统划分、生育特性划分和分布区域划分等。下面简要介绍分类标准和牧草特点。

（一）按分类系统划分

这一分类方法是依据植物分类系统而进行的一种划分，把栽培牧草划分为豆科牧草、禾本科牧草、其他科牧草等三类。

1. 豆科牧草：豆科牧草是栽培牧草中最重要的一类牧草，由于其特有的固氮性能和改土效果，使得其早在远古时期就用于农业生产中。尽管豆科牧草种类不比禾本科牧草多，但因其富含氮素和钙质而在农牧业生产中占据重要地位。目前生产上应用最多的豆科牧草有紫花苜蓿、杂种苜蓿、白花草木樨、沙打旺、红豆草、百脉根、白三叶、红三叶、毛苕子、小冠花、紫云英、柠条、胡枝子、紫穗槐等。

2. 禾本科牧草：禾本科牧草栽培历史较短，但种类繁多，占栽培牧草70%以上，是建立放牧刈草兼用人工草地和改良天然草地的主要牧草。目前利用较多的禾本科牧草有无芒雀麦、披碱草、老芒麦、冰草、羊草、多年生黑麦草、苇状羊茅、鸭茅、碱茅、苏丹草及玉米、高粱、黍、粟、谷、燕麦等，作为草坪绿化利用的牧草还有草地早熟禾、紫羊茅、多年生黑麦草、高羊茅（苇状羊茅）等。

3. 其他科牧草：指不属于豆科和禾本科的牧草，无论种类数量上，还是栽培面积上，都不如豆科牧草和禾本科牧草。但某些科在农牧业生产上仍很重要，如菊科的苦荬菜和串叶松香草，苋科的千穗谷和籽粒苋，紫草科的聚合草，蓼科的酸模，藜科的饲用甜菜、驼绒藜和木地肤，伞形科的胡萝卜，十字花科的芜菁等等。

（二）按生育特性划分

牧草生产中，为便于利用，根据其生长发育中在形态、生长习性和利用特性上的差异，划分了许多类型。

1. 依据寿命 依据牧草寿命和发育速度的不同可分为一年生牧草、二年生牧草和多年生牧草三类。

（1）一年生牧草：生长期限只有一个生活周期，一般秋春季播种，夏秋季开花结实，随后枯死。此类草播后生长快，发育迅速，短期内生产大量牧草。如毛苕子、紫云英、苏丹草、燕麦、苦荬菜等。

（2）二年生牧草：生长年限为2年，播种当年仅进行营养生长，可生产较多牧草，第二年返青后迅速生长，并开花结实，随后枯死。如白花草木樨、黄花草木樨、甜菜、胡萝卜等。

（3）多年生牧草：生长年限2年以上，一般第二年就能开花结实，一次播种可多年利用，其显著特点是根量远高于一、二年生牧草，大多数牧草属于此类，是农牧业生产的主体。依据其利用年限又可分为：短期多年生牧草和长期多年生牧草类。

①短期多年生牧草：此类草寿命4～6年，第二、三年可形成高产，第四年之后显著衰退减产。如沙打旺、红豆草、红三叶、白三叶、老芒麦、披碱草、多年生黑麦草、苇状羊茅、鸭茅、猫尾草等。

②长期多年生牧草：此类草寿命多达10年以上，第三年进入高产，可维持4～6年以上的高产。如苜蓿、草莓三叶草、山野豌豆、胡枝子、羊柴、柠条、无芒雀麦、羊草、冰草、小糠草、看麦娘、碱茅等。

2. 依据再生性 依据牧草地上枝条生长特点和再生枝发生部位不同，可分为放牧型牧草、刈割型牧草、牧刈型牧草等三类。

（1）放牧型牧草：这类牧草地上部茎叶发生于茎基部节上，或者从地下根茎及匍匐茎上发生，且株丛低矮密生，一般不超过20cm，仅能放牧利用，不适宜刈割。如碱茅、草地早熟禾、紫羊茅等。

（2）刈割型牧草：这类牧草地上部的生长增高是靠枝条顶端的生长点延长实现的，或者是从地上枝条叶腋处的芽新生出再生枝，故而放牧或低刈割后因顶端生长点和再生芽被去掉而再生不良，一般不适于放牧或频繁刈割。如沙打旺、红豆草、白花草木樨、黄花草木樨、苏丹草等。

（3）牧刈型牧草：这类牧草地上部的生长增高是靠每一个枝条节间的伸长实现的，或者是从地下的根茎节、分蘖节、根颈处新生出再生枝，因而此类草放牧或低刈割后仍能继续生长再生，具有极强的耐牧性和耐刈性。如垂穗披碱草、老芒麦、无芒雀麦、羊草、苜蓿、白三叶等。

二、依据分蘖性

依据牧草分蘖形成侧枝的方式不同，可把牧草分为根茎型禾草、疏丛型禾草、根茎—疏丛型禾草、密丛型禾草、轴根型豆科草、根蘖型豆科草、匍匐型牧草等七种类型。

（一）根茎型禾草

这类牧草在其地下5～20cm处具有水平横走根茎，由此根茎的顶端和节处向上新生出穿出地表的枝条，每个这样的枝条又可产生自己的根茎，依次类推，随着生长年限的延长，导致在耕作层形成密集的根茎网。该类草的显著特点是具有很强的营养繁殖能力，侵占性极强，不多年就可连片成群为稠密植被，但不形成草皮。如羊草、无芒雀麦、偃麦草等。

（二）疏丛型禾草

这类牧草由地表下1～5cm的分蘖节上产生的枝条与母枝成锐角展开，形成一个较为疏松的草丛，每年新生枝条发生在株丛边缘，故而株丛中央常为枯死残余物。如老芒麦、披碱草、垂穗披碱草、猫尾草、鸡脚草、草地羊茅、大麦草、蒙古冰草等。

（三）根茎—疏丛型禾草

这类牧草由地表下2～3cm处的分蘖节形成短根茎，由此向上新生出枝条，每个枝条又以同样方式进行分蘖，久而久之形成以短根茎相连结的疏丛型草皮，既耐放牧，又耐践踏，也适于作草坪。如紫羊茅、看麦娘等。

(四)密丛型禾草

这类牧草的分蘖节位于地表上面，节间很短，由节上生长出的枝条彼此紧贴，几乎垂直于土表向上生长，因而形成稠密株丛，随生长年限延长株丛直径增大，老株丛形成草丘。该类草的特点是耐涝害和耐牧。如羊茅、针茅、芨芨草等。

(五)轴根型豆科草

这类牧草主根粗壮，入土深达2m或更深，与地中茎相连处非常膨大(称为根颈)，其上有更新芽，由此芽以斜角向上新生出枝条，每个枝条叶腋处又有芽并可新生出枝条，由这两处萌发的枝条同时存在，但比例因牧草不同而有差异。大多数豆科牧草以根颈处发生枝条为多，如苜蓿、白三叶、红三叶、扁蓿豆、柠条、细枝岩黄芪等；仅白花草木樨、红豆草、沙打旺、百脉根等的枝条以发生在叶腋处为多。

(六)根蘖型豆科草

这类牧草主根粗短，入土深不达1m，在土表5～30cm处生有众多横走水平根蘖，由此向上新生出枝条。如黄花苜蓿、小冠花、山野豌豆、鹰咀紫云英、羊柴等。

(七)匍匐型牧草

这类牧草在地上有从茎基部分蘖节或根颈处产生的横走或斜生的茎(称为匍匐茎)，在此匍匐茎顶端和节处可新生出枝条，此枝条又可产生自己的匍匐茎和根系，随着生长年限的延长，导致在土表形成密集的草皮层。该类草有时还具有地下横走根茎，其营养繁殖能力比根茎型禾草还强，不仅侵占性强，而且耐牧性和耐践踏性极强，非常适于作草坪用。如草地早熟禾、匍匐翦股颖、狗牙根、结缕草等。

三、依据茎叶发育状况

依据植株上枝条、叶着生部位和发育层次的不同，可把牧草分为上繁草、下繁草和莲座状草三类。

(一)上繁草

这类牧草株高在50～100cm以上，株丛多由生殖枝和长营养枝组成，叶子和枝条多分布在株体1/3以上部位，株型呈倒锥形。该类草的特点是适于刈割利用。如羊草、老芒麦、披碱草、无芒雀麦、多年生黑麦草、苇状羊茅、猫尾草、苏丹草、苜蓿、红豆草、草木樨、沙打旺等。

(二)下繁草

这类牧草株高不超过50cm，生殖枝和长营养枝不多，株丛组成以短营养枝为主，叶子和枝条多集中于株体下部，距地面7cm以内的茎叶重量占整个株丛重量的40%以上，因而该类草适于放牧利用。如草地早熟禾、紫羊茅、小糠草、狗牙根、白三叶、地三叶、草莓三叶等。

(三)莲座状草

这类牧草没有茎生叶或茎生叶很少，株丛以根出叶形成叶簇状，整个植株低矮，产量较低。如聚合草等。

四、依据株型

牧草由于茎的生长习性不同而造成株型状态有异，依此将其分为直立型、斜生型和缠绕型三类。

(一)直立型牧草

这种牧草主茎垂直于地面生长，整个株型呈直立状，大多数牧草属于此类。如苜蓿、白花草木樨、红豆草、羊草、老芒麦等。

(二)斜生型牧草

这种牧草由根颈处产生的枝条穿出地面后，先贴地生长一段后再向直立生长。如沙打旺、扁蓿豆、白三叶、狗牙根、结缕草等。

(三)缠绕型牧草

这种牧草主茎蜕化变成卷须或缠绕状茎，需依附在其他直立物上才能向上良好地生长。如毛苕子、草藤等。

五、按分布区域划分

牧草的分布具有明显的地理区域性，这是由气候条件限制了牧草适应性造成的。目前，常见的有如下两种方法。

(一)依据地球气候带

地球陆地表面按接收太阳能热量的不同分为热带、温带和寒带三个气候带，其中寒带因处于北极圈和南极圈之内而几乎没有什么植物能够生长，所以牧草仅在温带和热带分布。

1. 温带牧草：这类牧草分布在北半球和南半球极圈至回归线之间的地带，其气候特点表现出明显的季节性，夏季炎热多雨，冬季寒冷低湿，春秋多风干燥，复杂的气候变化孕育了丰富的牧草种质资源。目前生产上利用的牧草大多数属于此类，如豆科的苜蓿属、黄芪属、岩黄芪属、红豆草属、三叶草属、草木樨属、野豌豆属、锦鸡儿属、胡枝子属，以及禾本科的黑麦草属、雀麦属、赖草属、披碱草属、冰草属、偃麦草属、鹅观草属、鸭茅属、早熟禾属、羊茅属等属中的牧草种。

2. 热带牧草：这类牧草分布在赤道两侧北回归线和南回归线之间的地带，这里冬夏昼夜时间相差不大，全年气温变化不明显，降水多而均匀，蕴藏了大量的牧草资源。如禾本科牧草中的画眉草属、虎尾草属、狼尾草属、高粱属，以及豆科的扁豆属、大豆属、莱豆属、柱花草属、合欢草属、银合欢属等属中的牧草。有些牧草已跨过热带，成为温带广泛应用的牧草种，如苏丹草、玉米、高粱、大豆、豇豆等。

(二)依据区域气候特点

根据我国区域气候特点和地理分布特点，将牧草分为冷地型、暖地型及过渡带型三类。这种划分方法在草坪上得到广泛的实际应用，与国外对牧草的划分结果比较相近。

1. 冷地型牧草：该类牧草最适生长温度约在15℃～24℃范围内，主要分布在我国黄河以北地区。其特点是能适应相当冷的冬季低温，但耐高温能力差，常在炎夏出现休眠现象。多数原产于北欧和亚洲地区。由于我国牧业基地多在北方，故而大多数牧草属于此类，适合本地区栽培的牧草也是这些种类。如苜蓿、白三叶、沙打旺、红豆草、草木樨、毛苕子、柠条、胡枝子，以及无芒雀麦、羊草、老芒麦、披碱草、冰草、多年生黑麦草、苇状羊茅、碱茅、紫羊茅、草地早熟禾、燕麦等。

2. 暖地型牧草：该类牧草最适生长温度约为27℃～32℃之间，主要分布在我国长江以南地区。其特点是能适应夏季的高温，但耐低温能力差，在南方冬季最低温时出现休眠，而在北方冬季却不能自然越冬。如狗牙根、结缕草、野牛草、地毯草、画眉草、非洲狗尾草、苏丹草，以及紫云英、红三叶、柱花草、大翼豆、银合欢等。

3. 过渡带型牧草：该类牧草分布于黄河以南、长江以北地区，对温度的适应范围比较广，包括了冷地型牧草中耐热性强的种类，也包括了暖地型牧草中耐寒性强的种类。如多年生黑麦草、苇状羊茅、苜蓿、白三叶，以及结缕草、野牛草、苏丹草、红三叶等。

六、栽培牧草的适应性与特点

栽培牧草的适应性是在长期自然选择和人工选择下为适应相应环境条件而形成的一种特有性状。无论驯化野生种，还是引进其他地方的优良种，由于引种地环境条件与其原生活环境条件在气候、土壤、生物三类因子方面存在差异，所以在引种地环境条件的长期作用下，形成众多的变异有机体（即称品系），那些最能适应的变异有机体被保留下来，不能适应的变异有机体自行消亡或人为淘汰，那些被保留下来的变异有机体的适应性又在经常变化的环境条件中不断得到发展和完善，并在外部形态和内部结构及生理生态习性上反映出来，这样就形成一个新的类型和品种，这个品种就具有了在引种地栽培的适应性。

对于一个牧草种，其栽培种与野生种在适应性和外部性状方面存在如下差异：

1. 株体及各器官变大。整个株型变高变粗，尤其在叶子大小和数量及分枝数量和枝条长度上更显著，这对于提高牧草产量和质量非常重要。一般在花器上也有变化，主要在生殖枝数目、穗长、穗粒数、结实率和籽粒大小等产籽性能上有所提高。

2. 可利用部分营养成分的含量变大 。主要体现在牧草茎叶中蛋白质含量及其氨基酸组成和含量均有所提高，维生素、胡萝卜素及钙、磷含量也有所提高。

3. 生育期和成熟期变得整齐集中。野生种发育缓慢，成熟期极不一致，而栽培种经人为有意识地选择，已使成熟期变得相对集中以便于采收生产。

4. 种子休眠性减弱或缩短 。野生种的种子休眠性一般很强，种子寿命达数10年，甚至上百年，上千年，以便于繁衍其种类。而栽培种因生产的需要，要求种子发芽快而整齐，因此在驯化选育过程中，人为地缩短了休眠期或破除了休眠性。

5. 防护功能减退。野生种的机械保护组织特别发达，一般株体具有纤毛或乳汁，种子具有长芒或表面为皱褶，这些性状有利于繁衍后代和适应苛刻的生存条件。而栽培种因生存条件的改善，这些性状因长期不用而逐渐自行废退。

6. 自行传播繁衍的功能退化。野生种为便于传播扩散，各自有其固有的传播方式，野生麦类成熟时穗轴断裂，分裂成一个个带芒的小穗而随风传播；野生豆类成熟时荚果爆裂，弹出的种子随风飘移。所有这些共同的特点就是落粒性强，种子小，易飘动。反过来看，这些特点不利于草籽采收和生产。为此，在驯化选育时有意识除去这些不良性状，使自行传播繁衍的功能逐渐退化。

7. 对环境条件的适应范围变窄。野生种为繁衍其种的延续，经长期的自然选择有比较宽的适应区域。但栽培种自引入引种地后，经长期的自然和人为选择仅具有当地环境特性的适应性，因而在综合抗逆性上远不如野生种。

以上事例表明，栽培牧草在一定生态环境条件下，由于自然选择和人为引种、扩种、选择等活动的作用及品种本身的适应性能，形成了具有相似特征特性的牧草类别和品种类型，被称为品种生态型。品种生态型的分化是与不同地理条件的温度、日照、土壤、水分等生态因子及人为的耕作制度、栽培方法、饲用习惯等因子相适应的。不同品种类型的牧草所适应的环境条件也不同，了解并掌握这种适应特性才能创造条件，充分发挥品种类型的生产潜力，获取高额产量。

计 划 单

<table>
<tr><td>学习情境 1</td><td colspan="4">牧草的分布和区划</td><td>学时</td><td>10</td></tr>
<tr><td>计划方式</td><td colspan="6">以小组为单位，通过讨论共同制定计划</td></tr>
<tr><td>序号</td><td colspan="4"></td><td>使用资源</td><td>备注</td></tr>
<tr><td>1</td><td colspan="4"></td><td></td><td></td></tr>
<tr><td>2</td><td colspan="4"></td><td></td><td></td></tr>
<tr><td>3</td><td colspan="4"></td><td></td><td></td></tr>
<tr><td>4</td><td colspan="4"></td><td></td><td></td></tr>
<tr><td>5</td><td colspan="4"></td><td></td><td></td></tr>
<tr><td>6</td><td colspan="4"></td><td></td><td></td></tr>
<tr><td>7</td><td colspan="4"></td><td></td><td></td></tr>
<tr><td>8</td><td colspan="4"></td><td></td><td></td></tr>
<tr><td>9</td><td colspan="4"></td><td></td><td></td></tr>
<tr><td>10</td><td colspan="4"></td><td></td><td></td></tr>
<tr><td>制定计划说明</td><td colspan="6"></td></tr>
<tr><td rowspan="3">计划评价</td><td>班级</td><td></td><td>第　组</td><td>组长签字</td><td colspan="2"></td></tr>
<tr><td>教师签字</td><td colspan="2"></td><td>日期</td><td colspan="2"></td></tr>
<tr><td colspan="6">评语：</td></tr>
</table>

决 策 实 施 单

<table>
<tr><td colspan="2">学习情境1</td><td colspan="6">牧草的分布和区划</td></tr>
<tr><td colspan="8">讨论小组制定的计划书，做出决策</td></tr>
<tr><td rowspan="9">计划
对比</td><td>组号</td><td>工作流程
的正确性</td><td>知识运用
的科学性</td><td>步骤的
完整性</td><td>方案的
可行性</td><td>人员安排
的合理性</td><td>综合评价</td></tr>
<tr><td>1</td><td></td><td></td><td></td><td></td><td></td><td></td></tr>
<tr><td>2</td><td></td><td></td><td></td><td></td><td></td><td></td></tr>
<tr><td>3</td><td></td><td></td><td></td><td></td><td></td><td></td></tr>
<tr><td>4</td><td></td><td></td><td></td><td></td><td></td><td></td></tr>
<tr><td>5</td><td></td><td></td><td></td><td></td><td></td><td></td></tr>
<tr><td>6</td><td></td><td></td><td></td><td></td><td></td><td></td></tr>
<tr><td>7</td><td></td><td></td><td></td><td></td><td></td><td></td></tr>
<tr><td>8</td><td></td><td></td><td></td><td></td><td></td><td></td></tr>
<tr><td colspan="8">制定实施方案</td></tr>
<tr><td>序号</td><td colspan="5">实施步骤</td><td colspan="2">使用资源</td></tr>
<tr><td>1</td><td colspan="5"></td><td colspan="2"></td></tr>
<tr><td>2</td><td colspan="5"></td><td colspan="2"></td></tr>
<tr><td>3</td><td colspan="5"></td><td colspan="2"></td></tr>
<tr><td>4</td><td colspan="5"></td><td colspan="2"></td></tr>
<tr><td>5</td><td colspan="5"></td><td colspan="2"></td></tr>
<tr><td>6</td><td colspan="5"></td><td colspan="2"></td></tr>
<tr><td>7</td><td colspan="5"></td><td colspan="2"></td></tr>
<tr><td colspan="8">实施说明：</td></tr>
<tr><td>班 级</td><td colspan="2"></td><td>第　组</td><td colspan="2">组长签字</td><td colspan="2"></td></tr>
<tr><td colspan="8">评语：</td></tr>
</table>

作业单

<table>
<tr><td>学习情境1</td><td colspan="6">认识草地生产概况与特点</td></tr>
<tr><td>作业完成方式</td><td colspan="6">课余时间独立完成</td></tr>
<tr><td></td><td colspan="6">牧草的分类与特点</td></tr>
<tr><td>作业</td><td colspan="6">1. 什么叫牧草？什么叫饲料作物？牧草的种类有哪些？
2. 新疆和阿勒泰地区生态环境条件特点是什么？适合种植的牧草与饲料作物有哪些？
3. 什么叫人工草地？新疆人工草地的主要牧草种类有哪些？
4. 天然草地改良和退化草地补播时选用哪些牧草种类？
5. 栽培牧草与野生牧草适应性和外部形状方面有哪些区别？
6. 什么叫直根系？什么叫须根系？根系的作用是什么？豆科牧草与禾本科牧草根系有什么区别？
7. 把牧草按茎叶发育状况分，有哪些种类？
8. 采集和制作植物标本时应该注意哪些事项？
9. 采集制作出豆科牧草的直立型、斜生型、缠绕型和匍匐茎种类的标本。
10. 采集制作禾本科牧草的疏丛型禾草、密丛型禾草和根茎型禾草种类标本。</td></tr>
<tr><td>作业答案</td><td colspan="6">可另附纸张</td></tr>
<tr><td rowspan="4">作业评价</td><td>班级</td><td></td><td>第　组</td><td colspan="2">组长签字</td><td></td></tr>
<tr><td>学号</td><td></td><td>姓名</td><td colspan="3"></td></tr>
<tr><td>教师签字</td><td></td><td>教师评价</td><td></td><td>日期</td><td></td></tr>
<tr><td colspan="6">评语：</td></tr>
</table>

效果检查单

<table>
<tr><td>学习情境1</td><td colspan="5">牧草的分布和区划</td></tr>
<tr><td>检查方式</td><td colspan="5">以小组为单位，采用学生自查与教师检查相结合，成绩各占总分(100分)的50%</td></tr>
<tr><td>序号</td><td>检查项目</td><td colspan="2">检查标准</td><td>学生自查</td><td>教师检查</td></tr>
<tr><td>1</td><td>标本的采集与制作</td><td colspan="2">标本采集与制作过程正确，能采用正确的固定方法。说出采集和制作标本时注意的事项。</td><td></td><td></td></tr>
<tr><td>2</td><td>豆科和禾本科以及其他栽培牧草种类识别</td><td colspan="2">正确说出不同栽培牧草种类名称和基本特点。</td><td></td><td></td></tr>
<tr><td>3</td><td>禾本科牧草种类识别</td><td colspan="2">正确说出禾本科牧草的根茎型、疏丛型、密丛型、根茎—疏丛型种类。</td><td></td><td></td></tr>
<tr><td>4</td><td>豆科牧草种类识别</td><td colspan="2">正确说出豆科牧草的轴根型、根蘖型、匍匐茎种类。</td><td></td><td></td></tr>
<tr><td>4</td><td>人工草地建设</td><td colspan="2">能准确地说出在新疆建设人工草地的必要性。</td><td></td><td></td></tr>
<tr><td>5</td><td></td><td colspan="2"></td><td></td><td></td></tr>
<tr><td rowspan="3">检查评价</td><td>班 级</td><td></td><td>第　组</td><td>组长签字</td><td></td></tr>
<tr><td>教师签字</td><td colspan="2"></td><td>日期</td><td></td></tr>
<tr><td colspan="5">评语：</td></tr>
</table>

评 价 反 馈 单

<table>
<tr><td>学习情境1</td><td colspan="5">牧草的分布和区划</td></tr>
<tr><td>评价类型</td><td>项目</td><td>子项目</td><td>个人评价</td><td>组内评价</td><td>教师评价</td></tr>
<tr><td rowspan="11">专业能力
（60%）</td><td rowspan="2">资讯（10%）</td><td>查找资料，自主学习（5%）</td><td></td><td></td><td></td></tr>
<tr><td>咨询问题回答（5%）</td><td></td><td></td><td></td></tr>
<tr><td rowspan="2">计划（5%）</td><td>计划制定的科学性（3%）</td><td></td><td></td><td></td></tr>
<tr><td>用具材料准备（2%）</td><td></td><td></td><td></td></tr>
<tr><td rowspan="3">实施（25%）</td><td>各项操作正确（10%）</td><td></td><td></td><td></td></tr>
<tr><td>各项操作的效果（12%）</td><td></td><td></td><td></td></tr>
<tr><td>仪器材料使用的规范（3%）</td><td></td><td></td><td></td></tr>
<tr><td rowspan="2">检查（5%）</td><td>全面性、准确性（3%）</td><td></td><td></td><td></td></tr>
<tr><td>出现问题的处理（2%）</td><td></td><td></td><td></td></tr>
<tr><td>结果（10%）</td><td>提交成品质量</td><td></td><td></td><td></td></tr>
<tr><td>作业（5%）</td><td>及时、保质完成作业</td><td></td><td></td><td></td></tr>
<tr><td rowspan="4">社会能力
（20%）</td><td rowspan="2">团结协作
（10%）</td><td>小组成员合作良好（5%）</td><td></td><td></td><td></td></tr>
<tr><td>对小组的贡献（5%）</td><td></td><td></td><td></td></tr>
<tr><td rowspan="2">敬业、吃苦
精神（10%）</td><td>学习纪律性（5%）</td><td></td><td></td><td></td></tr>
<tr><td>爱岗敬业和吃苦耐劳精神（5%）</td><td></td><td></td><td></td></tr>
<tr><td rowspan="2">方法能力
（20%）</td><td>计划能力
（10%）</td><td>制定计划合理</td><td></td><td></td><td></td></tr>
<tr><td>决策能力
（10%）</td><td>计划选择正确</td><td></td><td></td><td></td></tr>
<tr><td colspan="6">意见反馈</td></tr>
<tr><td colspan="6">请写出你对本学习情境教学的建议和意见</td></tr>
</table>

<table>
<tr><td rowspan="3">评价
评语</td><td>班 级</td><td></td><td>姓 名</td><td></td><td>学 号</td><td></td><td>总 评</td><td></td></tr>
<tr><td>教师签字</td><td></td><td>第　组</td><td></td><td>组长签字</td><td></td><td>日期</td><td></td></tr>
<tr><td colspan="8">评语：</td></tr>
</table>

学习情境 2　牧草饲料作物的生长发育

学习任务单

<table>
<tr><td>学习情境 2</td><td colspan="3">牧草饲料作物的生长发育</td><td>学时</td><td>16</td></tr>
<tr><td colspan="7">布置任务</td></tr>
<tr><td>学习目标</td><td colspan="6">1. 掌握生长和发育的概念。
2. 了解生长与发育的关系，影响生长发育的生态因素与作用。
3. 掌握生育期和生育时期的基本概念。
4. 了解禾本科牧草与饲料作物生育时期的划分标准。
5. 了解豆科牧草与饲料作物生育时期的划分标准。
6. 掌握生长期的概念和环境因素对牧草品种生长期的影响。
7. 掌握牧草种子形态和萌发过程。
8. 掌握幼苗生长发育过程。
9. 了解牧草结实器官分化及与阶段发育的关系。
10. 掌握禾本科牧草根系与豆科牧草根系发育特点，影响根系生长的因素。
11. 了解牧草根系与贮藏营养物质积累的动态。
12. 掌握牧草开花、传粉的概念。
13. 掌握豆科牧草与禾本科牧草开花与授粉特点。
14. 掌握双受精作用的过程。
15. 掌握种子发育过程。
16. 掌握种子成熟的概念，禾本科牧草与豆科牧草种子成熟阶段及外表特征。</td></tr>
<tr><td>任务描述</td><td colspan="6">通过学习和查阅资料掌握影响牧草生长发育的生态因子与主要作用，掌握豆科和禾本科牧草与饲料作物的种子形态特征，花的构造、花序与开花习性、幼苗生长过程等不同生育时期的外部形态特征，在生产中准确判断各生育时期阶段并采取相应农业技术措施。
具体任务：
1. 种子的形态特征观察。
2. 种子萌发过程与幼苗生长发育的观察。
3. 禾本科牧草的分蘖及枝条方式观察。
4. 豆科牧草的分枝方式观察。
5. 豆科和禾本科牧草根系的观察与测定。
6. 豆科和禾本科牧草与饲料作物花序、开花习性、授粉方式观察。
7. 豆科和禾本科植物花的构造观察。
8. 识别种子不同成熟阶段的形态特征观察。</td></tr>
<tr><td>学时分配</td><td>资讯 3 学时</td><td>计划 3 学时</td><td>决策 0.5 学时</td><td>实施 8 学时</td><td>考核 1 学时</td><td>评价 0.5 学时</td></tr>
</table>

续表

提供资料	1.陈宝书，牧草饲料作物栽培学.北京:中国农业出版社，2001 年 2.杨青，苜蓿生产与管理指南.北京:中国林业出版社，2003 年 3. 董宽虎，沈益，饲草生产学.北京:中国农业出版社,2003 年 4.杜桂娟，草类植物资源与利用.北京:中国农业出版社,2010 年 5.草原休牧轮牧禁牧舍饲养畜技术 300 问.北京:全国农业科技，2003 年 6. 朱进忠，草业科学实践教学指导书.北京:中国农业出版社,2009 年 7. 新疆牧民饲草现代种植技术与管理手册,新疆畜牧厅,2008 年
对学生要求	1.由 3 ~ 4 人组成一个学习小组，完成本项目学习。 2.课前以小组为单位，完成资讯问题答案的搜集与整理。 3.严格遵守牧草栽培工学结合教室的规章制度，爱护设备和工具。
资讯方式	通过资讯问题和资讯引导，全国高职牧草栽培技术精品课网站、图书、新疆和阿勒泰生态环境相关杂志资料查询，课件、视频及模拟实验展示，指导老师咨询等形式完成。
资讯问题	1.什么是生长？什么是发育？生长和发育有什么关系？ 2.影响牧草与饲料作物生长发育的生态因子有哪些？它们的主要作用如何？ 3.什么叫生育期？生育期划分为哪几个阶段？ 4.禾本科牧草与饲料作物生育期划分标准有哪些阶段？ 5. 豆科牧草与饲料作物生育期划分标准有哪些阶段？ 6.什么叫生长期？影响牧草生长期长短的因素是什么？ 7.什么叫种子？什么叫果实？它们由哪些部分组成？ 8.禾本科植物与豆科植物种子结构和形态上有什么区别？ 9.什么叫种子萌发？种子萌发的主要条件是什么？ 10.种子萌发过程如何进行？ 11.什么叫幼苗？禾本科牧草幼苗过程如何进行？豆科牧草幼苗过程如何进行？幼苗期应该注意哪些问题？ 12. 什么叫分蘖？禾本科牧草的分蘖和枝条形成过程如何？禾本科牧草枝条的类型有哪几种？ 13. 什么叫豆科牧草分枝？分枝有什么意义？ 14. 禾本科牧草结实器官的分化阶段分为哪些？ 15. 什么叫根系？禾本科和豆科牧草根系有什么区别？ 16. 什么叫根系寿命？影响根系生长的因素有哪些？ 17.禾本科和豆科牧草根系的贮藏营养物质部位是什么？贮藏营养物质起到什么样的作用？ 18.什么叫开花、传粉、受精作用？ 19. 豆科牧草与禾本科牧草开花与授粉方式有什么区别？ 16. 什么叫双受精作用？种子如何形成？双受精与种子形成有关系吗？ 17. 什么叫种子成熟？禾本科牧草与豆科牧草种子成熟阶段及外表特征上有区别吗？
资讯引导	1.在相关信息单中查询； 2.新疆牧民饲草现代种植技术与管理手册； 3.陈宝书，牧草饲料作物栽培学.北京:中国农业出版社，2001 年； 4.在其他相关资料中查询。

项目一　牧草营养器官的生长发育

任务1　种子的形态特征观察

【工作场景】

地点：牧草栽培工学结合教室

仪器与材料：牧草种子、放大镜、镊子、刀片、广口瓶、水、培养皿。

【工作过程】

把主要栽培的禾本科、豆科牧草与饲料作物种子放入桌面或白纸上，用放大镜观察外部形态特征并记载观察结果（禾本科牧草种子形态是颖果，而豆科牧草种子形态是荚果）。

工序1　种子形态观察

将提前准备好的牧草与饲料作物种子样本取出，使用放大镜观察种子形态特征并记载观察结果。

观察内容：1. 种脐；2. 种子的形状、大小；3. 种子表面特征；4. 附属物；5. 颜色；6. 禾本科牧草与豆科牧草种子区别。

图2－1　豆科牧草与饲料作物种子

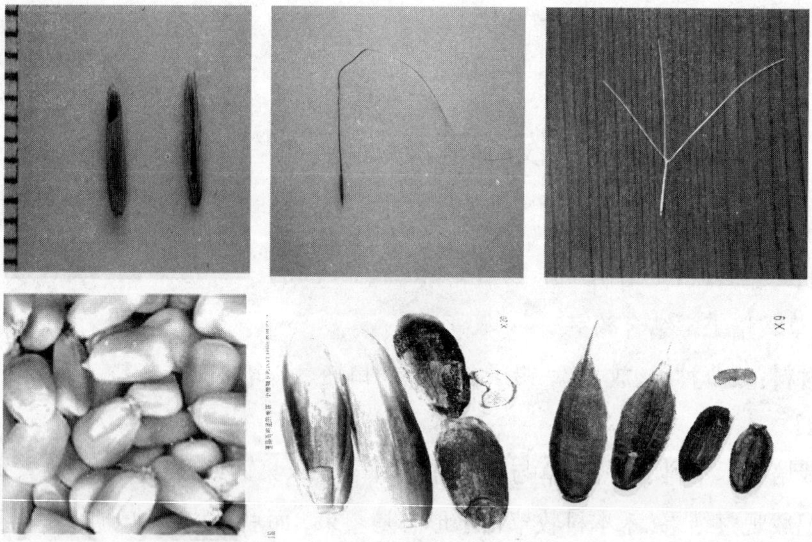

图 2－2　禾本科牧草与饲料作物种子

工序 2　种子结构观察

将玉米、豌豆、小麦、红豆草等饱满成熟种子选数粒后，放入广口瓶加适量水，浸泡数个小时(种子完全吸水膨胀为止)后，用镊子捞出放入培养皿，用刀片轻轻地横切后观察横切面的结构并记载观察结果。

观察内容:1. 种皮与果皮；2. 胚；3. 胚乳；4. 子叶；5. 胚根；6. 胚芽；7. 胚轴。

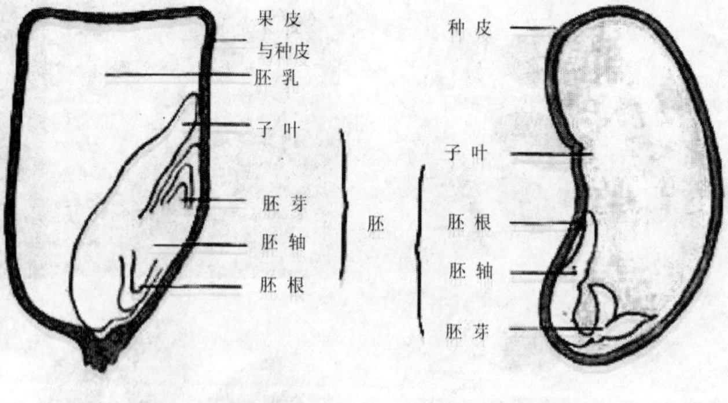

图 2－3　禾本科和豆科种子的横切面

【结果展示】

将观测结果填入表格中。

表 2－1　牧草种子形态分析表

种子名称	种子特征							备注
	形状	颜色	大小	表面情况	附属物	胚乳	子叶	

○○必备知识

一、种子的形成和萌发

1. 种子概念。农业生产上的种子包括植物学上的三类器官:①由胚珠发育而成的种子,如豆科牧草及饲料作物的种子;②由子房发育而成的果实,如禾本科牧草及饲料作物的种子;③用作无性繁殖材料的根、茎营养器官,如甘薯的块根、马铃薯的块茎。

2. 有性繁殖作物种子的形态结构特点。牧草及饲料作物种子外形、大小、颜色等千差万别,但大多数种子的基本结构相似,均由3个主要部分组成:种皮(有时包括果皮及附着物在内)、胚、胚乳(有的退化不明显)。其中,禾本科牧草饲料作物种子,胚只占据种子的一小部分,绝大部分是胚乳。豆科牧草饲料作物种子胚较大,有发达的子叶,胚乳几乎不存在。作物种子的大小,小粒种子一般用千粒重表示;大粒种子用百粒重表示。

3. 牧草种子的主要特点。(1)牧草种子除了一年生牧草豌豆、苏丹草、羽扇豆、红豆草等外,绝大多数牧草种子很细小,且数量多。有的还带有稃及芒(禾本科)。很多种子扁平,影响种子流动,播种时易被风吹走,造成播种不甚均匀。(2)贮藏营养物质很少。种子中的子叶和胚是贮藏营养物质的主要部分,子叶和胚愈大,贮藏营养物质愈多。(3)种子萌发过程中大部分营养物质会被消耗掉。

4. 种子的萌发。成熟后收获并风干了的牧草种子,一切生理活动都很微弱,胚的生长几乎完全停止,处于休眠状态。但当它们获得了适当的温度,充足的水分和足够的氧气时,种子的胚便由相对静止状态转变为生理活跃状态,并长成营自养生活的幼苗,这个过程称为种子萌发。生产上常以幼苗出土为结束。

种子的萌发分为吸胀、萌动和发芽3个阶段。种子萌动时,首先是胚根伸出种皮,称为“露白”,当胚根长到与种子等长,胚芽长到种子长一半时,即完成萌发阶段。

二、种子萌发的条件与萌发过程

(一)牧草种子萌发条件

1. 充足的水分。种子吸足水后,启动一系列酶的活动,氧气进入,呼吸作用增加,从而促进了种子的萌发。同时,胚根、胚芽容易突破种皮,通过水解或氧化,贮藏的营养物质从不溶解的状态转变为溶解状态,运输到胚的生长部位供其吸收和利用。

种子萌发前吸水的多少因牧草、饲料作物种类不同而异,主要牧草及饲料作物种子萌发时的吸水率见表2－2。

表2-2　**主要栽培牧草饲料作物种子萌发时的吸水率(%)**

豆科牧草和饲料作物		禾本科牧草和饲料作物	
种类	吸水率(%)	种类	吸水率(%)
红三叶	143.3	无芒雀麦	150.0
白三叶	102.0	紫羊茅	159.0
杂三叶	90.0	黑麦草	113.0
紫苜蓿	53.7	高燕麦草	160.0
白花草木樨	126.0	草地早熟禾	124.0
红豆草	118.0	苏丹草	87.6
豌豆	103.0	玉米	39.8
大豆	97.3	大麦	48.2
		燕麦	59.8

一般种子发芽吸收的是液态水。在田间条件下，种子萌发所需水分来源于土壤，其吸水量决定于紧密结合在种子周围的土壤含水量，种子约可吸收周围直径1cm的土壤水分。

2. 充足的氧气。种子萌发时，一切生理活动都需要能量的供应，而能量来源于呼吸作用。种子吸水后呼吸作用增强，需氧量加大。种子在呼吸过程中，要吸入氧气，把细胞内贮藏的营养物质氧化分解，经过复杂的变化，最终变成 CO_2 和 H_2O，并释放出能量，供给各种生理活动利用。

$$C_6H_{12}O_6 + 6O_2 \rightarrow 6CO_2 + 6H_2O + 2822kJ$$

$$(\text{葡萄糖}) + (O_2) \rightarrow (CO_2) + (H_2O) + (\text{能量})$$

所以，当种子开始萌动、胚生长时物质代谢需要氧气，种皮和胚以外的组织也需要氧气。此时呼吸作用的强度显著增加，因而需要大量氧气的供应。如果氧气不足，种子内乙醇酸脱氢酶会产生乙醇，乳酸脱氢酶产生乳酸，乙醇和乳酸对种子发芽都是有害的。当种子播种过深，土壤过于黏重板结，土壤湿度过大等条件限制氧气供应时，胚生长不良，发芽率和出苗率均较低。一般情况下，提高土壤氧分，可促进种子的萌发。一般草种要求其周围空气中含氧量在10%以上才能正常萌发。空气含氧量在5%以下时多数种子不能萌发。

萌动和发芽的种子，长期置于水淹的少氧气条件下，影响种子萌发，淹水时间愈长，淹水程度愈重，则受害愈严重。

3. 适当的温度。种子萌发时内部进行着物质转化和能量转化，需要多种酶进行催化。而酶的催化活动必须在一定的温度范围内进行。温度低时，反应就慢或停止，随着温度的增高，反应就加快。但酶本身是蛋白质，所以在过高的温度下，常因受热而被破坏，失去催化能力。因此，种子萌发对温度的要求，就表现出最低、最高、最适三个基点温度。最低温度和最高温度分别指种子至少有50%能正常发芽的最低、最高温度界限。最适温度是种子能迅速萌发并达到最高发芽率百分数所处的温度。

多数牧草种子萌发时所需的最低温度为0℃~5℃，低于此温度则不能萌发；最高温度为35℃~40℃，高于此温度也不能萌发；最适温度为25℃~30℃。牧草种类不同，发芽时对温度的要求也不同。一般来说，牧草发芽的温度与其长期所处的生态条件有关，暖季型牧草一般发芽的最低温度为5℃~10℃，最高温度为40℃，最适温度为30℃~35℃；冷季型牧草发芽的最低温度为>5℃，最高温度为35℃，最适温度为15℃~25℃。

牧草种子的萌发，是处于水热条件相互配合状况下发生的。禾本科牧草与豆科牧草种子萌发时对外界环境条件要求有所不同，豆科牧草对温度要求较低，而对水分要求较高，禾本科牧草则与此相反，对温度要求较高，而对水分要求较低。因此，在天然草场上豆科牧草种子的自然更新一般发生于春季，特别是春季草场较湿润的年份，冬季及早春低温有利于打破豆科种子的休眠；禾本科牧草种子的更新一般发生在夏季或夏秋时间，夏季高温，特别是夏季或夏秋昼夜温差较大（通常可达10℃以上），有利于禾本科牧草种子打破其休眠，有利于禾本科牧草种子萌发。

4. 光照。大多数牧草及饲料作物种子发芽时对光并不存在严格的要求，无论在光下或暗处都能萌发。但是，有些种子，特别是大部分的野生牧草种子和新收获种子，它们发芽时，在不同程度上受到光的影响。根据种子萌发时光敏感性的状况，可将种子分为需光种子、忌光种子和对光反应不敏感种子等。

（1）需光种子。需光种子必须有光，在无光条件下不能萌发，因此又叫喜光性种子。

禾本科牧草种子萌发大部分属于喜光种子，如冰草属、剪股颖属、早熟禾属、雀麦属和星星草属种子在有光条件下发芽得好些。需光种子一般较小，贮藏物很少，只有在土表有光处萌发，才能保证幼苗很快出土进行光合作用，不致因养料耗尽而死亡。

（2）忌光种子。不能在土表有光处萌发，光对种子萌发起抑制作用，使其发芽迟缓或者根本不能发芽。例如籽粒苋种子发芽时，光对种子萌发有抑制作用，已解除休眠的种子如果置于光照条件下发芽，比暗发芽速度迟缓10h；未解除休眠的种子，光下发芽不仅迟缓，发芽数也减少。黍和落芒草等非休眠种子均可受抑制而不发芽。

（3）对光反应不敏感种子。这类种子萌发时对光或暗反应不敏感，有光无光均可发芽。大麦、燕麦和多数牧草种子均属此类。

种子发芽行为之所以受光的影响，就在于种子内光敏素的存在。

种子萌发所需的水分、氧气、温度和光照四大因素是相互联系、相互制约的，如温度可以影响呼吸作用的强弱，水分可以影响氧气供应的多少等。为此应根据种子萌发的特性，调节水分、温度、氧气和光照四者之间的关系，使种子萌发向有利的方向发展。

了解草种萌发所需的条件，掌握土壤墒情和覆土深度，对于播种后早出苗、全苗极为重要，是获得高产的第一步。

（二）牧草种子的萌发过程

发育正常的种子，在适宜条件下开始萌发。牧草种子的萌发过程大致可分为以下5个阶段：

1. 吸胀。种子浸于水中或播种到潮湿的土壤中，其内的亲水性物质吸收水分子，使种子体积迅速增大。种子吸胀能力的强弱，决定于种子的化学成分，凡富含蛋白质的种子，吸胀能力较含淀粉较多的种子为强。吸胀开始时吸水较快，以后逐渐减弱。吸胀的结果使种皮变软或破裂，种皮的通透性增加，萌发开始。吸胀是一种物理作用，而不是生理现象。

2. 水合与酶的活化。这个阶段吸胀基本结束，种子细胞的细胞壁如原生质发生水合，原生质从凝胶状态转变为溶胶状态。各种酶开始活化，呼吸和代谢作用急剧增强。如大麦种子吸胀后，胚首先释放赤霉素并转至糊粉层，在此诱导水解酶（如淀粉酶、蛋白酶等）的合成。水解酶将在胚乳中贮存的淀粉、蛋白质水解成可溶性物质（麦芽糖、葡萄糖、氨基酸等），并继续转运到胚轴供胚生长的需要，由此而启动了一系列复杂的幼苗形态发生过程。

3. 细胞分裂和增大。这时吸水量又迅速增加，细胞迅速分裂和伸长，胚开始生长，种子内贮存的营养物质开始大量消耗。

4. 胚突破种皮。胚生长后体积增大，就顶破种皮而伸出。在通常情况下，首先伸出种皮的是胚根，接着长出胚芽。因为胚根的尖端对着发芽口，比其他部分优先吸水，生长开始也就较早。在水分供应不很充足的情况下，胚根先出，胚芽迟出的现象更为明显。

5. 长成幼苗。长出根、茎、叶，形成幼苗。

三、生长和发育

牧草及饲料作物的一生，所经历的生命活动周期叫做个体发育。牧草的个体发育是从卵细胞受精形成结合子，开始于幼胚和种子的形成，经过种子的休眠和萌芽，幼苗和牧草营养体的分化与生长，继之达到性成熟状态，于是出现花器或块茎、块根等生殖器官或营养器官，经过有性繁殖和无性繁殖过程，随后逐渐趋向衰老，最终死亡。

牧草的生长与发育是相互联系又有区别的生命现象。牧草在数量上不可逆的增长叫生长，包括作物体积（长、宽、厚等）的由小到大；重量（鲜重、干重）的由轻到重。生长是一个量变过程，是通过细胞分裂和伸长来完成的，它包括营养体和生殖体的生长。

牧草在生育过程中，不断形成形态、结构和功能各异的各种营养体和生殖体，如禾本科牧草的分蘖、豆科牧草的分枝等。在生长的基础上，牧草体内发生了一系列质的变化，即新器官的产生、生理状态的转变、形态的变化，这就是发育。发育是牧草一生中，其结构、机能的质变过程，它表现为细胞、组织和器官分化，最终导致植物根、茎、叶和花、果实、种子的形成。

（一）生长和发育的关系

生长是量的积累，发育是质的转变，生长的方式决定于发育的质变。生长和发育二者存在着既矛盾又统一的关系，在牧草生活中生长和发育是交织在一起进行的，没有生长便没有发育，没有发育也不会有进一步的生长。生长是发育的基础，停止生长，细胞就不能完成发育，没有足够的营养体也不能正常繁殖后代；生产中生长和发育之间存在着不一致性，因外界条件不同而可以发生生长快发育也快，生长快而发育慢，生长慢而发育快，以及生长慢发育也慢等四种情况。

（二）影响牧草生长发育的生态因子

处于大气圈、岩石圈、水圈和土壤圈界面上的生物圈由许许多多生态系统所组成，牧草存在的生态系统称为草田生态系统，它是地球上陆生生态系统中的一种。草田生态系统与其他生态系统一样也是由生物因子和非生物因子所组成，牧草本身就是这个系统生物因子中的一个种群。但从牧草栽培角度来看，牧草是生产系统的主体，其他生态因子是牧草的环境生态因子。

牧草的生态因子大致可以分为五类：

1. 气候因子。包括光照、温度、水分、空气等诸多因子，它们对作物的生长、发育、形态、结构、生理、生化以及地理分布均有很大作用。气候因子随地理纬度和地势的变化而变化。

2. 土壤因子。包括土壤的物理性质、化学性质、土壤肥力、土壤生物等。土壤的物理性质又因土壤水分、土壤空气、土壤质地、土壤结构等因素而异。土壤的化学性质则可细分为土壤酸碱度、土壤有机质等。

3. 生物因子。包括草田中的动物，如哺乳动物、禽类、昆虫等，其中昆虫对牧草影响较大;除种植牧草本身外还有各种杂草，它们与牧草存在着生存竞争的关系;微生物中包括对牧草有益的微生物(如固氮菌等)和有害的病原菌。

4. 地形因子。地形因子是间接因子，其本身对牧草没有直接影响，但它通过影响气候和土壤，从而影响牧草。地形因子又可以分为高原、山地、平原、低地以及坡度的大小和坡向等。

5. 人为因子。人为因子是一类特殊的因子，人类栽培牧草是有意识有目的的，它具有完全的支配能力。人类栽培牧草所采取的各种农业技术措施都属于人为因子的范畴。

(1)牧草与温度

温度是牧草生命活动最基本的生态因子。牧草只有在一定的温度条件下才能生长发育，达到一定的产量和品质。与牧草生长发育关系最密切的温度有土温、气温和体温。土壤温度对牧草种子播种、根系生育以及越冬都有很大影响，从而也影响到地上部的生长发育。气温与牧草地上部生长发育有直接关系，它也间接影响土壤温度和牧草根系生长发育。植物属于变温类型，所以牧草地上部体温通常接近气温。根温接近土温，并随环境温度的变化而变化。

一般来说，不论牧草维持生命的温度或生长和发育所需温度，就其生理过程来说，都有其相应的三个基本点，即:最低、最适和最高温度。最低温度和最高温度是指牧草的生命、生长或发育终止时的上、下限温度。最适温度是指牧草生命活动最适合生长、发育最快时的温度。温度过高过低，都不利于生长。温带牧草的最适温度在25℃～35℃之间，热带牧草在30℃～35℃，寒带牧草在10℃左右。

(2)牧草与光照

光是光合作用的能源，在光的作用下，牧草表现出光合效应、光形态建成和光周期现象，使之能自身制造有机物，得以生存和正常生长发育。这些效应，是光量、光质和光时所作用的结果。

光质是指太阳辐射光谱成分及其各波段所含能量。可见光中的蓝、紫、青光是支配细胞分化的最重要光谱成分，能抑制茎的伸长，使其形态矮小，有利于控制营养生长，促进牧草的花芽分化与形成。因此，在蓝紫光多的高山地方栽种牧草，常表现植体矮小，侧枝增多，枝芽健壮。相反，远红光等长波光能促进伸长和营养生长。

光长是指光照时间长短，以小时为单位，牧草对光照长短的反应，最突出的是光周期，同时也与生长发育有关。在短日照条件下，一般牧草新梢的伸长生长受抑制，顶端生长停止早，节数和节间长度减少，并可诱发芽早进入休眠。长日照较短日照有利于果实大小、形状、色泽的发育和内含物等品质的提高。

光照对牧草生育的影响表现为两个方面:一是通过光合成和物质生产从量的方面影响生育;二是以日照长度为媒介从质的方面影响生育。大多数牧草喜光，当光照充足时，芽枝向上生长受阻，侧枝生长点生长增强，牧草易形成密集短枝，株体表现张开。而当光照不足时，枝条明显加长和加粗生长，表现出体积增加而重量并不增加的徒长现象。当光照过分少时，叶片即无法生存，在草冠内形成无叶区。光照强度影响牧草同化作用和生长发育，因而必然影响其产量和品质。

(3)牧草与水分

牧草的生长发育只有在一定的细胞水分状况下才能进行，细胞的分裂和增大都受水分亏缺的抑制。因为这时细胞主要靠吸收水分来增加体积。生长，特别是细胞增大阶段的生长对水分亏缺最为敏感。水对牧草的生态作用是通过不同形态、数量和持续时间三个方面的变化而起作用的。不同形态是指固、液、气三态；数量是指降水特征量(降水量、强度和变率等)和大气温度高低；持续时间是指降水、干旱、淹水等的持续日数。

以上三方面的变化都能对牧草的生长发育产生重要的生态作用，进而影响牧草的产量和品质。雨是降水中最重要的一种形式，通常也是牧草所需水分最主要的来源。因此，降水量或降水特征既影响牧草生长发育、产量品质而起直接作用，又引起光、热、土壤等生态因子的变化而产生间接作用。牧草休眠后，植体要求有一定的水分才能萌芽，供水不足的牧草，常使萌芽期延迟或萌芽迟早不齐，并影响枝叶生长。

(4)牧草与气体

空气中某些成分量的变化(如二氧化碳和氧等浓度的增减)和质量的改变(如有毒气体、挥发性物质的增多和水气的增减等)都能直接影响牧草的生长发育。

大气、土壤、空气和水中的氧气是牧草地上部和根系进行呼吸不可少的成分。空气中氧是植物的光合作用过程中释放的，是牧草呼吸和代谢必不可少的。牧草呼吸时吸收氧气，放出二氧化碳，把复杂的有机物分解，最后成为二氧化碳，同时释放贮藏的能量，以满足牧草生命活动的需要。土壤在过分板结或含水量太多时，常因不能供应足够的氧气，成为种子、根系和土壤微生物代谢作用的限制因子。如土壤缺氧，将影响微生物活动，妨碍牧草根系对水分和养分的吸收，根系无法深入土中生长，甚至坏死。豆科牧草根系入土深而具根瘤，对下层土壤通气不良缺氧更为敏感。土壤长期缺氧还会形成一些有毒物质，从而影响牧草的生长发育。

二氧化碳是牧草光合作用最主要的原料，它对光合作用速率有较大影响。大气中二氧化碳含量(一般为320mg/kg)对牧草光合作用是不充分的，特别是高产人工草地更感不足，它已成为增产的主要矛盾。研究认为，提高空气中二氧化碳浓度，常能显著促进牧草生长。在通气不良土壤中，因根部呼吸引起的二氧化碳大量积聚，不利于根系生长。

(5)牧草与土壤

牧草生长发育所需要的水分和养分，大都通过根系从土壤中吸收。土壤质地、深度、通气、水分和营养状况皆对牧草的生育有极大的影响。土壤质地越细，水分移动速度越慢，水分含量也越高，但透气性则越差。黏质土不利于牧草根系向土壤深层发展。沙质土的肥力虽差，容易干旱，但通气良好，有利于牧草根系向纵深发展。土壤深厚可提高土肥水利用率，增加根系生长的生态稳定条件，使牧草根系层加厚，促进主根生长，从而加强植株的生长趋势，使根深叶茂，得以充分利用空间而高产。牧草在通气良好的土壤中，根系生长快，数量多，发育好，颜色浅，根毛多；缺氧条件下，根系短而粗，吸收面小，使牧草的开花结实率明显降低。土壤含水量越少，牧草需水量越大。因土壤含水量减少时，光合作用比蒸腾作用衰退得早。土壤含水量大于最适水分时，由于氧气不足对根系伸长有抑制作用，同时，光合作用显著衰退，耗水量增多，使需水量增加。土壤水分不足，吸收根加快老化而死亡，而新生的根少，其吸收功能减退，同时影响土壤有机质的分解、矿质营养的溶解和移动，减少对牧草养分水分的供应，导致生长减弱，落花落叶，影响产量和品质。土壤含水量超过田间持水量时，会导致土壤缺氧和提高二氧化碳含量，从而使土壤氧化还原势下降；土壤反硝化作用增强，硝酸盐转化成氮气而大量损失硝酸盐；产生硫化物和氰化物，抑制根系生长和吸收功能，使根系死亡。

土壤营养状况显著影响牧草的生长发育。丰富的氮可促使牧草生长，表现为分蘖增多叶色深绿，枝条生长加快。但须有适量磷、钾及其他元素的配合。磷利于根的发生和生长，提高牧草抗寒、抗旱能力。适量的磷可促进花芽分化，提高牧草种子产量。适量的钾可促进细胞分裂，细胞和果实增大，促进枝条加粗生长，组织充实，提高抗寒、抗旱、耐高温和抗病虫的能力。

四、生育期和生育时期

牧草的生育期和生育时期是两个不同的概念，不可混淆。

（一）生育期

在牧草生产中，把牧草出苗（返青）到成熟期间的总天数，称为牧草的全生育期。多年生牧草由春季萌发到种子完全成熟，一般经过75～95（110）天，这一时期叫做牧草的生育期或生育天数。

牧草的生育期长短，主要由牧草的遗传性和所处的环境条件所决定。同一种牧草生育期的长短因品种而异，可有早、中、晚熟之分，这是牧草在长期进化过程中生态适应的结果。在相似的环境条件下，各个品种的生育期长短是相对稳定的。但在不同的环境条件下，牧草的生育期会有所变化。如高温——短日照牧草饲料作物，在温度高、日照短的情况下，生育期会缩短；相反，温度低，日照长，生育期会延长。低温——长日照牧草饲料作物，日照越长，发育越快，生育期也会缩短。在农业生产中高温、干旱迫熟现象也十分普遍。牧草饲料作物施肥不当，如氮肥施用过多，水分适宜，使牧草饲料作物茎叶生长过旺，造成牧草饲料作物贪青晚熟，延迟成熟；相反，土壤缺氮，则生育期缩短。

（二）生育时期的划分

在牧草的一生中，其外部形态要出现若干次显著的变化。根据这些变化，可以划分为若干生育时期。在生产中为了管理的方便，把生育特性相近的几个生育时期合称为某一生育阶段，最常见的是将作物一生分为前期、中期、后期三个生育阶段。以下为几种主要作物的生育时期划分标准：

1. 禾本科牧草与饲料作物

分为出苗期（返青期）、分蘖期、拔节期、孕穗期、抽穗期、开花期、成熟期、收获期、再生期。

（1）出苗期（返青期）　种子萌发后的幼芽露出地面时为出苗期，越年生、二年生和多年生禾草和饲料作物越冬后萌发，绿叶开始旺盛生长的时期称返青期。

（2）分蘖期　植株基部分蘖节长出侧枝时为分蘖期。

（3）拔节期　植株主秆的第一茎节开始伸长，茎节已露出地面1～2cm时，可用手指由基部向上摸测决定，或剥开鞘叶证实之。

（4）孕穗期　植株的剑叶全部露出叶鞘，花被包在剑叶叶鞘中而未显露出来，茎秆中上部呈现纺锤形。

（5）抽穗期　幼穗从茎秆顶部叶鞘中露出，但未授粉。

（6）开花期　穗中部小穗花瓣张开，花丝伸出颖外，花药成熟散粉，具有受精能力。

（7）成熟期　禾草受精后，胚和胚乳开始发育，进行营养物质转化，积累的过程叫成熟。

禾草的成熟又分为三个时期：

①乳熟期 穗籽粒已形成并接近正常大小，淡绿色，内部充满乳白色液体，含水量在50%左右。

②蜡熟期 穗籽粒和颜色接近正常，内具蜡状硬度，易被指甲划破，腹沟尚带绿色，茎秆除上部2~3节外，其余全部黄色，含水量减少到25%~30%。

③完熟期 茎秆变黄，穗中部小穗的籽粒已接近本种（品种）所固有的形状、大小、颜色和硬度。

（8）收获期 实际收获籽粒的日期。

（9）再生期 采用第一茬生育时期记载所用的术语。

2. 豆科牧草与饲料作物

分为出苗期（返青期）、分枝期、现蕾期、开花期、结荚期、成熟期、再生期。

（1）出苗期（返青期） 种子萌发子叶露出地表（子叶出土型牧草）或真叶伸出地表（子叶留土型牧草）芽叶伸直的日期为出苗期。越年生，二年生和多年生豆科牧草和饲料作物越冬后萌发绿叶开始生长的日期为返青期。

（2）分枝期 植株主茎基部侧芽伸长，上有一小叶展开的日期。

（3）现蕾期 植株上部叶腋开始出现花蕾的日期。

（4）开花期 植株上花朵旗瓣和翼瓣张开的日期。

（5）结荚期 植株上个别花朵萎谢后，挑开花瓣能见到绿色幼荚的日期。

（6）成熟期 植株上荚果脱绿变色（黄、褐、紫、黑等色），籽粒呈出本种（品种）所固有的形状、大小、色泽和硬度，用手压荚有裂荚声，有些种摇动植株有响声。

（7）再生期 果后生育期记载采用第一茬生育时期记载所用的术语。

五、生长期

牧草可能生长的时期或某种牧草从出苗（返青）到种子成熟（种子生产时）或地上部枯黄（饲草生产时）所经历的天数。前者称为气候生长期，后者称为牧草生长期。

气候生长期依农事活动、草地类型等不同要求采用日平均气温≥0.5℃或10℃期间的日数表示，也可用无霜冻期表示。中国气候生长期有明显的地带性分布特点，就0℃以上的生长期而言，北部的寒温带<180天，中温带180~240天，暖温带250~300天，北亚热带300~330天，中亚热带330~365天，南北热带以南的地区全年都是生长期，高寒地区温度低，生长期短。

牧草生长期因牧草种类、品种而异，并受环境条件的综合作用。不同光、热、水条件的组合、不良气候条件以及不同农业技术措施等都能引起生长期的变动。如草地早熟禾在高寒地区，受寒冷的影响，一般在4月中旬返青，6~7月抽穗开花，9月种子成熟，全部生育时期104~110天，但生长期约200天左右。同一牧草品种在越冬期长短不同的地点栽培，其生长期也有较大差异，水分过多，能延缓营养生长期，在生长后期则易出现“贪青”晚熟。对比分析地区的气候生长期和不同草种（品种）或不同草种（品种）组合所需生长期资料，以便选取适当的草种、品种搭配和某种种植制度。

任务2 幼苗生长发育的观察

【工作场景】

地点：牧草栽培实训基地

仪器与材料：牧草幼苗、镊子、放大镜、白纸、水桶、水。

【工作过程】

将刚出苗的禾本科和豆科牧草幼苗拔除后，洗干净根部，放入白纸上进行观察。

观察内容：胚根、初生根、不定根、胚芽、胚芽鞘、子叶、第一叶的形成过程，每个发育阶段的变化要记载。

(1)禾本科牧草的幼苗发育

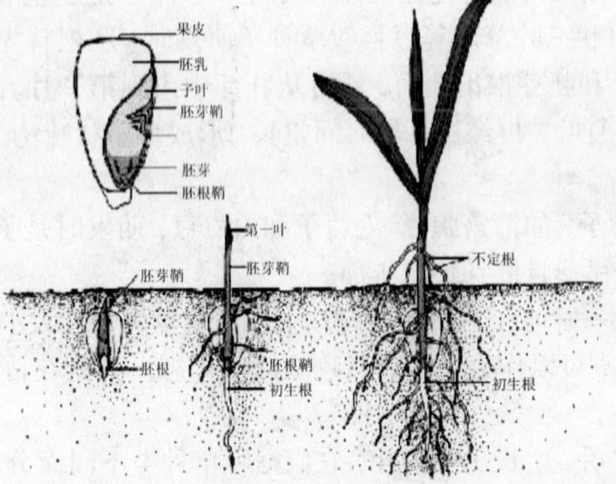

图2－4　玉米的萌芽

禾本科牧草的种子，实际上是一个果实一个颖果，它的果皮与种皮不易分开，籽粒外围包着一层包被，通常包在小花的外稃和颖片之中。其内含有胚和胚乳。胚包含着胚根和胚芽的生长点，胚芽以后形成幼枝，胚根以后形成初生根。胚乳是养料贮藏库，其中主要是碳水化合物(85% ~90%)和部分蛋白质(10% ~15%)。胚和胚乳由一个小盾片隔开。在紧靠种皮的下面有一层糊粉层，它主要是由含蛋白质的细胞构成一个薄层组织。

所有禾本科牧草的幼苗萌发后子叶不出土，留在地下。随着种子吸水膨胀，发芽的第一个标志是胚根的发生。胚根向下生长，并与土壤接触。随后子叶上边的幼茎(上胚轴)出现，并向上生长直到胚芽鞘出土，胚芽鞘包围着幼叶的顶芽，起保护作用。早期上胚轴的生长要到5条种子根从第一个节间的基部子叶上边长出。这些根对幼苗吸收水分和矿物质起重要作用，使植株苗壮生长，能自养。

(2)豆科牧草的幼苗发育

图2－5 子叶出土

豆科牧草种子在构造上与禾本科牧草不同，它没有胚乳，整个种子内胚构造，包括子叶、胚根、胚茎和胚芽。种子萌发时所需要营养物质由子叶供给。三叶草、紫苜蓿等的子叶中贮藏的营养物质主要由淀粉和蛋白质组成，而羽扇豆、野豌豆种子的子叶中主要由蛋白质组成，有些豆科植物种子子叶中含有大量脂肪。

豆科牧草出苗有两种不同的机制，子叶出土和子叶留土。

1. 子叶出土幼苗

幼苗在子叶下的一部分主轴是由下胚轴伸长生长而成的，子叶以上的主茎是由上胚轴伸长生长而成的。当种子萌发时，首先是胚根开始生长，而后是胚茎和胚芽。苜蓿属、红豆草属、百脉根属、草木樨属和三叶草属等豆科牧草种子萌发时，胚根首先伸入土中形成主根，接着下胚轴伸长先把子叶和胚芽推出地面，然后从胚芽中出现第一片真叶，为单叶，随后出现第二片真叶，即为三出复叶，再经过一段时间生长，形成莲座状叶丛。

2. 子叶留土幼苗

豆科植物无胚乳种子，如箭筈豌豆、毛苕子和山黧豆，萌发时是子叶留土，其下胚轴并不伸长，上胚轴形成一个弓形且胚芽伸出土面。

豆科牧草生长的第一片叶子为真叶(单叶)，豆科牧草的真叶大小、形态、颜色及附属物的有无，依种类而有不同，可以作为鉴别豆科牧草幼苗标志。如紫花苜蓿的真叶为圆形，三叶草的真叶为心脏形等。

豆科牧草子真叶之后，生长出成龄叶，它们据牧草种类不同而分为三小叶组成的复叶或为奇数或偶数羽状复叶等。此时宣告幼苗阶段的结束。

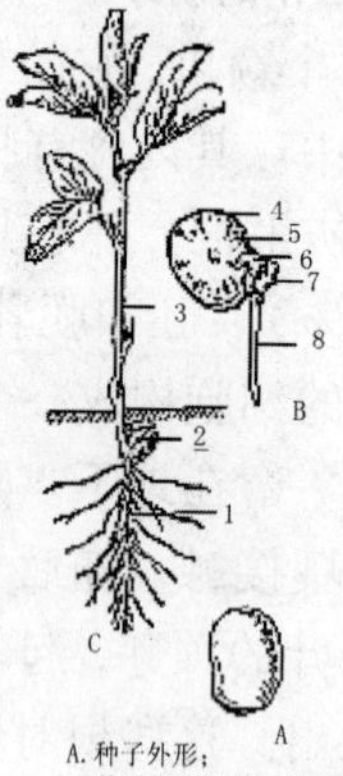

A. 种子外形；
B. 种子萌发初期，是胚根伸长，成为幼苗主根；上胚轴有所伸长，胚芽的幼叶明显可见；
C. 成长的幼苗；
1. 主根；2. 残留土中的种皮和子叶；
3. 幼苗的茎轴系统；4. 种皮；
5. 子叶；6. 胚芽；7. 上胚轴；8. 胚根

图 2－7　蚕豆种子的留土萌发

【注意事项】

(1)采集观察标本时不要乱挖和踩踏牧草栽培地。
(2)要注意安全和环境卫生。

【结果展示】

将观测结果填入表格中。

表2-2　　幼苗生长发育的观察分析表

植物名称	单子叶植物		双子叶植物		根系		
	子叶出土	子叶留土	子叶出土	子叶留土	主根系	侧根系	不定根

○○必备知识

一、幼苗生长特点与杂草的防除

豆科及禾本科牧草，特别是多年生牧草，它们的幼苗生长十分缓慢。根据在同一地区同一条件下牧草、饲料作物以及杂草在出苗后，前30天的生长速度(表2-3)，说明多年生牧草在出苗后的30~40天，甚至在50天内生长极其缓慢。因此，建立长期人工草地时，播前土壤耕作及幼苗期的田间管理(主要是灭草)是极其重要的工作；否则，杂草对多年生牧草造成严重的抑制作用，甚至死亡。

二、枝条生长发育

(一)禾本科牧草的分蘖及枝条形成

禾本科牧草出苗后，当长出3~4片叶时，即可自母株的地表或地下茎节、根颈、根蘖上形成侧枝，这种现象称为分蘖。分蘖时枝条在叶鞘内者称为鞘内枝，而枝条穿破叶鞘生长者称为鞘外枝。前一类的枝条往往沿着母枝向上生长，形成稠密的株丛(密丛型)；后一类枝条，开始水平方向生长，然后再向上生长(根茎型)。或者同母枝以锐角向上生长形成疏松的株丛(疏丛型)。有的禾本科牧草在同一株丛发育两种类型的枝条，如根茎—疏丛型的禾本科牧草(图2-8)。

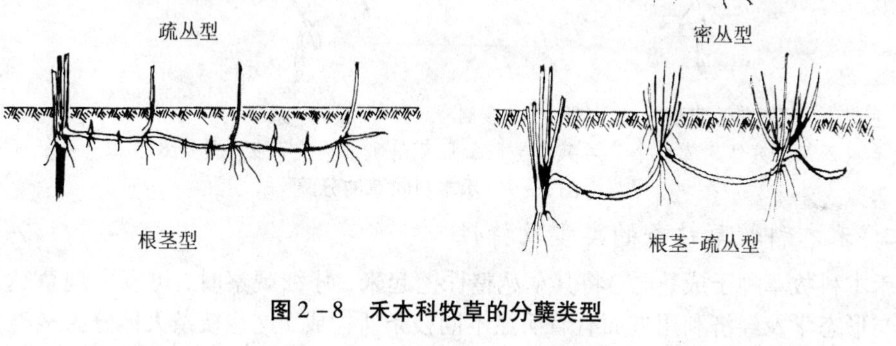

图2-8　禾本科牧草的分蘖类型

禾草出苗长出3~4片叶时，主枝上第一个接近地表的节就是分蘖节，它是由许多节间很短的节组成的，在分蘖节上形成一个幼嫩、白色透明、呈三角形的新芽，它被包裹于叶鞘内，由它形成另一个侧枝。由于芽位于叶鞘的基部，能抵御外界不良环境的影响，并可得到叶片光合作用所制造的营养物质。因此，芽与母枝是不可分割的。由芽形成的枝条露出叶鞘后，它还没有自己的根系，这时该幼龄的枝条如芽一样，其生长所需营养物质还依靠母枝供给，是一个非独立的枝条。

但是禾草的侧枝能生根，即侧枝在叶鞘内出现2~3片叶后开始生根，母枝叶鞘被推向一边，或居于新枝的下面，它的位置被新的侧枝所代替，有时很快地枯萎而成为纤维状的鞘残体，残留于枝条基部。侧枝长出自己的新根以后，它可以从土壤中吸收水分和养分，且自己的叶也能进行光合作用，制造养分，因此，这时它已成为一个可独立生活的枝条，不过它与母枝的联系并未中断。

在禾草第一个茎节上形成侧枝不久，第二个茎节上也依着上述的程序产生第二个侧枝，凡由主枝上形成的侧枝均称为第一代侧枝或称第二级侧枝。

当第一代侧枝上长出2~3个叶片时，同样也可以开始分蘖，并按上述同一程序产生第二个侧枝，这些由第一代侧枝形成的侧枝，称为第二代侧枝或第三级侧枝，以后各代侧枝的形成也类似主枝上第一代侧枝形成那样，严格地遵守一定的程序，并依次逐渐形成株丛(图2-5)。

分蘖是枝条形成的基础，也是获得高额青干草和放牧饲草产量的基础，采用合理的农业技术措施，促进禾本科牧草大量分蘖并形成稠密的株丛，乃是建立人工草地的重要目标。

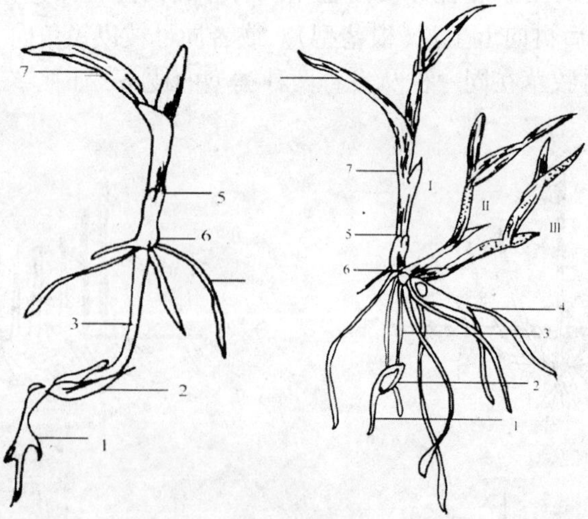

Ⅰ.主枝　　Ⅱ.第一级侧枝　　Ⅲ.第二级侧枝

1.初生根2.颖果残体3.第一个节间4.次生根5.胚芽鞘6.分蘖节7.第一片叶8.第二片叶

图2-9　禾本科牧草的分蘖

(二)禾本科牧草枝条的类型及特性

当禾本科牧草种子成熟时，将其草丛整株挖起来，仔细观察时，可以发现草丛是由一些生物学与形态学及经济利用方面有着明显不同枝条所构成，这些枝条大体分为三类。

1. 生枝条。这类枝条的先端具有发育正常的花序，具有较多的茎生叶，根出叶较多。这类枝条是获得种子产量的基本条件。牧草种子田为了获得丰富的种子产量，必须要大量的而发育良好的生枝条，并且尽可能降低其他非生殖枝比例。生殖枝作为饲草，生物量较高，是构成牧草高产的重要因素。该类枝条适于刈割调制干草，刈割时留茬高度可稍高。但生殖枝叶量少，饲用价值不如营养枝及隐藏生殖枝高。

2. 营养枝。营养枝分为长营养枝及短营养枝两类。长营养枝也是抽茎的枝条，它不同于隐藏生殖枝，它具有完全不能生殖器官和长期保持叶原基能力的生长点。短营养枝不抽茎，节间短，几乎全是由叶片组成的短的枝条。

从人工草地经营目的来看，栽培禾本科牧草主要是为了获得大量的、营养丰富的牧草，因此，营养枝多的牧草是较理想的牧草，尤其适合放牧利用。长营养枝高度接近于隐藏生殖枝及生殖枝，可作刈割利用。

禾本科牧草各类枝条的比例随着牧草年龄及生育时期变化而不同，一般播种当年营养枝比例较大，而生活第二年以后，牧草生殖枝比例较大。牧草接近开花、成熟期，生殖枝比例就大，而幼嫩时期绝大多数为营养枝。

禾本科牧草生殖枝随着各个发育阶段的进行，从抽穗到结实，枝条上叶量不断减少，而营养枝的叶量不仅不减少，反而还要增加，详见无芒雀麦不同物候期的叶量动态(表2－3)。

表2－3　　不同物候期的叶量动态

项目 发育时期	绿叶的数量		干枯叶的数量	
	生殖枝	长营养枝	生殖枝	长营养枝
抽穗期	6	7	5	4
开花期	4	8	6	5
结实期	3	9	6	6

由上表资料看出，生殖枝和营养枝随着物候期变化，叶片大量枯死，尤其是生殖枝叶片死亡最为明显。通常枯死的是茎秆下部的叶片，而长营养枝下部的叶片虽有死亡，但上部常常还出现新的叶片。

(四)豆科牧草的分枝

豆科牧草在三叶期后，在茎的下部(下胚轴)与根系的连接处形成肥厚膨大的部分，称为根颈，豆科牧草的侧枝芽即发生于根颈上，根颈随着植株年龄的增长而逐渐深入土中，以抵御不良的外界条件，特别对越冬有益。而且常常被撕裂成几部分(图2－10)。

应该指出，豆科牧草的枝条与禾本科牧草枝条形成有所不同，一是一般豆科的枝条均生自根茎处，二是所有的侧枝，除根蘖型及匍匐茎型外，都不能形成自己的根系。

根蘖型豆科牧草如黄花苜蓿、山野豌豆、蒙古岩黄芪等，其枝条一部分由根颈部产生，尚有大部由根蘖部长出，根蘖处向上形成地上部枝条，向下生出根系，形成疏松的草丛。

匍匐茎型豆科牧草如白三叶、地三叶等，在根颈处形成贴于地面的蔓生茎，茎的节上可形成新的叶簇和不定根(图2－11)。它们具有强烈的营养繁殖能力，是良好的放牧型牧草。

2－10　紫花苜蓿的根颈

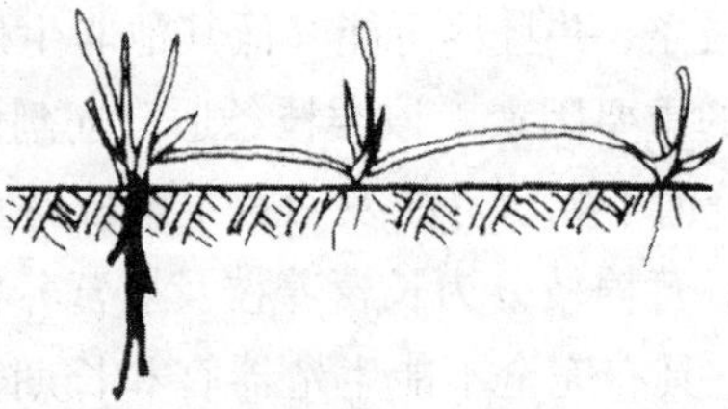

2－11　匍匐茎型牧草——白三叶

豆科牧草产生分枝，由春季开始一直延续至秋季。由于豆科牧草的更新芽暴露在土表或接近土表，因此易受冻害，而禾本科牧草的分蘖节带则多处于地下，并为发育不全的叶和枯死的残余物所覆盖，因此，豆科牧草一生中最后一次利用不宜过晚，以便形成越冬前覆盖地面的新枝，并在根中贮备足够的可塑性营养物质，以增强其越冬能力。

项目二　牧草地下部生长与发育

任务1　牧草根系观察

【工作场景】

地点：植物标本室、实训基地

仪器与材料：铁锹、植物标本、放大镜、直尺、水桶。

【工作过程】

工序1　根系标本准备

将具有代表性植物标本根系挖出（多年生牧草要求播种时间3年以上的根系）后用清水洗干净，放入观察台上并进行观察。

工序2　区别根系与变态根

观察内容：观察根系的类型，区别主根、侧根、须根、不定根、变态根等；测量不同根系的长度和宽度并记载。

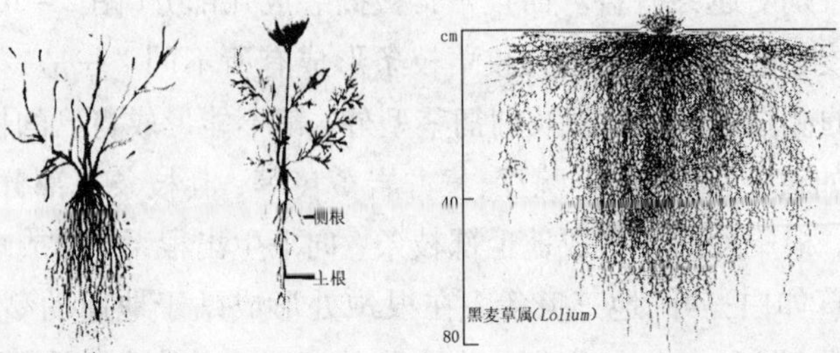

须根系　　直根系　　须根发达

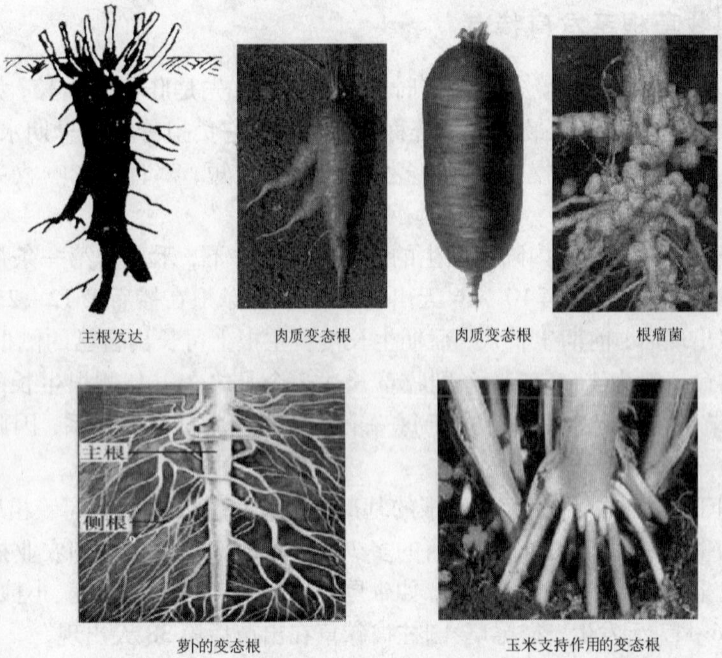

图2－12　根系类型

【结果展示】

将观察和测量栽培牧草根系结果填入表2－4。

表2－4　**栽培牧草根系测定结果**

植物名称	豆科牧草	禾本科牧草	其他科牧草	根系类型			根系长度		
				直根	须根	变态根	主根	侧根	变态根

【注意事项】

(1)采集标本根系时不要乱挖和踩踏牧草栽培地。

(2)爱护好实验用具和周围的环境卫生。

(3)根系洗干净后观察，最好根系不要暴晒。

○○必备知识

牧草根系的特性及发育状况，直接关系到牧草对水分、养分的吸收和营养物质新陈代谢的过程。因此，一些牧草的特征特性以至产量的高低、品质的优劣与根系的特征、构造(生长强度、入土深度、分枝特性)及其生理特点(对于一定湿度、通气、环境的反应能力以及分泌溶解能力等)有着密切的关系。

一、禾本科牧草根系发育特点

禾本科牧草播种后，当环境条件适宜时开始萌发，首先是胚根的生长，始为主根，不久在其上长出侧根。这些萌发后最初的根统称为初生根，它负担着牧草早期水分、养分的吸收与供应任务。其早期生长的快慢，数目的多少，寿命的长短，都直接影响牧草定植及早期的生长。

禾草初生根是在一段时间内陆续发生的，在大田条件下，禾草的第一条初生根在播后第8~10天出现，第二条在播后第10~16天出现，第三、四条根在播后第12~23天和第23~33天出现。初生根出现后，前期生长快，后期生长慢。主根上可长出自己的侧根。

初生根的寿命一般为4~8周。个别牧草长达2个月之久。与侧根生长的同时，从枝条基部、缩短的茎节上生长出次生根。由于每一个枝条能形成自己的根系，因此禾草的根系较为庞大。

次生根不同于初生根之处在于次生根的基部膨大，而主根则上下同一粗度。此外，次生根的数目不像初生根是固定的，而是数目的多少完全取决于环境条件和农业技术措施。

次生根的发生时间视牧草种类而异，如牛尾草、高燕麦草、无芒雀麦、小糠草、紫羊茅等牧草在出苗后第16~17天发生，猫尾草、圆柱披碱草在出苗后第38天出现。

播种当年，多年生禾草次生根生长的总趋势是快的。一般由种子萌发至分蘖开始，根系发育较慢，此时入土深度仅8~15cm。分蘖后期，根系生长加快。拔节、抽穗期间由于地上部分生长速度加快，根系生长速度又有所减缓，到抽穗后由于地上部分生长缓慢，根系生长速度又有所增加，并持续到结实期及地上部枯死以前。

禾本科牧草根系大部分集中在土表0~30cm处，视牧草种类不同，约占总根量的65%~95%，其中0~20cm土层内的根系又占很大比例。50cm以下，仅占其总重量的5%~10%，70cm以下占2%~3%，90~100cm以下则只有0.26%~1.3%。

土壤下层中禾草的根系数量虽然不多，但它们在植物营养中的作用却很大，即它们能从土壤深层吸收营养物质及水分。在生活时，根系将其分泌物分泌于土壤中，可供其他作物或牧草吸收利用。死亡根系腐解成为土壤有机物质，恢复与提高土壤肥力。

二、豆科牧草根系发育特点

豆科牧草在土壤水、热条件适宜时很快萌发，其萌发速度要快于禾本科牧草。如在实验室条件下，紫花苜蓿播种后第2天萌发，草木樨、沙打旺第3、4天萌发。在夏播条件下，很多豆科牧草3~4天即可产生幼根，第7~8天就可出苗。

豆科牧草根系的发育是从胚根开始的。当种子萌发时，胚根首先伸长，并向下生长，其后随着胚芽的生长，胚根进一步逐渐发育为主根，并于其上产生分枝根，形成直根系。当地上部开始形成真叶时，根系进一步伸长，支根增多，并开始形成根瘤。当地面形成莲座叶丛时，根系有一个较长时期的发育过程，根系长度超过地上部几倍甚至十几倍。后来主根上部增粗，在接近地面处膨大，形成初期的根颈，此时也就形成了豆科牧草完整的根系。

豆科牧草苗期根系生长的速度比地上部快，如白花草木樨，播后1个月根系入土深达8.5cm，而此时地上部仅为0.5~1.0cm，绛三叶相应为6.2cm和3.5cm。红豆草播后子叶出土的第1天根长达9cm，第3天12cm，第5天18cm，平均每天增长0.6~9cm。紫花苜蓿在现蕾前主要是发育根系，地上部生长速度比较缓慢，根系发育一直持续到深秋，随着物候期的推进，豆科牧草根系入土深度远比禾草为深。一般豆科牧草根系入土2~3m，而禾草仅入土1~1.5m，详见表2-5。

表2-5 公农一号苜蓿播种当年根系与地上部分的生长速度

物候期	根系(cm)		地上部(cm)	
	入土深度	日均增深	高度	日均增高
苗期(齐苗后15天)	4.9	0.49	1.0	0.01
分枝期	33.7	0.94	21.0	6.67
现蕾期	68.4	1.74	55.4	1.72
开花期	95.7	1.52	94.9	2.19
停止生长前	106.3	0.26	115.9	0.51

豆科牧草根系从其形态上看，可分为主根系(紫花苜蓿、自三叶、沙打旺等)、主根分根系(黄花草木樨、白花草木樨、野豌豆、毛苕子、天蓝苜蓿等)、分根系(红三叶、杂三叶等)。不同类型根系在土壤中分布特点显著不同，主根系牧草根系一般入土较深，在土层中分布比较均匀，根系虽然主要分布在0~40cm土层中，但下层也分布有一定的比例，而主根分根系，根系主要集中在土壤表层0~30cm(可占800%以上)；分根系牧草根系重量的90%分布在0~10cm，比主根分根系更浅，这类牧草一般比较喜水，吸水能力远不如主根系或主根分根系牧草。

豆科牧草根系与禾本科牧草不同，大部分豆科牧草具有根颈。根颈是形成枝条的部位，对于再生、贮藏营养物质等均具有重要作用。各种牧草根颈大小发育不等(表2-6)。主要取决于牧草年龄及外界环境条件等因素。

表2-6 几种豆科牧草根颈发育(孙醒东，1963)

牧草名称	生育年限(年)	根颈直径(cm)	根颈长度(cm)	根颈重量(g)
紫花苜蓿	2	5.30	7.17	59.65
红三叶	2	6.09	6.34	47.00
杂三叶	2	4.45	3.62	40.12
白花草木樨	2	7.00	6.63	52.58
黄花草木樨	2	5.00	6.10	44.63
天蓝苜蓿	2	1.09	1.34	9.83
箭舌豌豆	2	0.90	2.00	2.70
毛苕子	1	1.25	4.38	6.63

豆科牧草根系大多生有根瘤。根瘤大部分布在土壤0~20cm范围内，其形状、大小及色泽因牧草而异，详见表2-7。

豆科牧草的根瘤菌生物学特性在农业生产中具有重要的作用。根瘤菌通过体内的一种具有特殊催化能力的蛋白质——固氮酶的活动，将不能被植物利用的空气中的氮素转化为可利用的氨态氮。当豆科牧草具有根瘤时，由于根瘤菌固氮作用，能使它不依赖于土壤有机质中氮素的含量，因此，豆科牧草能在土壤有机质极缺乏的土壤中生长良好。

表 2－7　　　　几种豆科牧草根瘤

牧草名称	形状	直径(mm)	色泽
紫苜蓿	椭圆形	1.0～1.5	水红
红三叶	长椭圆形	1.0	黄白、乳白
杂三叶	卵椭圆形	1.5	黄白
白三叶	卵椭圆形	1.0	暗褐
黄花草木樨	长椭圆形	1.0～1.5	水红
毛苕子	长椭圆形	1.0～1.5	水红
天蓝苜蓿	卵椭圆形	0.5～1.0	水红

豆科牧草的根系对地下水位的反应很敏感，当地下水淹没了根系分布的土层时，由于缺少空气，温度又低，会导致根系的死亡。

三、多年生牧草根系发育特点

多年生牧草与一年生牧草比较，根系发育有如下特点：

(1)多年生牧草根系是庞大的。一年生农作物根系发育远不如多年生豆科及禾本科牧草发达，如每立方米小麦在土壤中根系总长度为 9.4km，玉米 11.7km，苏丹草 12.3km，谷子 12.3 km。而多年生牧草紫花苜蓿(生活第 2 年)20.3 km，冰草 19.9km，无芒雀麦 27.3km。就其重量而言，生活第二年 22 种多年生牧草地下部产量 806.7kg/亩，而一年生牧草地下部产量仅为 226.7kg/亩。

由于多年生牧草根系发育良好，因此，表现出地下部远远高于地上部的产量。据试验统计，平均地上部产量为 314kg/亩，而地下部为 477.3kg/亩，地下部重量为地上部的 152%。

(2)多年生牧草根系入土较深。多年生豆科及禾本科牧草根系入土均比一年生牧草或一年生作物入土深。一般多年生牧草根系入土可达 1. 5～2 m 甚至达 3m，尤其豆科牧草入土更深，有的生活年限长的耐干旱豆科牧草根系可达 5m 以上，而一年生禾本科牧草根系入土一般在 1m 以内，豆科牧草也只有 1.0～1.5m。

无论是禾本科牧草还是豆科牧草，根系入土较深对于植物生活具有重要意义，它可以从土壤深层吸收水分和养分。植物抗旱性的强弱，常常与土壤下层根系的多少有关。

(3)大多数多年生牧草根系，每年都继续生长。多年生牧草根系重量一般表现出随草地年龄的增加而增长。详见郭博等(1980)对不同年限的红豆草根系产量与年限关系表(表 2－8)。

表 2－8　　　　红豆草根系产量与生活年限的关系

生活年限	每平方米内根重(kg)	折合公顷鲜根重(kg)	%
第一年	1.25	12 500.55	100.0
第二年	4.05	40 996.50	324.0
第三年	5.30	53 002.65	424.0
第四年	5.90	59 002.95	422.0
第五年	6.93	69 503.55	556.0
第六年	7,30	73 003.65	584.0

四、牧草根系的寿命

牧草根系寿命的长短在牧草生活中具有重要意义。如果它们寿命长，说明能长期地从土壤中吸收水分和养分，从而保证牧草在一个较长的时期内能够提供高额而稳定的产草量。

一年生牧草根系在地上部开花、结实完成其发育周期后，在冬季死亡，即一年生牧草根系寿命短，它在一个生长季后与地上部同时死亡。而多年生牧草根系，在生活第一年的生活小周期后并不死亡。除部分侧根细枝有部分死亡外，整个根系是随生活大周期的死亡而死亡的。根系生活力的停止，导致个体的死亡。

五、影响根系生长的因素

牧草根系的生长与其所生存的环境条件有着密切的关系。在这些环境因素中，土壤水分，土壤温度，土壤养分，光照及刈牧等是较重要的因素。

1. 土壤水分对牧草根系生长的影响。土壤水分对牧草根系发育影响很大，不仅影响根系数量及其分布，而且也影响它们的T/R值（即地上部重量与根系重量之比）。土壤水分充足，地上部生长发育好，T/R值增大。反之，土壤水分不足，地下部分发育好，地上部分相对变小，T/R值变小。土壤干旱时，根系重量虽然减少，但减少的幅度较地上部减少幅度小，相反还可促进根系生长。

表2-9结果指出，红豆草根系的生长受到水分平衡的影响。例如红豆草刈割利用时随着留茬高度的增加，在每一留茬处理中，红豆草的根重、根系体积、根颈直径和主根长度均是灌水比不灌水大。

2. 土壤温度对牧草根系发育的影响。土壤温度是影响根系发育的另一重要因素。通常温度与植物的关系，表现在三个方面，即最高温度、最低温度和适宜温度。牧草种类不同，生长时要求的温度也不同。据报道，草地早熟禾根系适宜生长的温度是15.6℃，温度在26.4℃时根的生长停止。鸡脚草为26℃～32℃，草地羊茅是12.8℃～21.1℃，猫尾草是17.1℃～21℃，无芒雀麦为12.8℃～21.1℃。生长于低温条件下的牧草根系，一般比生长于正常温度下少，呈白色，透明而不分枝或很少分枝，侧枝多散生于近根端；在高温下生长的根系，有时变黑、扭转、生瘤，根短而粗，有时死亡，同时高温促使根系早熟。

表2-9　灌水和留茬高度对红豆草根系生长影响（20cm×20cm×20cm）（陈宝书，1994）

处理 测定项目	对照（不刈割）		留茬2cm		留茬4cm		留茬6cm	
	灌水	不灌水	灌水	不灌水	灌水	不灌水	灌水	不灌水
根系重量(g)	200.0	181.0	140.0	125.0	151.0	138.0	160.0	139.0
根系体积(C//13)	225.0	189.0	154.0	130.0	162.0	144.0	175.0	145.0
根颈直径(crn)	4.5	3.1	2.4	1.9	3.0	2.4	4.1	2.8
主根长度(cm)	244.0	225.0	215	180.0	230.0	195.0	240.0	201.0

3. 光对植物根系生长的影响。在光的因素中，主要是光照强度和光照时间的长短，有人将黑麦草置于6101x和2131x下每天照射10小时，结果表明，在6101x的黑麦草茎叶及根系干重最大。由于光照强度对根系生长有一定影响，因此，遮荫对牧草生长是不利的。试验表明，沙打旺的根重、体积、根幅、根颈粗细和主根入土深度随日照时数的延长而增加，尤以根

重、根幅和主根深度最为突出(表2－10)。又如无芒雀麦，遮阴到日照的0.80时，植株的重量减少一半，地上部分减少35%，而根和分蘖节中减少70%。但鸡脚草可以在树阴下生长，因而又称果园草。

表2－10　沙打旺根系与日照时数的关系(20cm×20cm×20cm)

照时数 / 根系	6小时/天	8小时/天	10小时/天	12小时/天
根系重量(g)	110.5	120.0	160.5	175.5
根系体积(m^3)	320.0	385.0	400.0	433.5
根际(cm)	41.5	60.5	70.0	78.5
根颈直径(cm)	4.5	5.3	5.9	6.4
主根入土深(cm)	105.0	150.0	180.0	225.0

4.刈牧对牧草根系的影响。刈割或放牧时，基部茎叶部分或全部损失，不但不能制造营养物质，枝条的再生反而要消耗根、根茎(根颈)及分蘖节中贮藏的营养物质，因此影响根系的生长发育，如根系的伸长、重量、体积及根系伸展幅度等(表2－11)。

表2－11　刈割与禾草根系生长状况的关系(20cm×20cm×20cm)

	处理 / 项目	不刈割		刈割1次		刈割2次	
		数量	%	数量	%	数量	%
中间偃麦蕈	根重(g)	33.9	100.0	27.4	80.8	22.2	65.5
	根系体积(cm^3)	130.0	100.0	118.9	87.1	106.6	74.6
	根幅(cm)	42.0	100.0	36.0	85.7	36.0	73.8
	主根长(cm)	146.5	100.0	115.0	78.5	102.0	69.6
肥披碱苴	根重(g)	77.1	100.0	62.1	80.5	53.0	68.7
	根系体积(cm^3)	96.0	100.0	83.5	86.9	70.0	72.9
	根幅(cm)	50.2	100.0	47.2	94.1	93.5	86.6
	主根长(cm)	158.0	100.0	132.5	83.9	120.5	76.3

从上表可看出，频繁刈割且留茬很低，不但根系入土变浅，而且根系数量、粗度、重量及体积都变小、变细，甚至导致根系的死亡。

一般来说，放牧由于对牧草仅损伤部分茎叶，因而其影响刈割为轻。但是放牧对土壤有践踏作用，过度放牧对牧草根系同样有不良的影响。

5.土壤条件对根系发育的影响。土壤通气性、土壤孔隙度、土壤机械组成，以及土壤酸碱度、营养对根系生长均有一定影响。

土壤通气性好，有助于土壤有益微生物活动，并增强硝化过程。豆科牧草根瘤菌只有在通气性好时，才能积极活动。切破草皮，使空气流通，水分渗透，使积累的有机物质分解才能促进与恢复牧草根系的生长。

土壤孔隙度大，土壤疏松，增加了土壤透水性、通气性及容水量，同时可提高土壤温度，促进微生物的活动，提高土壤中有效养分的含量，因此有利于牧草根系的生长。在这样的土壤条件下，根系入土深、长度大，而且侧根也较多。

土壤质地对牧草根系生长也有一定影响，土壤质地较轻的土地，根系发育良好，而土壤质地黏重的土壤上根系发育较差，豆科牧草在重黏土地上生长容易造成烂根现象。

土壤酸碱度与牧草根系的生长有极密切的关系。植物对土壤溶液的适应，可分为三种类型：酸性植物（pH < 6.5）、中性植物（pH6.5～7.5）和碱性植物（pH > 7.5）。如果中性植物生长在酸性或碱性土壤上，根系生长发育均受到一定影响。

土壤营养状况对根系发育的影响，是最直接的。营养富足，根系生长旺盛，地上部也生长良好，即所谓的"根深叶茂"。而土壤瘠薄，营养贫乏，根系发育不良，地上部也生长不好。

六、牧草根系与贮藏营养物质积累的动态

可塑性贮藏物质，对于多年生牧草的生活具有非常重要的意义。依靠种子内贮藏的营养物质，使种子萌发出土成幼苗。但以后植株的再生及生活第二年形成新枝，便依靠本身植物体内贮藏的营养物质。这些可塑性物质，主要贮藏在植物体的根内，以及其他器官，因此牧草根系发育与可塑性营养物质含量及牧草再生，新枝形成、产量的高低有直接关系。

（一）可塑性营养物质贮藏部位

可塑性营养物质多属于不易溶解的物质。它们主要贮藏在果实、种子、木质部、分蘖节、茎基部、根茎及根内。一年生牧草主要贮藏在种子中。越年生植物第一年营养物质多贮藏在营养器官如根及根茎；第二年再积累于种子中。大部分多年生草本植物的地上器官于冬季常常枯死，而土中的芽、鳞茎、块茎及根茎等则能安全越冬。因此，它们的营养物质也都贮藏在这些部位上。栽培的多年生禾草，主要贮藏在茎基部、分蘖节、根茎及根内；多年生豆科牧草，主要贮藏在根茎及根内。因此，这些部位往往变粗，甚至有些植物是星球形。

（二）营养物质在根内及其他贮藏器官贮藏动态

当春季牧草开始生长时，植物的绿色器官暂时还没有完全恢复，因此，春季再生依靠贮藏的营养物质，所以春季出现贮藏的营养物质的量下降。但再生后经过15～20天，当新枝长出足够的叶面时，由于叶的同化作用，而开始补充贮藏的营养物质，所以贮藏的营养物质的量渐渐增加，至春季分蘖时达到第一个高峰。

当拔节期，由于抽茎需要消耗大量营养物质，因而贮藏的营养物质的量又下降，至开始开花期，茎的生长停止，贮藏的营养物质的量又重新增加，这种增加一直到结实期。当茎死亡时，贮藏的营养物质的量剧烈下降。这是由于茎开始死亡时，秋季分蘖开始了。死亡母枝的贮藏物质在这时被新一代枝条所利用。这种新一代枝条同样要贮存一定量的可塑性营养物质以度过冬眠。至次年春季再生时，贮藏的营养物质积累动态重复上述情况。多年生牧草贮藏营养物质积累的动态规律，已为原苏联学者斯米诺夫的下列实验所证实（表2－12）。

表2－12　　无芒雀麦贮藏营养物质的含量（干物质%）

贮藏器官	春季返青	分蘖	抽穗	开花	结实	死亡
地下部	19.1	34.6	20.5	27.4	31.3	15.4
分蘖节	–	29.5	28.7	31.3	30.5	16.8
叶	–	37.8	39.0	33.9	13.6	8.5
地上部	–	–	52.3	41.8	44.2	14.8

（三）贮藏的营养物质的种类

牧草叶在同化过程中所形成的有机物质，用于正在生长的器官如幼茎、幼叶和幼根的生长，当消耗不尽时，便运送到贮藏器官贮藏起来。牧草体内准备贮藏的物质（如糖类和氨基酸）必须先转化为适于贮藏的物质，即糖类（主要为淀粉）、脂肪及蛋白质三种类型。

贮藏最多的是淀粉，它是不溶于水的粒状物质。同化过程中形成的单糖，是植物新陈代谢和牧草营养的原始材料，先暂时贮存于叶片的同化组织，以后运送到果实、种子及其他地下贮藏器官贮藏起来。贮藏的淀粉被利用时进行水解，经酶的作用转化为麦芽糖、葡萄糖而被利用。这些物质对于种子的发芽，牧草刈牧后的再生，春季返青都有重要作用。贮藏糖类的优点是不经过复杂的转化，即可变为葡萄糖等，对于牧草的再生很合适。

脂肪在常温时是液态物质，容易填满在贮藏器官内。脂肪不溶于水，在贮藏过程中，不致被消耗。同时脂肪含量很少，因此在氧化时释放出大量热能。脂肪在被水解利用时，通过脂肪酶的活动分解为甘油和脂肪酸，前者很快地继续转化而被利用。

牧草贮藏的含氮物质，大多是蛋白质成分。蛋白质部分存在于植物体溶液（如细胞液）中，或为液体状态（如原生质），或为固体状态。在地下贮藏器官（如块茎）中也常为糊粉粒状态。蛋白质是由各种氨基酸组成的，易于水解。在水解时，经过蛋白质酶的活动分解为氨基酸，再经氨基酸酶的作用继续分解而被利用。

项目三　牧草开花、传粉与种子形成

任务1　花序与开花习性观察

【工作场景】

地点：牧草栽培实训地

仪器与材料：开花植株标本、放大镜、镊子、培养皿。

图2-13　禾本科牧草花序

图 2－14　豆科牧草花序

【工作过程】

在已开花的牧草栽培地上选择样本，观察花序类型、开花顺序、开花习性、小花数、授粉方式等并记载。

【结果展示】

将观察结果填入表格中。

表 2－13　牧草花序观察分析表

牧草名称	花序类型	开花顺序	开花习性	小花数	授粉方式	开花时间

任务2　观察花的构造

【工作场景】

地点：牧草栽培实训地

仪器与材料：开花植株标本、放大镜、镊子、显微镜。

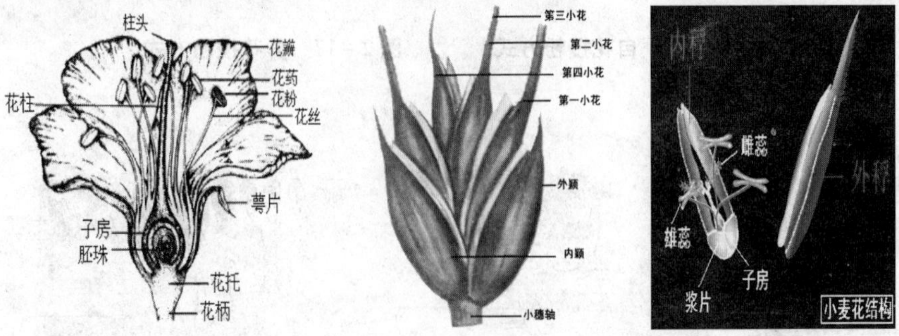

图 2－15　花的构造

(1) 豆科植物花解剖观察

取豆科植物(如紫云英、苜蓿)的新鲜花解剖观察：

花萼：五枚，基部联合成筒状(即合萼)，端部呈裂片状，称合萼。

花冠：五瓣，且互相分离（离瓣花），为蝶形花冠。外围最大的 1 片花瓣称旗瓣，紫色；两侧 2 片花瓣称翼瓣，白色；最内侧的是两片合生的龙骨瓣，紫色。

雄蕊：10 枚，其中 9 枚雄蕊花丝合生，包围在子房之外，1 枚雄蕊独立，称为二体雄蕊。

雌蕊：雌蕊 1 枚，绿色，子房上位，由一心皮组成，胚珠多数。

（2）禾本科植物花解剖观察

取禾本科植物（如小麦、燕麦）的新鲜花解剖观察：

外稃：位于每朵小花的外侧。小麦的外稃先端常有芒。

内稃：位于每朵小花的内侧，比外稃小。

浆片：在外稃之内的基部，有两片肉质透明的小片，称浆片。当开花时，浆片吸水膨胀可撑开外稃，便于传粉。

雄蕊：6 枚（水稻）或 3 枚（小麦），花药大，花丝短，开花时迅速伸长。

雌蕊：1 枚，有两个明显的羽毛状的柱头，花柱极短，子房上位。

另外，小麦的麦穗由小穗组成，每一个小穗外面有 2 个颖片，其中包括 3～7 朵小花，上部小花通常不孕。

（3）受精过程

图 2－16　自花授粉方式

图 2－17　异花授粉方式

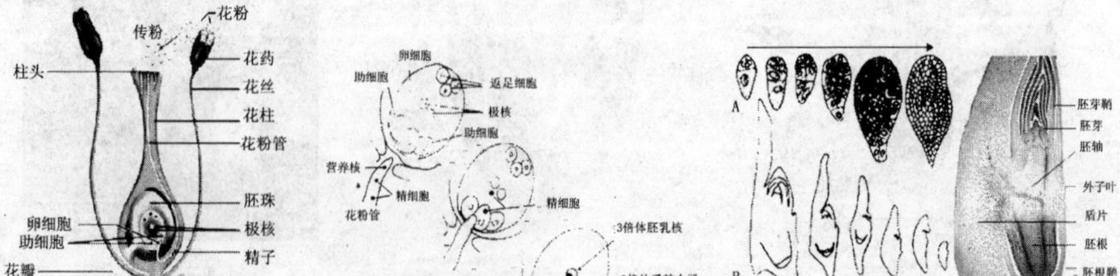

图 2－18　双受精过程

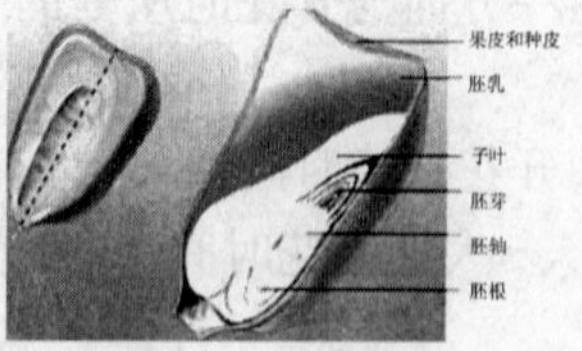

2－19　有胚乳种子

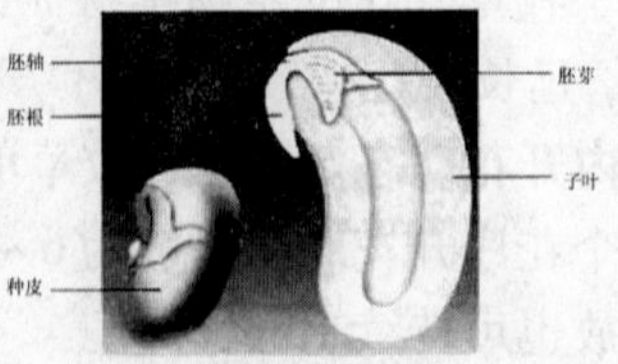

图2－20　豆类无胚乳种子

【结果展示】

1. 禾本科和豆科牧草花的构造观察结果说明并绘画出花的构造图。
2. 说出禾本科和豆科牧草授粉方式与受精过程。

○○必备知识

一、开花与传粉的概念

开花：牧草的花芽分化中雄蕊的花药发育成熟或雌蕊的胚囊发育成熟后，包被雌雄蕊的花器官展开，使雄蕊或雌蕊（或两者同时）暴露出来称为开花，即指花器官发育完全至成熟花粉从花药中释放出来的过程。

传粉：成熟的花粉借助于外力从雄蕊开裂的花药传到雌蕊的柱头上称为传粉。牧草饲料作物的传粉方式分为自花传粉和异花传粉两种。

自花传粉：成熟的花粉粒传到同一朵花的柱头上或同株异花间的传粉称为自花传粉，最典型的自花传粉为闭花受精，即在花蕾开放之前已完成了传粉和受精作用。如地三叶、加拿大披碱草，弯叶画眉草等，自花授粉牧草自然异交率低于4%。

异花传粉：成熟的花粉粒传到同一朵花或同一植株花的柱头上不能萌发，或能够萌发但不能受精，而传到另一朵花或另一植株花的柱头上可以萌发并受精，自然异交率大于50%。

二、禾本科牧草的开花与授粉

禾本科牧草为风媒花授粉植物，它表现出风媒花植物的特殊适应性。禾本科牧草的花没有鲜艳的颜色，外形亦少具有吸引昆虫的能力，花小而多，由1至数朵合成小穗，再由许多小穗密集成长的花—圆锥花序、总状花序或穗状花序等。开花时，由于风的吹动，使花序摇动或彼此撞击，使得花药从稃中伸出。花粉颗粒小，数量多而干燥，成熟后花药大量散出，被风吹至邻近的植株上，这样促使不同的混合花粉落于柱头上，从而保证了禾本科牧草的正常授粉过程。

不同种类的禾草，它们的开花习性是不同的，这表现在开花期、开花持续期、单穗开放动态、一日内开花时间及开花顺序等。

1. 开花期及开花持续期。禾本科牧草的开花期除播种当年外，新疆地区一般多在6月中、下旬至8月上旬，这取决于牧草从返青至开花期所需积温的多少，也与开花时的日照长短有一定的关系。

开花持续期是从花序第1朵开放至整个草丛开花结束所持续的天数。开花持续期及整齐度也因牧草种类不同而异，有些牧草（老芒麦等）1周左右，有的牧草（如野黑麦）可长达25

天。这一方面取决于牧草开花的生物学特征，另一方面与开花时所处的天气状况有关，一般阴雨天牧草不开花，延长开花持续期。

2. 单穗及一日内开花动态。禾本科牧草单穗开花持续时间及大量开花持续时间，因牧草种类不同而异。一个花序开花时间一般为6～8天，大量开花时间，一般为开花后的2～5天，但有些牧草单穗开放也可持续10天以上。

3. 开花顺序。禾本科牧草开花顺序大致可以分为两种类型：圆锥花序的牧草（如无芒雀麦、旱熟禾、苏丹草等），顶端小穗首先开放，然后向下延至下部，基部小穗的小花最后开放；穗状花序的牧草（如冰草、羊草、披碱草、黑麦草等），花序上部1/3处的小穗首先开放，然后逐渐向下、向上开放。在一个小穗中，不论圆锥花序还是穗状花序，都是小穗下部的小花首先开放，然后顺序延及上部。具有两种花结构的苏丹草等牧草，其开花顺序同一般圆锥花序，但两性花先开放，经4～5小时后，雄性花才开放，然后两类花同时结束。

这里我们列举的一些常见的禾本科牧草的开花习性见表2－14，了解这些开花习性，对于牧草进行人工辅助授粉及杂交育种工作，都是十分必要的。

表2－14　　**常见禾本科牧草开花习性**

牧草种类	开花期	单序开放期	一日内开花时间
羊草	返青后50天左右	16天，开花后第6天为高峰	14～18时，15～16时为高峰
冰草	返青后65～66天	13天，第8天为高峰	
无芒雀麦	返青后60天左右	16天，第3、4天为高峰	14～18时，14～15时为高峰
猫尾草	6月中、下旬	4～6天	14～19时，18～19时为高峰
草地狐茅	6月中、下旬	6～8天，5～6天为高峰	
高燕麦草	6月中、下旬	6～8天，2～5天为高峰	2～4时，3～4时开花最多
鸭茅	6月中、下旬	7～8天，3～7天大量开放	3～9时，5～8时为高峰
看麦娘	6月中、下旬	6～8天，3～5天为高峰	2～7时，4～7时开花最多
多年生黑麦草	6月中、下旬	8～10天，4～7天大量开放	3～9时，3～7时开花最多
草地早熟禾	7月中、下旬	7～8天，3～5天为高峰	3h后 2～6时，3～5时最盛
披碱草	6月中、下旬	7～8天，4～6天为高峰	3～5时 3～4时
老芒麦	6月、7月下旬	7～8天，4～5天为高峰	9～11时 13～14时
苏丹草	出苗后80～90天	7～8天，4～5天大量开放	3～4时

4. 小花开放过程。禾本科牧草小花开放时，其内外稃首先逐渐开裂，当其开放的角度达到20度左右时，雄蕊很快露出，当内外稃的角近60度时，花药伸出且下垂并开始散粉。禾本科牧草花药散粉时间很短，大多数只持续5~7分钟，内外稃开张约15分钟时，即开始闭合，30分钟以后完全闭合。一朵小花由外稃开张到完全闭合，大约总共需要40分钟左右。

5. 禾本科牧草的授粉特点。禾本科牧草大部分属异花授粉植物，风媒花。但是不同种对于自花授粉具有不同程度的反应，根据观察，不同禾草在隔离及自由授粉时结实率不同，详见表2-15。

表2-15　**不同授粉时禾本科牧草的结实率(%)**

牧草名称	生活年限	隔离时 结实率(%)	自由授粉 结实率(%)
小糠草	2	1.60	75.28
无芒雀麦	2	5.16	29.58
苇状狐茅	2	9.6	68.05
草地狐茅	2	15.3	77.57
多年生黑麦草	1	1.66	2.24
猫尾草	2	2.81	28.77
老芒麦	3	6.7	18.1
垂穗披碱草	3	3.8	16.2
短芒披碱草	3	39.0	60.38

表2-15说明，很多禾草具有自花授粉的可能性，但其结实的比例自由授粉时少得多，不仅如此，在隔离自花授粉的条件下，种子的质量也比自由授粉时差得多，很多禾本科牧草在正常情况下自花授粉是不孕的。产生上述现象除了花粉与雌蕊的识别作用外，还可能有如下几点原因：

(1)天气干旱，供水不足，致使禾草仅有颖、稃，而雄、雌蕊未能发育或发育不正常，不能正常授粉而形成大量瘪粒；

(2)开花时遇大雨，特别是连阴雨天，小花不开放，影响授粉；

(3)大风折断花序或使大量花粉散落；

(4)授粉时间短，授粉不充分。

为了提高禾本科牧草种子的产量及品质，在生产实践中常采用人工辅助授粉的方法，来增加授粉的机会，能获得良好的效果。

三、豆科牧草的开花与授粉

1. 豆科牧草花的特性。豆科牧草的花不同于禾本科牧草，它们大部分属于虫媒花。其花的形态及开花特性具有招引昆虫的适应性。花多而集成大形花序，具有鲜艳的花冠和浓郁香味。豆科牧草花冠深处具有花蜜，花粉粒大而重，有胶质或具不平滑的表面，这样使蜜蜂短期内所采集的混合花粉容易黏着于昆虫的身体上及花的柱头上。

2. 豆科牧草花的类型。按豆科牧草花的结构及蜜蜂采粉后是否能恢复原来状态可以分为四种类型：

第一类是草木樨、三叶草、黄芪及岩黄芪等牧草的花，花的龙骨瓣紧紧地包围雄蕊及花柱，具有较大的弹性，当蜜蜂采蜜压迫龙骨瓣时，雄蕊及雌蕊自龙骨瓣中弹出，其弹出时间的长短，视蜜蜂对龙骨瓣压迫时间的长短。当蜜蜂离开时，雄、雌蕊又恢复至龙骨瓣原来的位置，这种花能够多次授粉，而授粉与未授粉的花不易区分开来。

第二类是苜蓿的花，龙骨瓣包围雄、雌蕊较紧，当昆虫采蜜压迫龙骨瓣时，雄蕊及雌蕊自龙骨瓣中伸出，授粉完毕后，它们不能再恢复到原来的位置。这种花只能第一次授粉有效，授粉与未授粉的花易于区别。

第三类是百脉根、羽扇豆等牧草的花，它们的龙骨瓣成空筒状包围雌、雄蕊，如喇叭一样顶端有开口，当龙骨瓣被压迫时，迫使花粉自顶端开口处伸出，以后又恢复至龙骨瓣筒内，这种花为了能有效授粉，需要授粉者多次“采访”，授粉与未授粉的花至凋谢时也难以分辨。

第四类是野豌豆等牧草的花，昆虫重复“采访”对其授粉是必要的。

3. 豆科牧草的开花习性。豆科牧草大部分属于无限花序，花序从植株下部向上部逐渐形成，在一个花序上也是下边的花先出现。因此花开放也是由下而上逐渐开花。豆科牧草的开花持续时间一般较长，如苜蓿、草木樨开花持续时间长达 1 个月以上。一个花或一个花序开放时间的长短，视牧草种类及环境条件状况而有所不同。

豆科牧草一日内开花动态与禾草不同的是它比较分散，一般豆科牧草上、下午均能开花，而禾草开花多集中于下午。常见豆科牧草开花习性，详见表 2 – 16。

表 2 – 16　　**常见豆科牧草开花习性**

牧草名称	开花顺序	一日内开花时间	全花序开花持续时间
紫花苜蓿	下部腋生花序先开，上部的依次后开，在一个花枝上，下部的花先开	5 ~ 17 时，9 ~ 12 时开花最盛	40 ~ 60 天，一个总状花序开 2 ~ 6 天
草木樨	无限花序，一个总状花序下部的先开，向上延及	14 ~ 15 时最盛	40 ~ 65 天，一个总状花序 8 ~ 10 天
沙打旺	无限花序，一个总状花序下部的先开，向上延及	13 ~ 15 时，早、晚开花较少	40 ~ 50 天，一个花序开 7 ~ 8 天
红豆草	茎生枝的下部花先开，自下而上，侧生枝在主枝花序开放一半时开放	4 ~ 21 时均开放，7 ~ 10 时和 15 ~ 17 时开花最盛	一个花序开 10 ~ 13 天
红三叶	总状花序下部花先开，向上延及，每日开 2 ~ 3 层	早 8 时开始	3 ~ 10 天，整株 1 个月
野豌豆	下部花先开，两花一先一后	10 ~ 20 时	1 天
毛苕子	无限花序，下部花先开，向上延及	整日	20 ~ 28 天
白花山黧豆	下部花先开	10 ~ 20 时	

4. 豆科牧草授粉特点。豆科牧草授粉方式主要有三类：

第一类是异花授粉牧草：属于这一类的豆科牧草有紫花苜蓿、黄花苜蓿、黄花草木樨、红豆草、胡枝子（二色、中间、日本胡枝子）、百脉根以及红三叶、白三叶、埃及三叶草等。这类牧草由于天然异花授粉的结果，遗传性较为复杂，从育种工作看，通常用一次选择的方法很难获得稳定的后代。

第二类是常异花授粉牧草:如白花草木樨、岩黄芪、黄花羽扇豆、天蓝苜蓿、草莓三叶草、绛三叶及毛苕子等，这一类牧草的授粉方式是不定型的，某一单株当代的遗传性依该单株当年及早年授粉情况而定。

第三类是自花授粉牧草:属于这一类的有猪屎豆属、山黧豆属、鸡眼草属的牧草，此外南苜蓿、印度草木樨、普通野豌豆、狭叶野豌豆和三叶草属中的地三叶等均属此类。这一类牧草的遗传类型属于简单的遗传性，个体之间具有相对的一致性。

四、种子形成及发育

(一)受精作用

雌、雄性细胞，即卵细胞和精细胞互相融合，形成合子的过程，叫作受精。

成熟花粉粒的细胞核再经过一次分裂，产生两个核，它们的大小及生理作用各不相同，大的细胞核叫营养核，与营养有关;小的叫生殖核，它的周围包被了一层浓厚的细胞质，将来变成精子。这个成熟的花粉粒依靠风、虫、水等媒介传播落在雌蕊柱头上，并从柱头上的分泌液吸收水分和养料，开始萌发，从发芽孔伸出花粉管。营养细胞在花粉管的先端移行，起前驱作用。当花粉管通过花柱进入子房的过程中，分泌各种酶，以分解所接触的养料和组织。花粉管进入子房内部，就沿着子房腔内胚珠的珠孔方向继续前进。子房腔内通常充满液汁，可使花粉管细胞保持膨压，虽经若干时日，亦不致凋萎。通常落到柱头的花粉数目很多，因此花粉管的数目也很多，但它们的生长速度快慢不一，其中生活力最强的花粉粒所长出的花粉管伸长最快，首先达到珠孔，由珠孔穿过珠心层进入胚囊，这时花粉管的末端破裂，管核随之消失，由生殖核经一次分裂所形成的两个雄核(雄配子)先后滑到胚囊中，其中一个与珠孔附近的卵细胞(雌配子)融合一起而成合子，发育成各种子中的幼胚，另一个与胚囊中部的两个极核(或次生细胞)融合一起而成原始胚乳细胞，发育成种子中的胚乳。这两个融合过程，称为双受精现象，是被子植物所特有的有性生殖方式。

农作物及牧草从授粉到受精所需时间，因作物、牧草和气候条件不同有很大差异，大多数植物，正常情况下需历时12～48小时。

(二)种子发育的一般过程

种子的形成发育过程是指从卵细胞受精成为合子开始，直到种子完成成熟所经历的一系列变化而言。合子形成后，通过短时期休眠，进行细胞分裂分化，在形态上和生理上发生一系列错综复杂的变化，才发育成种子。

种子发育过程主要有以下几个方面:

(1)胚的发育。胚是种子的主要部分，为植物体的雏形。在正常情况下，胚是由胚囊中的卵细胞通过性的过程发育而成。卵细胞经过受精形成合子后，通过短期休眠，横裂成两个细胞，靠近珠孔的一个称为柄细胞，另一个称为原胚细胞。柄细胞经过几次分裂，形成一系列细胞，称为胚柄，胚柄的基部常形成一个较大的基细胞，将胚固定在胚囊上，同时由于胚柄的延长，将胚推向胚囊中部，以利于胚的发育。胚柄另一端的原胚细胞，经过多次细胞分裂，形成一团细胞，称为原胚，原胚的形状与大小因植物种类而异，在为多数情况下呈球形或棍棒形。原胚继续进行细胞分裂与分化，逐渐形成一个具有子叶、胚芽、胚轴和胚根的完整的胚。

(2)胚乳的发育。胚囊中的极核或次生细胞在受精后，随即进行分裂，形成大量的核，排列在胚囊的内部。此后在各个核之间同时发生隔膜，形成很多薄被细胞，成为胚乳母细胞，这些细胞不经过休眠状态继续分裂，发育成胚乳，这种胚乳发育的方式成称为核型，常见于单子叶植物和双子叶植物纲中的大多数离瓣花植物。另一种胚乳发育的方式称为细胞型，即由受精后极核或次生细胞直接分裂，形成大量的胚乳细胞，这一方式常见于双子叶植物纲的合瓣花植物。

(3)种皮的发育。胚珠周围的珠被，在种子发育过程中，有时被胚吸收掉一部分，有时全部吸收，使部分或全部发生质变，经过分裂，形成多层细胞的组织，有的表皮下面形成角质层，有的细胞木质化，具有很强的保护作用，如豆类、苜蓿、沙打旺种子的种皮。原来在胚珠末端的珠孔，形成种孔或称发芽孔。胚珠基部的珠柄发育成种柄。种子成熟干燥以后，从种柄上脱落后，在种皮上留下一个疤痕，即为种脐，但禾谷类的颖果，在种子外面还包有果皮，所以应称为果脐。

(4)种子在形成发育过程中的形态变化。为了使我们对种子在发育过程中形态上所发生的变化有一个比较完整的概念，现将被子植物的主要繁殖器官(花器)的形态构造在发育过程中所发生的变化及各部分的对应名称，归纳成上页表，以便参考。

五、种子的成熟

种子成熟的概念。种子成熟的概念，在农业上和种子学上所指的是不完全相同的。农业上所指的种子成熟是形态上的成熟，即种子发育到本品种固有的大小、色泽、硬度，我们通常称为“种熟”;而种子学上的成熟，应包括两方面的内容，即种熟和胚熟。所谓胚熟是指种子内部营养物质达到了相对稳定，胚具有发芽能力，即达到所谓的生理上的成熟。

种子成熟阶段及外表特征 。种子成熟期是按形态特征的变化来划分的，各种牧草种子的成熟阶段及外部特征各不相同，而且种子成熟的程序也不一样。在鉴定种子成熟，期开始来临的时候，应根据植株上大部种子的成熟度为标准，现将禾本科牧草及豆科牧草种子的成熟阶段介绍如下。

1. 禾本科牧草成熟阶段

(1)乳熟期:茎秆下部的叶子转变黄色，大部和中上部叶子仍保持绿色，节依然有弹性、多汁，茎基部的节开始皱缩，内外稃和籽粒都是绿色，内含物乳汁状，此时籽粒休眠已达最大限度，绝对含水量较高，胚已经发育完整。种子尚不具有发芽能力。

(2)蜡熟期:植株大部变黄，仅上部数节还保持绿色，茎秆还具有相当弹性，基部的节已皱缩，中部节开始皱缩，顶部节尚多汁液，并保持绿色，叶片大部枯黄，护颖和内外稃都开始退黄，子粒呈固有的色泽，内含物呈蜡质，以指甲压之易破碎，养分积累趋向缓慢，到蜡熟后期，籽粒逐渐硬化，稃壳呈品种固有色泽，为机械收获的适期。

(3)完熟期:籽粒干燥强韧，体积缩小，内含物呈粉质或角质，指甲不易使其破碎，容易落粒，茎叶大部干枯，光合作用已趋停止。

2. 豆科牧草种子成熟阶段

(1)绿熟期:植株、荚果及种子均呈鲜绿色，种子体积已达本品种(种)固有大小，含水量很高，内含物带甜味，容易用手指挤破。

(2)黄熟期：植株中、下部叶子变黄，荚果变黄色，种皮呈黄绿色，后期呈固有色泽，种子体积缩小，后期不易用指甲刻破。

(3)完熟期：大部叶片脱落(有些种或品种为无限花序，植株叶片不落)，荚果干缩，呈现固有色泽，种子很硬。

计划单

<table>
<tr><td>学习情境1</td><td colspan="3">牧草饲料作物的生长发育</td><td>学时</td><td>16</td></tr>
<tr><td>计划方式</td><td colspan="5">以小组为单位，通过讨论共同制定计划</td></tr>
<tr><td>序号</td><td colspan="3"></td><td>使用资源</td><td>备注</td></tr>
<tr><td>1</td><td colspan="3"></td><td></td><td></td></tr>
<tr><td>2</td><td colspan="3"></td><td></td><td></td></tr>
<tr><td>3</td><td colspan="3"></td><td></td><td></td></tr>
<tr><td>4</td><td colspan="3"></td><td></td><td></td></tr>
<tr><td>5</td><td colspan="3"></td><td></td><td></td></tr>
<tr><td>6</td><td colspan="3"></td><td></td><td></td></tr>
<tr><td>7</td><td colspan="3"></td><td></td><td></td></tr>
<tr><td>8</td><td colspan="3"></td><td></td><td></td></tr>
<tr><td>9</td><td colspan="3"></td><td></td><td></td></tr>
<tr><td>10</td><td colspan="3"></td><td></td><td></td></tr>
<tr><td>制定计划说明</td><td colspan="5"></td></tr>
<tr><td rowspan="3">计划评价</td><td>班级</td><td></td><td>第 组</td><td>组长签字</td><td></td></tr>
<tr><td>教师签字</td><td colspan="2"></td><td>日期</td><td></td></tr>
<tr><td colspan="5">评语：</td></tr>
</table>

决策实施单

<table>
<tr><td colspan="2">学习情境2</td><td colspan="6">牧草饲料作物的生长发育</td></tr>
<tr><td colspan="8">讨论小组制定的计划书，做出决策</td></tr>
<tr><td rowspan="9">计划对比</td><td>组号</td><td>工作流程的正确性</td><td>知识运用的科学性</td><td>步骤的完整性</td><td>方案的可行性</td><td>人员安排的合理性</td><td>综合评价</td></tr>
<tr><td>1</td><td></td><td></td><td></td><td></td><td></td><td></td></tr>
<tr><td>2</td><td></td><td></td><td></td><td></td><td></td><td></td></tr>
<tr><td>3</td><td></td><td></td><td></td><td></td><td></td><td></td></tr>
<tr><td>4</td><td></td><td></td><td></td><td></td><td></td><td></td></tr>
<tr><td>5</td><td></td><td></td><td></td><td></td><td></td><td></td></tr>
<tr><td>6</td><td></td><td></td><td></td><td></td><td></td><td></td></tr>
<tr><td>7</td><td></td><td></td><td></td><td></td><td></td><td></td></tr>
<tr><td>8</td><td></td><td></td><td></td><td></td><td></td><td></td></tr>
<tr><td colspan="8">制定实施方案</td></tr>
<tr><td>序号</td><td colspan="5">实施步骤</td><td colspan="2">使用资源</td></tr>
<tr><td>1</td><td colspan="5"></td><td colspan="2"></td></tr>
<tr><td>2</td><td colspan="5"></td><td colspan="2"></td></tr>
<tr><td>3</td><td colspan="5"></td><td colspan="2"></td></tr>
<tr><td>4</td><td colspan="5"></td><td colspan="2"></td></tr>
<tr><td>5</td><td colspan="5"></td><td colspan="2"></td></tr>
<tr><td>6</td><td colspan="5"></td><td colspan="2"></td></tr>
<tr><td>7</td><td colspan="5"></td><td colspan="2"></td></tr>
<tr><td colspan="8">实施说明：</td></tr>
<tr><td colspan="2">班 级</td><td colspan="2"></td><td>第　组</td><td>组长签字</td><td colspan="2"></td></tr>
<tr><td colspan="8">评语：</td></tr>
</table>

作业单

<table>
<tr><td>学习情境2</td><td colspan="7">牧草饲料作物的生长发育</td></tr>
<tr><td>作业完成方式</td><td colspan="7">课余时间独立完成</td></tr>
<tr><td>项目一</td><td colspan="7">牧草营养器官的生长发育</td></tr>
<tr><td>作业</td><td colspan="7">1. 什么叫营养器官？植物的营养器官由哪些部分组成？
2. 种子的结构由哪些部分组成？牧草种子类型有哪几类？
3. 什么叫种子萌发？种子萌发条件有哪些？
4. 什么叫幼苗？禾本科和豆科牧草幼苗生长发育有什么区别？
5. 什么叫生长？什么叫发育？影响牧草生长发育的生态因子有哪些？</td></tr>
<tr><td>作业答案</td><td colspan="7">可另附纸张</td></tr>
<tr><td>项目二</td><td colspan="7">牧草地下部生长与发育</td></tr>
<tr><td>作业</td><td colspan="7">1. 什么叫根系？根系的类型有哪些？根系的主要作用如何？豆科牧草和禾本科牧草根系发育有什么特点？
2. 什么叫根系寿命？影响根系生长因素有哪些？</td></tr>
<tr><td>作业答案</td><td colspan="7">可另附纸张</td></tr>
<tr><td>项目三</td><td colspan="7">牧草开花、传粉与种子形成</td></tr>
<tr><td>作业</td><td colspan="7">1. 什么叫开花、授粉？作用是什么？
2. 禾本科和豆科牧草花序和花的构造有什么区别？
3. 什么叫双受精？作用是什么？
4. 什么叫种子成熟？禾本科和豆科牧草种子成熟阶段有哪些？
5. 生产中如何解除种子的休眠，休眠对牧草及饲料作物有什么作用？</td></tr>
<tr><td>作业答案</td><td colspan="7">可另附纸张</td></tr>
<tr><td rowspan="4">作业评价</td><td>班 级</td><td></td><td>第　　组</td><td colspan="2">组长签字</td><td colspan="2"></td></tr>
<tr><td>学 号</td><td></td><td>姓 名</td><td colspan="4"></td></tr>
<tr><td>教师签字</td><td></td><td>教师评价</td><td></td><td colspan="2">日期</td><td></td></tr>
<tr><td colspan="7">评语：</td></tr>
</table>

效果检查单

学习情境2	牧草饲料作物的生长发育			
检查方式	以小组为单位，采用学生自查与教师检查相结合，成绩各占总分(100分)的50%			
序号	检查项目	检查标准	学生自查	教师检查
1	识别牧草与饲料作物种子的形态特征	正确识别主要牧草与饲料作物种子。能说出禾本科和豆科牧草种子结构特点。		
2	牧草地下部生长与发育	正确识别不同根系类型，说出根系作用与发育;正确识别直根、须根、不定根。		
3	牧草开花、传粉与种子形成	正确识别禾本科和豆科牧草花序和花的构造，说出开花习性与授粉方式。		
4				
4				
5				
	班级		第　组	组长签字
	教师签字			日期
检查评价	评语：			

评价反馈单

学习情境2	牧草饲料作物的生长发育				
评价类型	项目	子项目	个人评价	组内评价	教师评价
专业能力（60%）	资讯（10%）	查找资料，自主学习（5%）			
		咨询问题回答（5%）			
	计划（5%）	计划制定的科学性（3%）			
		用具材料准备（2%）			
	实施（25%）	各项操作正确（10%）			
		各项操作的效果（12%）			
		仪器材料使用的规范（3%）			
	检查（5%）	全面性、准确性（3%）			
		出现问题的处理（2%）			
	结果（10%）	提交成品质量			
	作业（5%）	及时、保质完成作业			
社会能力（20%）	团结协作（10%）	小组成员合作良好（5%）			
		对小组的贡献（5%）			
	敬业、吃苦精神（10%）	学习纪律性（5%）			
		爱岗敬业和吃苦耐劳精神（5%）			
方法能力（20%）	计划能力（10%）	制定计划合理			
	决策能力（10%）	计划选择正确			
意见反馈					
请写出你对本学习情境教学的建议和意见					

评价评语	班级		姓名		学号		总评	
	教师签字		第　组		组长签字		日期	
	评语：							

学习情境3　土壤耕作及其耕作制

学习任务单

<table>
<tr><td colspan="2">学习情境3</td><td colspan="2">土壤耕作及其耕作制</td><td>学时</td><td colspan="2">12</td></tr>
<tr><td colspan="7">布置任务</td></tr>
<tr><td>学习目标</td><td colspan="6">1. 掌握土壤耕作、土壤耕作制的概念和土壤耕作任务。
2. 掌握土壤基本耕作措施和表土耕作措施基本知识。
3. 掌握新疆绿洲农业区土壤耕作技术和土壤耕作制的基本知识。
4. 了解荒地的常规土壤耕作的技术措施。
5. 掌握间作套种和复种的概念和技术要点知识。
6. 了解少耕免耕法的概念和耕作技术措施。</td></tr>
<tr><td>任务描述</td><td colspan="6">学习和查阅资料，了解土壤耕作、土壤耕作制、土壤耕作任务、土壤基本耕作措施与表土耕作措施基本知识，掌握适合新疆地区的土壤耕作技术。具体任务：
1. 土壤耕作的技术原则。
2. 土壤基本耕作质量的检查。
3. 新疆绿洲农区的土壤耕作与耕作制。
4. 制作间套种方案。
5. 垦殖地的土壤耕作制。
6. 少耕和免耕农作制。</td></tr>
<tr><td>学时分配</td><td>资讯3学时</td><td>计划4学时</td><td>决策0.5学时</td><td>实施3学时</td><td>考核1学时</td><td>评价0.5学时</td></tr>
<tr><td>提供资料</td><td colspan="6">1. 陈宝书，牧草饲料作物栽培学. 北京：中国农业出版社，2001年
2. 杨青，苜蓿生产与管理指南. 北京：中国林业出版社，2003年
3. 董宽虎，沈益，饲草生产学. 北京：中国农业出版社，2003年
4. 杜桂娟，草类植物资源与利用. 北京：中国农业出版社，2010年
5. 草原休牧轮牧禁牧舍饲养畜技术300问. 北京：全国农业科技，2003年
6. 朱进忠，草业科学实践教学指导书. 北京：中国农业出版社，2009年
7. 新疆牧民饲草现代种植技术与管理手册，新疆畜牧厅，2008年</td></tr>
<tr><td>对学生要求</td><td colspan="6">1. 由3~4人组成一个学习小组，完成本项目学习。
2. 课前以小组为单位，完成资讯问题答案的搜集与整理。
3. 严格遵守野外实训时工作单位和学校规章制度，爱护设备和工具。
4. 实训期间注意安全。</td></tr>
<tr><td>资讯方式</td><td colspan="6">通过资讯问题和资讯引导，全国高职牧草栽培技术精品课网站、图书、新疆和阿勒泰生态环境相关杂志资料查询，课件、视频及模拟实验展示，指导老师咨询等形式完成。</td></tr>
</table>

续表

资讯问题	1. 什么叫土壤耕作？土壤耕作任务和基本原则是什么？ 2. 牧草与饲料作物对土壤条件的要求是什么？ 3. 什么叫土壤基本耕作措施？它包括哪些作业措施？作业方法与作用是什么？ 4. 什么叫表土耕作措施？它包括哪些作业措施？作业方法与作用是什么？ 5. 什么叫绿洲农区的土壤耕作？新疆绿洲农区的土壤耕作如何进行？ 6. 宜农荒漠地的类型有哪些？荒地的常规土壤耕作有哪些？如何进行？ 7. 什么叫特殊荒地的土壤耕作？作用是什么？ 8. 什么叫间作套种和复种？作业技术要点是什么？ 9. 什么叫少耕作业法？什么叫免耕法？耕作技术措施如何进行？
资讯引导	1. 在相关信息单中查询； 2. 陈宝书，牧草饲料作物栽培学. 北京：中国农业出版社，2001 年； 3. 在其他相关资料中查询。

项目一　土壤耕作措施

任务　耕地质量的检查

【工作场景】

地点：学校实训场、生产实训基地

材料与仪器：相关农业机械、记录本、铅笔、卷尺、犁沟尺、皮尺。

【工作过程】

工序 1　耕深及有无重耕或漏耕的检查

一般用犁沟尺或卷尺在犁地时同时进行测定，将犁沟尺底座平置于未耕田的地表面，紧靠犁沟移动游尺，垂直插入已耕地的沟底，读出游尺上的刻度，即为测定的耕地深度。如果用卷尺测量，注意读数时，要与未耕地面水平，保证读数准确。

测定耕深，一般应在拖拉机正式耕地后，每隔一定距离测定一次，不能在地头和转弯处取点，测 3 ~ 5 点处，求出平均值。如发现耕深不合要求，应立即通知犁地人员及时纠正。

可用测量耕幅的方法检查重漏耕情况。在耕过的田地上，数出一定距离的垡片数，量出长度，算出每个垡片的宽度，即每个犁幅，然后乘以犁铧数就是耕幅。测 3 个点，求平均数。如果实际耕幅比理论耕幅大，就有漏耕；反之，就有重耕，在 ±5cm 的范围内为正常。

工序 2　耕地的疏松程度调查

疏松程度用疏松系数表示，指的是耕过的土层（疏松层）深度和实际耕地深度的比值。犁后疏松系数最高，可达 1.2，一周后，松土层会下沉，一般为 1.15 左右。可以根据这个系数，通过测定疏松层深度，估算耕地深度。测定疏松系数时可在田间取 3 ~ 5 个点，求其平均数。

工序 3　适耕期检查

在适耕期进行犁地作业，翻耕土壤疏松、细碎，无大土块和“泥条”。如果地面干燥，有大的干土块，说明土壤过干；如果出现“泥条”，说明土壤过湿。一般取耕地 10cm 左右的土壤用手能捏成团，从1m高度落下能散开称为土壤“合墒”，是土壤耕作的宜耕期，此时土壤含水量壤土在10%～15%、沙土5%～8%、粘土20%～25%。土壤捏不成团说明土壤过干，土壤落下不能散开说明水分过多，不宜耕作。

工序4　杂草、残茬、肥料掩埋情况检查

良好的耕翻质量应完全掩埋杂草、残茬和肥料。如耕地质量不好，有重漏耕、翻垡不良、垡片零乱，则必然掩埋不良。

检查的方法是，沿耕地对角线行走，检查没有被掩埋的残茬、杂草、肥料的数量。一般采用目测评定，记合格、基本合格、不合格。

工序5　犁沟、犁壁情况检查

观察犁沟、犁壁是否整齐、正直，记整齐正直，一般或不整齐正直。

工序6　地头、地边回垡、立垡整齐情况检查

观察犁在地头起落是否一致，地边是否整齐，记整齐、基本整齐、不整齐。耕翻中是否有回垡、立垡现象，记没有、个别、多等。

工序7　地面平整和垄沟、垄背检查

土地平整是指地块内不能有高包、洼坑、脊沟存在。土地平整度检查，以耕地后田间高差不超过耕深为合格，超过为不合格。垄沟和垄背与耕地方式有关，耕地时要尽量减少垄沟及垄背，目测50m内只有一个为正常，否则为多。

【结果展示】

按照以上步骤对正在翻耕的土地进行耕地质量检查，并填写下表：

<table>
<tr><td colspan="11">地块名称　　耕地面积　　检查日期
机车型号　　机车号　　驾驶员
犁型号　　田间状况　　翻耕方法</td></tr>
<tr><td rowspan="2">项目</td><td rowspan="2">犁地及时性</td><td rowspan="2">实际耕深(cm)</td><td rowspan="2">疏松程度</td><td colspan="2">重漏耕情况</td><td rowspan="2">残茬掩埋情况</td><td rowspan="2">犁沟犁壁情况</td><td rowspan="2">地头、地边、回垡、立垡情况</td><td rowspan="2">垄沟、垄背情况</td><td rowspan="2">备注</td></tr>
<tr><td>数目</td><td>面积</td></tr>
<tr><td>检查结果</td><td></td><td></td><td></td><td></td><td></td><td></td><td></td><td></td><td></td><td></td></tr>
<tr><td colspan="11">耕地质量综合评价：

检查人：　　　　日期：　年　月　日</td></tr>
</table>

○○必备知识

一、土壤与土壤耕作的概念

土壤是作物生活的基质，它能给牧草与饲料作物以物理支持，同时起着牧草与饲料作物生活所必需的水分和养分贮藏库的作用，它从土壤肥力条件和肥力因素两个方面决定着牧草与饲料作物产量的高低。在土壤肥力特性复杂的关系中，土壤物理性质起着主导作物。正确的土壤耕作是调节土壤物理性质，改善肥力条件和提高肥力因素的重要措施。所以，土壤耕作是现代农业土壤管理的重要组成部分。

土壤耕作泛指运用农具作用于土壤以调节土壤肥力条件和肥力因素存在状况的过程与方法。而具体实施耕作过程和方法则是土壤耕作措施和土壤耕作法。

土壤耕作措施是指以相应的农机具对土壤起特定作用的单项耕作作业。如以犁作用于土壤，使土壤松碎和翻转，则称为犁地或翻耕；又如，用镇压器压实土层称为镇压。土壤耕作措施是土壤耕作的体现和直接手段。

只以一项土壤耕作措施往往很难为牧草及饲料作物创造良好出苗、生育所需要的土壤条件。因此，必须科学地把几种土壤耕作措施根据其作用相互配套，有序作用于土壤，为作物出苗、生育创造适宜的土壤条件，这一配套的土壤耕作措施称为土壤耕作法。

二、土壤耕作的任务

为了保证作物生产的顺利进行，土壤耕作有以下几个方面的任务：

1. 改善耕层构造，使用不同的农机具达到加深、翻转和疏松耕作层的目的，以建立和恢复被破坏的土壤结构特性；

2. 清除前作物的根茬，翻埋肥料，使有机物等物质与耕层的土壤较均匀混合，以便于腐熟和加快分解，提高土壤肥力；

3. 平整地面，防治土壤侵蚀，保蓄土壤水分或排除土壤积水；

4. 防除、抑制杂草和病虫害；

5. 有利于土壤熟化和土壤有机质积累；

6. 有助于盐碱地改良；

7. 为播种、出苗和牧草、作物正常生育提供一个上虚下实的种床和良好的耕层条件。

8. 根据牧草饲料作物需要，将地面筑成特殊形状，如起垄、作畦、开沟等。

总的要求是为牧草与饲料作物播种、出苗、根系良好发育、生长创造一个松、净、暖、平、肥的土壤环境，为达到优质、高产、高效的目标创造坚实的基础条件。

三、土壤耕作的技术原则

农业生产过程中，由于人、畜、机具进地作业以及因降雨、灌水的压力、土壤自身重力作用，每当作物收获后，土壤出现板结、通透性变差，即土壤的三相比失调，不通过耕作进行调整对下季饲料作物生产通常不利。所以，土壤耕作是一项频繁进行的作业。同时，也是作业繁重、成本较高的生产环节。因此，正确运用土壤耕作措施和方法，以达到耕作质量高、功效高、成本低，就必须遵循基本的技术原则。具体运用时，要考虑以下几个方面：

（一）根据牧草饲料作物对土壤条件的要求

牧草、饲料作物对土壤的要求，实际指的是牧草与饲料作物根系对土壤物理条件的要求。牧草与饲料作物生育状况，极大程度取决于根系发育得好与差。而根系发育得好坏又取决于土壤物理性质的优劣。比较直接影响植物生长的土壤物理条件是土壤孔隙度、通气性、温度、湿度和土壤强度（土壤机械阻力）。

1. 土壤的孔隙与根系生长。土壤孔隙是根系伸展的空间，也是水分和空气的贮存场所。通常，耕层结构中总孔隙的比例以50%较为适宜，大多数作物根系适宜的容重在

1.21.5～1.5g/cm³之间。砂质土壤数值略高些，黏质土壤就略低些。

土壤中孔隙和裂隙根据直径可以分为若干等级。>0.3mm 的孔径是水分能从中自由移动的孔隙，是许多植物幼根可以顺利通过的孔隙；>0.03mm～0.06mm 的孔径是根毛能伸入和土壤中原生生物、粗真菌菌丝、较大型的微生物的活动场所；>0.001mm 的孔隙有较高的毛管传导度，根系较容易从中汲取水分。英国 Newcastle 大学认为既有利根系生长又有利于通气、透水，土壤孔隙孔径以 >0.03mm 为好。

很疏松的土壤对牧草饲料作物并不有利，它会加速干旱、高温、多风地区土壤水分的蒸发，根系不易附着土粒而吸水困难以及漏水漏肥。

土壤孔隙对农业生产来讲，最重要的是其稳定性，它取决于土壤结构的稳定程度。增加土壤有机质能从根本上提高土壤结构稳定性，否则只有借助经常性的土壤耕作以维持土壤的孔隙度。

2. 土壤的通透性。是指土壤孔隙与大气之间二氧化碳、氧气的交换性能。土壤孔隙直接支配土壤的通透性状，影响着作物根系生长。作物的通气孔隙一般不能低于 8%～18%，但也不能过大。

3. 土壤湿度、土壤强度对根系的影响。土壤湿度对作物根系生长的直接影响是作物的生理需水,间接影响是对土壤组成和土壤强度的影响。

土壤中水的增减，首先反映在对养料的利用上，干旱情况下，增加土壤水分不仅能保证作物需水，而且能增加对磷的吸收。土壤水分有利于养分扩散，促进根系吸收，对干旱半干旱地区提高养分利用率极为重要。

土壤强度是土壤对植物根系穿透的阻力。植物根系在土层中延伸取决于细胞内膨胀压克服细胞壁与土壤阻力的结果。当土壤阻力大，根系向前很难伸展，并消耗大量能量，从而导致地上部分产量的降低。在富有孔隙的土壤上，如含水量不足，土壤强度会明显增大，反之如水分充足，土壤孔隙虽小,但其强度也相对减弱，可见土壤水分对土壤强度具有一定的调节作用。

4. 土壤温度条件。土壤的温度受制于土壤孔隙度和含水量。但主要还是随季节变换而变化。牧草与饲料作物根系对土温要求各不相同。

据报道，各种牧草饲料作物生长最佳的土壤温度为:草地早熟禾 15.6℃，大麦 18℃，玉米 25℃～30℃，紫花苜蓿 28℃，马铃薯 20℃，鸡脚草 26℃～32℃，草地羊茅 2.8℃～21.1℃，无芒雀麦 12.8℃～21.1℃。在适宜温度范围内，根系吸收养分能力增加。土温过高或过低，都会影响对养分的吸收。

土壤温度除随季节变化外，因为水分的热容量能调节土温，土壤有机质影响土壤的颜色从而也影响土壤对光能的吸收和微生物的活动。土壤耕作无论是调节土壤本身或调节土壤水分和养分，最终尽量做到在高温季节防止土壤温度过高，而早春季节则促进土温升高。

5. 耕层厚度和扎根。牧草饲料作物根系需要一个适宜深度的“活”土层。“活”是指土层内水、肥、气、热等肥力因素协调活化，土壤理化、生物性质都能配合作物生命活力，满足牧草饲料作物生长的需要。

研究表明，耕层深度影响水分和养分的积蓄，因此它与牧草饲料作物产量成正比，当然不是耕层越深越好，据研究作物的根系主要集中在 20cm×20cm 的土壤范围内，耕层深度超过 35cm 对牧草饲料作物产量就没有相关性了，而且增加了犁地的能耗。

(二)根据土壤特性

在种植业中，土壤耕作是根据生产需要进行的，一般要完成某项或几项耕作任务。土壤耕作与其他农业技术措施不同之处在于，只是仅仅通过机械作用直接改变土壤物理性状的手段而间接地调节了土壤肥力，这不同于灌溉和施肥措施，因为土壤耕作并没有向土壤中直接添加任何有形物质。土壤耕作作业必须要与其他农业技术和措施充分地结合起来、配套实施，才能从根本上改善牧草、作物生长的土壤和环境条件，全面发挥耕作措施的增产效果。

新疆境内分布大面积的盐碱地，土壤耕作要依据盐碱在土层中的运动规律和盐碱地板、瘦的特点来进行，所有耕作措施都要有利于排水、脱盐、防止水分蒸发，保全苗等。

对于质地黏重、结构差、通透性不良、潜在肥力高的土壤，耕作特点是采用伏耕秋翻，晒垡冻垡，早春及早耙耱保墒等措施。地下水位高的下湿土壤，耕作要有利于排水散墒，提高地温，播种期避开土壤返浆期。

(三)与气候条件相适应

气候条件不仅影响牧草及饲料作物，也深刻地影响土壤，土壤耕作在一定程度上也可协调由于气候引起的土壤与牧草及饲料作物需求上发生的矛盾。对土壤耕层构造有较大影响的气候条件主要有以下几方面：

1.降水和蒸发。利用降水是土壤补充土壤水分的有效形式，干旱地区通过雨前疏松土壤，增强土壤对雨水的渗透能力，防止地表径流；土壤合墒后通过及时耙耱保墒等措施来提高土壤的含水量。

蒸发是土壤湿度大于空气湿度的必然现象。新疆平原农区的年蒸发量超过2000mm，蒸发所损失的水分在农业生产中占有相当大的比例。在新疆春季由于耕作措施不当，使土壤表层水分快速蒸发，易造成“跑墒”，播种层土壤水分散失，影响出苗；由于新疆降雨少，蒸发量大，在地下水位高的地区，地下水源源不断在地表汽化，使水中的矿物质在地表富集，造成土壤盐渍化。

土壤水分蒸发的数量和速度，决定于三个条件：一是有不断的热能补给来满足汽化热的要求；二是近地面大气水汽压低于土壤水汽压，即存在水汽压梯度。以上两个条件即为气温、风速、空气湿度、太阳辐射等，是土壤水分蒸发的外在条件；三是土壤内在的条件即土壤含水量和土壤的导水能力。

2.干湿交替和冻融交替。干湿交替是根据土壤胶体遇湿膨胀，干燥收缩的特性，在一个地区利用水、热因素的季节变化，引起土壤水分的变化，使土壤变得松碎，促进团聚体的形成。

冻融作用是利用冬季低温，当土壤冻融时有相当充足的水分因结冰而体积膨胀，使整个土体崩解。土壤冻融时有利于土壤团粒的形成和土壤松碎。

干湿交替和冻融交替，对提高土壤耕作质量能起到辅助作用，并能补救由于耕作失误而带来的严重质量问题，对降低作业成本也十分有利。

3.水蚀和风蚀。当降雨量过大，超过土壤的下渗速度，就易形成地面径流，地面如果没有覆盖植被易造成土壤的冲刷；灌溉农区灌溉水流量过大，也能造成耕地的水土流失，坡度大的耕地更为严重。

造成水蚀的原因，除一次降水速率超过土壤渗透速率而又无拦截流水的地面障碍外，另一原因是多次降雨过程中，水分将地表细土淋洗至耕层，填入土壤的大孔隙，形成板结不透水层，影响水分下渗。

四、土壤基本耕作措施

土壤基本耕作措施是指从较深的部位和较强的作用影响土壤，它们能显著地变动耕层物理性状，而且其后效延续时间较长。但是，基本耕作一般必须配合表土耕作才能准备好作物播种所需要的土壤条件。基本土壤耕作包括：犁耕、深松耕和旋耕。

图 3－1　犁地作业

（一）犁耕

又称耕地、犁地或翻耕。用犁铧将土层抬起，通过犁壁，将土垡扭曲并上下翻转，所以犁耕又称为翻耕。它对土壤具有三方面的作用，即翻土、松土和碎土。首先是将土壤上下层换位，在土层换位的同时将施用的肥料、翻埋残茬、拌混肥料、消灭病、虫、草害等一并翻埋至土壤底层并清洁地面；其次是通过抬起和翻转土层，使耕层土壤散碎、疏松，改善土壤通透性，熟化土壤和强化土壤微生物活动。因此，犁耕是土壤耕作中最基本和最重 要的一项措施（图 3－1）。

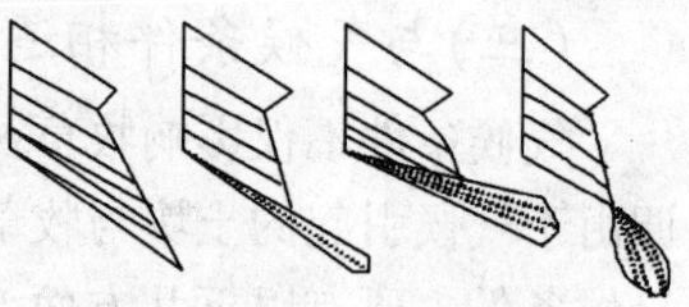

（左→右）圆筒型、熟地型、半螺旋型、螺旋型

图 3－2　犁壁的类型

要将土层上下翻转，必须运用犁壁的扭曲形状（图 3－2）而达到不同的翻转效果。由于采用的犁的结构和犁壁的形式不同，垡片的翻转有半翻垡、全翻垡和分层翻耕三种方法（图 3－3）。

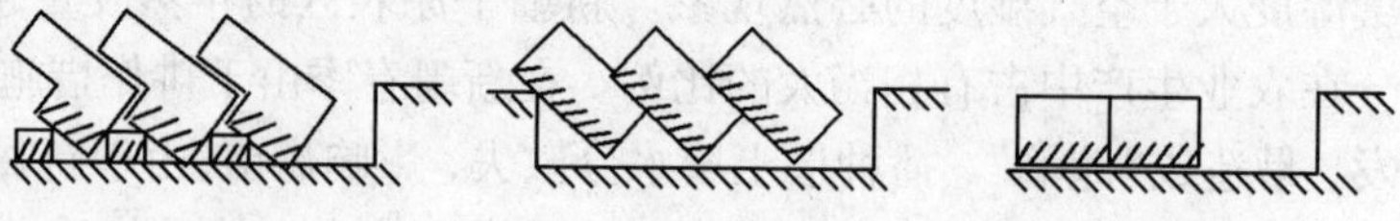

图3-3 三种耕翻方法示意图（从左到右：分层翻、半翻垡、全翻垡）

犁耕的要求：犁耕的深度要根据当地气候、土壤、作物、机具和劳力等一系列因素来确定。要进行合理深耕。土层深厚，可耕得深些；土质黏重，有机质含量少的土壤不能一次耕得过深，以免把生土翻到上层；旱地耕深可在 20～30cm；种植直根系牧草作物的土壤可比种植须根系牧草作物的土壤增加耕深 10～20cm，耕作过深或过浅都不利于作物增产。如耕深在 30 cm 范围内，随着深度的增加，作物产量明显递增；如耕深在 30～60cm 范围内，随着深度的增加，作物产量增加幅度逐渐减缓，一旦超过 60cm，产量骤减。犁耕的适宜时期一般在前茬收获后、后茬作物播种前这段时间内进行。我国有秋耕、夏耕和春耕三个时期。

（二）深松耕

深松耕是指通过动力牵引无壁犁、齿形犁或深松铲，对土壤进行较深部位只松土而不翻动土层的田间耕作措施。由于松土部位深（30～50cm），是对土壤整体耕层的触动，影响较人，效果较持久，因此深松耕被列为土壤基本耕作措施。

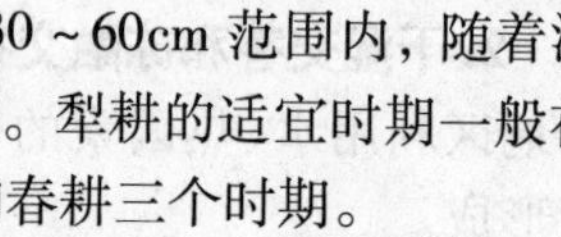

图 3－4　深松机

与犁耕相比，深松耕的特点是上下土层不乱，松土层深厚，能打破犁底层和不透水黏质层，对接纳降水，防止水土流失，提高透

水性及改良盐碱土有良好效果。深松耕耕后能留茬保护地面，防止风蚀。同时，能提高工效，节约能耗，经济效益高。深松耕的不足之处在于不能妥善处理田间残茬，杂草和有机肥不能及时翻埋。因此，预防病虫草害的能力较差。深松耕需要与浅耕灭茬、中耕除草、耙地等表土耕作措施相配合，并且还应与相隔3~5年深翻一次等耕作措施相结合，才能充分发挥优势。

(三)旋耕

旋耕是采用旋耕机对土壤进行作业的一种耕作方法。

图3-5　旋耕机

旋耕兼有基本耕作和表土耕作的双重功能，既可用来进行基本耕作，又可用来进行表土耕作。旋耕机犁刀在旋转过程中，将土壤切碎、搀合，并向后抛掷，作用是松土、碎土，可将相当于犁、耙、平三次作业一次完成。在开垦灌木和沼泽荒地时，使用旋耕机进行1~2次作业后，就可达到切碎土墩为播种准备好种床的目的，而不需要再进行任何其他耕作；采用旋耕机在老龄人工草地和天然草地上进行松切作业，可显著提高其生产力；用旋耕机进行中耕，可提高马铃薯等块根、块茎类作物的产量并改善其品质；在过干或过湿的土壤上，旋耕作业优于其他耕作方法之处在于可把地表大量的有机肥、化肥、绿肥等有机和无机物质与土壤充分混合在一起；旋耕作业对改善土壤物理特性，保持向作物输送水肥的均衡性均有良好的作用，土层的混合可提高耕层内生物的活动能力和繁殖水平，从而提高土壤供肥力，增加牧草作物产量。

然而，由于旋耕机耗能大，生产效率低，并且对土壤的破碎程度过大，因此在大规模农业生产中，旋耕机并未被广泛使用。

五、表土耕作措施

犁耕和深松耕后土壤耕层松散，孔隙度过大，甚至还有大量土块。因此，必须进行表土耕作以破碎土块，压缩过多孔隙，平整地面，有草时还要用来消灭杂草，创造土层适宜播种状态。所以也称表土耕作为辅助耕作。表土耕作深度一般不超过10cm，它对提高耕作质量，特别是在为播种创造良好的土壤条件方面，起到重要的作用。

(一)浅耕灭茬

浅耕灭茬是在夏收作物收获后，深耕或播种之前的一种表土作业。浅耕灭茬具有切割残茬、浅翻、松土保墒、消灭杂草，以及减轻深耕阻力和提高耕地质量的作用。在我国北方干旱地区，浅耕灭茬是一项重要的表土耕作措施，对改善土壤水分状况具有特别重要的作用。

浅耕灭茬工具有：重型圆盘耙、缺口耙或钉齿耙等。

(二)耙地

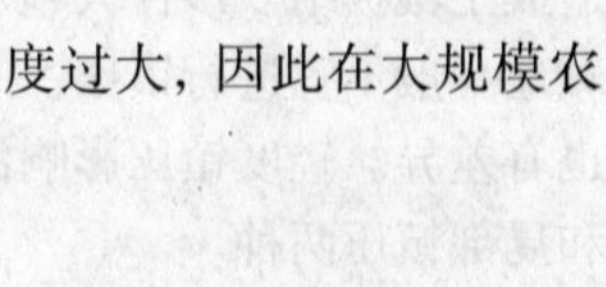

图3-6　圆盘耙

耙地是表土作业中常用的一项重要措施。耙地具有浅松土、浅混土、平土、碎土和轻微塌实土壤等作用。在不同的情况下耙地所达到目的不同：早春顶凌耙地或冬麦春耙，有减少土壤水分蒸发，蓄水保墒，防止盐分上升，提高表土温度，消灭杂草等作用；雨后或灌水后耙地有破除土壤板结，保墒保温，有利于种子发芽及幼苗出土生长等作用;犁地后及播种前耙地有耙碎土块、平整地面、保墒作用，便于播种。在整地前撒施施肥，可以通过耙地与表土均匀混合。

耙地的工具有圆盘耙、缺口耙、钉齿耙等。采用什么方法和工具，要根据作业的具体任务和目的来决定。耙地的方式有顺耙、横耙和斜耙(对角线耙)三种。

(三)耱地

耱地有些地区称耢地，有些地区也叫盖地。耱地通常用木板、铁板或柳条编织的耱，这是在田间进行的一种辅助性表土作业。常在耕地后与耙地结合进行。具有平整地表，耱实土壤，破碎土块，坚实土壤等作用。耱地作业有利于保墒和播种。耱地一般在播前进行。在北方干旱地区，春播前耱地具有很大作用。在质地疏松、杂草较少的土壤上，有时犁后可用耱地替代耙地，有时在播后镇压的土壤上，还要增加一道耱地作业，以利土壤保墒。播种后耱地具有覆土和轻微镇压的双重效果。潮湿的土壤一般不采用耱地，以免压实土壤干后板结。

(四)镇压

镇压的作用是:压碎土块，缩小土粒间空隙，减少土壤水分散失，使表土和心土紧密结合，增强毛管作用，使土壤水分由下层不断上升到种子所在的土层中来，便于种子吸水萌发;压碎土块、平整地面，便于播种，尤其是在抗旱播种或中、小粒牧草饲料作物播种后镇压效果更好。另外，镇压还能起防止作物冻害和徒长的作用。镇压虽然是保持土壤水分的一种措施，但镇压必须在土壤合墒时进行。当土壤水分过多，土粒过黏时，不能进行镇压，否则会造成土壤板结。沙性大、表土又干燥的土壤也不要镇压，以免压后土壤不实反而会更松。盐碱地一般不宜进行镇压。一般因镇压器自重和土质的不同，镇压作业对土壤压力的影响深度也有差异。轻度镇压影响深度达3~4cm。重度镇压可达9~10cm。镇压的方法有全面镇压和局部镇压两种。

(五)中耕

中耕主要指作物播种后及生长过程中的表土作业，中耕可以结合间定苗、除草、追肥进行。中耕可疏松表土，改善通气状况，提高地温;切断土壤毛细管，减少水分蒸发，防止返盐;接纳雨水，增加土壤蓄水量;雨后或灌水后及时中耕，保墒防旱，土壤湿度大时又具有散表墒、蓄底墒的作用;中耕可以有效地消灭杂草，中耕结合追肥、开沟培土，有利于作物施肥、灌水以及防止作物倒伏的作用。一般把播种前进行的中耕，叫做赤地中耕。赤地中耕的主要目的是破除地表板结和铲除田间杂草。作物出苗后的中耕措施叫做行间中耕，除具有松土保墒、增温除草等作用外，对中耕作物还有培土、促进根系生长、抗风和防止倒伏等作用。

中耕工具有手锄、耘锄、中耕机等。中耕的时间、次数、深度应根据不同作物、土壤情况、气候而不同，但所有的作业也要在一定的土壤含水量下进行，以保证作业质量。

(六)开沟作畦

开沟和作畦是灌溉地区保证灌溉的必要措施。播种前要求精细整地，并按不同地区的耕作要求把土地整成一定规格和形状，为灌溉、排水、播种和田间管理创造一种良好的环境条件。沟与沟的距离70~90cm，视土壤质地而定。沙性大的宜窄，黏性大的宜宽，以两沟渗透水浸润宽度相接为准。中耕作物的沟灌，在行间开沟，故两沟间宽度以中耕行距为准。作畦是进行畦灌时所筑的挡水埂，其宽度一般为播种机的宽度3.6m或播种机宽度的二分之一，即1.8m。

六、新疆绿洲农区的土壤耕作

(一)绿洲农业的概念

绿洲农业就是指在气候极端干旱的地区，天然降雨量稀少(100 mm)，根本不可能满足作物生长的需要，只能依靠兴修综合的水利设施和配套的田间引水系统，充分利用河流等地下和地表水，对农田进行灌溉，来满足牧草作物生育需要。这种种植方式称为灌溉农业。在整个河流流域由发育的自然和人工植被构成的绿色景观与极端干旱的四周荒漠区形成强烈反差。故在西北灌区习惯上把每一条河流内的流域都称之为绿洲，把灌溉区称为绿洲农区，把各个绿洲农业区的总和称为绿洲农业。

(二)绿洲农业区的自然条件

我国的新疆、甘肃省的河西走廊、青海的柴达木盆地和宁夏的引黄灌区等都属于绿洲农业区。气候极端干旱，年降水量均低于250 mm，有些地区年均降水量不足50 mm，蒸发量则高达1000～3600mm，是年均降水量的数倍至数十倍。在这些地区灌溉条件是决定农业生产布局和耕作制度的主导因素，没有灌溉就没有农业。我国的绿洲农业区都属典型大陆性气候，春季增温快，夏季温度高，日照时数长，光热资源充足，昼夜温差大，有利于作物生长和光合产物的积累，春夏之交有干旱风(干热风)、秋季降温迅速、冬季酷寒，土壤多为荒漠土，大部分因干旱都具有程度不同的盐碱化。主要绿洲农区都分布在我国著名的盆地边缘，周围山脉上均有冰川发育，为河流之水提供了源泉。

(三)绿洲农区的土壤耕作制度

1.秋耕制。是指从秋收后到封冻前这一段时间的土壤耕作。秋耕是新疆土壤耕作中的一项关键措施，各地经验证明，秋耕地面积多少，是影响来年产量高低的重要因素之一。由于秋耕后的土壤，能有一个漫长冬季的冰冻风化加强熟化过程，给作物增产创造很多有利条件。主要表现在:①土壤经冻融交替后，改善了土壤结构。在冬季低温下，土壤经深翻后便利于消灭杂草和病虫害;②秋耕可以将地表残株落叶等有机物埋入土中，以利腐熟分解;③秋耕结合冬灌并采取相应的保墒措施，可大量积蓄水分，翌年春天即可及时播种。这样做使其他各项栽培措施能按时进行，不但可以保证苗全苗壮，而且还能调节春季水量不足，缓和越冬作物与春播作物用水的矛盾。

秋耕的时间原则上以早为好，早耕可以积蓄土壤水分，防止蒸发和返盐，防止晚秋杂草后期结实。据调查，在同样的条件下，早秋耕比晚秋耕可增产10%。所以应积极创造条件，尽量争取早耕、多耕、耕好。

秋耕的深度，一般25cm左右，秋耕深度在可能的条件下应尽量加深。秋耕要结合施肥，将基肥深耕翻入土中。

秋耕制:先灌后耕时，它的作业顺序是，开沟或筑畦——修毛渠——灌溉——平渠——秋耕——耙地(或不耙)——春耙、耱——播种(中耕作物局部镇压)——雨后耙地——中耕作物中耕、开沟——开毛渠——灌溉——中耕。

先耕后灌时，秋耕——筑畦——修毛渠——春灌或秋灌——平渠——(秋灌后耙地)——春耙、耱——播种(其后作业顺序同先灌后耕)。

2. 春季土壤耕作。新疆春季土壤耕作的主要内容是:春耙、春耕和春播。春季土壤耕作要围绕着保墒、防旱这个中心环节。在保墒防旱的基础上为春播作物准备好良好的播种、发芽条件，使土壤上松下实，提高地温，提供充足的养分和水分，以利于幼苗出土和扎根，出苗后迅速生长。

春耕制:先灌后耕时，它的作业顺序是，开沟或筑畦——修毛渠——灌溉——平渠——春耕——耙、耱或镇压——播种(中耕作物局部镇压，其后作业顺序同秋耕制)。

先耕后灌时，平地——耕地(随带齿耙)——开沟或筑畦——修毛渠——平渠——耙、耱——播种(其后作业顺序同秋耕制)。

春耕深度一般比秋翻要浅，以不超过20cm为限，要在熟土层内进行，切忌将生土翻到地表，造成僵块。春耕最好采用联合作业，犁后面带耙、耱，并及时镇压，以免"跑墒"。

春耕的时间，北疆地区一般在3月中、下旬即可开始;南疆更早，于2月中旬就可陆续开犁。

七、垦殖地的土壤耕作

垦殖地俗称荒地，是大农业用地的后备资源。我国现有耕地面积约1亿hm^2，占国土陆地面积的10.4%，人均耕地不足0.12hm^2。随着人口增长和经济建设的快速发展，耕地被占用的数量剧增，年人均耕地的数量仍将持续降低。为了满足近13亿人口的食物和工业生产对农产口原料的需要，除了走主要依靠提高土地单位生产力之路外，适度、合理地开垦一定面积的宜农荒地作为补充是必要的和可行的战略措施。

(一)我国宜农荒地的资源与类型

在大农业中，我们把适合于某方面用途而尚未达到使用要求和条件的土地，称为荒地。在以发展种植业为主的地区，可以把开垦后适合于种植牧草、作物的天然草地、疏林地、灌木丛和其他可利用的土地统称为宜农荒地。我国已勘明的宜农荒地面积约为4 546万hm^2。宜农荒地近70%集中分布在新疆、甘肃、青海、宁夏、内蒙古、辽宁、吉林、黑龙江等省区。其中质量好和较好的宜农荒地有1 000万hm^2，可开垦出农田净耕地面积800万hm^2。习惯上，按照宜农荒地所处的自然状态，可将其划分为:

1. 荒草地。荒草地的主要特征是树木郁闭度小于10%，土壤表面密生杂草，如果生长的杂草以芦苇为主，通常又称为芦苇荒地。荒草地大多数情况下是作为天然草场利用，具有多宜性特点。

2. 盐碱地。盐碱地的主要特征是土壤表面有程度不同的盐碱成分聚集，通常只生长耐盐植物。盐碱含量高的土壤，表面覆盖着盐壳层。

3. 沼泽地。沼泽地的主要特征是土壤常年浸泡在积水之中，地势低洼，排水不畅，通常生长着较茂盛的湿生植被，表土的有机质趋向泥炭化而形成泥炭层，下层土壤的矿物质潜育化形成潜育层。

4. 沙荒地。沙荒地的主要特征是在风成沙性母质上发育的土壤，表面被流沙覆盖，松而不黏易被风搬运和堆积，形成风沙土质的沙荒地，植被覆盖稀疏，处在干旱、半干旱大陆性气候之下。

(二)宜农荒地的土壤耕作

1. 垦殖区的工程措施和耕前准备

大规模宜农荒地开发，首先要按照总体规划进行农田等基础设施建设，新疆是干旱地区，首要的建设任务应放在农田水利灌溉设施上，建好水利枢纽和干、支、斗、农渠体系，以保证土壤灌溉条件。根据农田建设规划的要求，对宜农荒地开展实地测量，以每15～20hm^{2}长块的土地作为一个农田单位，条田规格为宽300～350m，长500～600m，条田四周要设置农田林网。按每个条田作为一个单位，测定出土方挖、填方案并制定出具体的施工措施，移高垫底填沟平壑，实现土地平整农田标准化，为大规模机械化农业生产创造条件。同时应按总体规划进行农田排灌渠系、道路、林草地等生产和生活设施的同步建设，实现山、水、林、田路综合配套，既要突出生产，又要兼顾生活的开发方针。此外在开展工作措施之前对有些荒地要进行清除灌木、枯枝和杂草等障碍物的工作，主要采用烧荒的方法，既可提高清障效率，降低用工成本，也可增加土壤中的养分。烧荒前，要认真做好组织和领导工作，打好防火道，掌握准确风向和风力等气象条件。严防火灾事故的发生。

2. 荒地的常规土壤耕作措施

(1)耕前地面作业。宜农荒地经过工程措施改造后，地面仍有局部起伏的小地形状况，翻耕作业前要进行土地平整工作，挖高补低，整平地表，为机械耕、耙、耱和灌、排水作业创造良好条件。

(2)耙地或浅耕。宜农荒地土层坚硬，有些还夹有树根、草根和石块等杂物，极易损坏农机具并增加机具作业阻力。因此，必须在翻耕前采用重圆盘耙进行耙地作业，也可用小型无壁犁先进行一次浅耕浅翻作业，以达到为后续作业减轻阻力，降低损耗并切断草根等目的。一般浅翻或耙地深度要求在8～15cm之间，对于草根分布浅、根量少的地块，耙一遍就可基本上达到切断根系、疏松地表的要求，而对草根层深厚、根量密集的地块，可以采用交叉耙地的方法进行两次作业，以达到切碎草根、疏松地表的目的。对于无草根层的荒地，可采用浅翻作业，疏松地表。

(3)深翻作业。对于宜农荒地而言，深翻耕土壤不仅是最关键的耕作措施，而且对荒地加快熟化，保证垦殖质量，促进早日利用等方面都具有很大作用。选择适宜的深翻期，确定合理的翻耕深度对促进土壤性状改善、加快土壤风化和熟化速度具有特殊效果。荒地翻耕深度，一般要求宜深不宜浅，最低程度不应在20cm以下，最好能达到30～40cm。伏翻应深些，春翻可浅些。

(4)耕后耙耱和镇压。当在春季对荒地进行翻耕作业时，要随翻同步进行耙耱结合的田间作业措施。可达到破碎土垡，减少坷垃、防止风吹跑墒的目的。当翻耕后要进行播种时，要与翻耕同步，或在耕地后立即进行耙、耱和镇压三结合的田间作业，以确保播种质量，为作物种子萌发和出苗生长创造条件。耙、耱和镇压作业的方向一般要求与犁耕方向一致，称为顺耙、顺耱和顺向镇压。通常不在荒地上采用横向耙、耱和镇压作业，横向作业易使垡片返回原位，降低了翻耕效果。

(三)特殊荒地的土壤耕作和利用

1. 盐碱荒地的开垦

首要的任务是建设灌溉和排盐碱的两套渠道系统，并且还要严格控制垦区地下水位，以便为灌水洗盐、排盐降低土壤含盐量提供必须的工程措施和手段。建立排盐系统是指合理修建和布置各级排碱渠道，能够把盐碱水从田间一直排泄到低洼盐碱湖中的工程措施。开垦后的盐碱地利用初期应该以种植耐盐牧草及作物为主，可以充分发挥进一步降低土壤含盐量改良土壤的作用。采用生物治盐措施，在开垦后的盐碱地中种植耐盐和泌盐植物、绿肥，并在地块四周植农田林，可达到减少地面蒸发，防止地表返盐，促进土壤脱盐，提高土壤肥力等目的。采用深耕、耙地松土，打破黏土滞水层，减少土壤蒸发，平整土地，提高灌水质量，增施有机肥，移土换土等耕作和农业技术等措施可综合改良土壤和盐碱斑地。除上述方法和措施外，开垦后的盐碱土壤的耕作和田间作业程序与荒地的常规土壤耕作措施一致。

2. 芦苇荒地的开垦

芦苇的地下茎多而再生力强，消灭芦苇地下茎的再生力是芦苇荒地开垦的一项主要任务 。开垦前应烧毁或割除地上部分，然后用复式犁翻耕20～40cm，在行耙地，并用弹簧耙收集草根。在草根层厚的结成草皮、地下根茎密度较大的荒草地上，翻耕前要先使用重型圆盘耙反复切割草皮，或用无壁犁浅耕松切地表以下10～15cm的草根层，以切断根茎。因为芦苇根茎在土层分布较深而广，通过一次耕作而彻底清除确有困难，需要在以后的农业生产中采取综合措施逐步控制和灭除。可采用田间耕作与化学除莠相结合等方法。

3. 沼泽土的改良与利用

排除积水，降低地下水位是改良沼泽土的首要措施。修建各级排水渠网对低洼的沼泽地进行工程改造，把积水排干进而降低地下水位达到标准以下，这是对沼泽地进行开发利用和改良的基础工程和基本建设项目，由于泥炭的透水性不强，要求沼泽地中修建的排水沟系统之间间距小。规格为顺水沟距离30～80m，横向沟距离60～120m。积水愈多，沟距愈小。地下水位应降到距地表lm以下。在排水之后，由于泥炭的干缩容重增加，上层泥炭对下层的压力加大，使沼泽土表会向下沉陷，通常达0.3～1.5m，个别情况下可达3m左右。一般改良后的沼泽地最初阶段应先种植多年生牧草，抑制和消灭杂草、改良土壤、培肥地力；其后可种植旱作物。

由于沼泽土壤大多数缺乏磷、钾肥，种植作物时应多施磷、钾肥料。在利用初期要适当施入人粪尿、厩肥等有机肥料，为中和土壤酸可结合基肥施入一定量的磷灰石粉、碱性炉渣、石灰和草木灰等碱性肥料，在降低土壤酸性的同时，也为作物提供了磷、钾养料。为了调节土壤温度，在沼泽土上覆盖一层沙质或黏性壤土，可改善和提高沼泽土壤的肥力。

4. 风沙土的改良和利用

(1)植树造林 。植树造林是防风固沙的根本措施。沙荒地地区大规模造林基本形式是建植防护林体系，主要包括防风林带、农田林网和固沙林片和四旁林线。防风林带主要是指在多风的风口处建植成行连片的高大乔木形成狭长的林带，主要起阻挡和降低风速、减轻风沙侵害的作用。农田林网，又称护田林网，是指在沙荒地地区的农田四周按一定规格营建纵横双向的主副林带，每带2～4行交错种植，主林带与当地主要风向垂直，这样由主副林带在农田中构成的网络，可保护农田和草场不受风沙之害。

(2)种植灌木带。在沙丘种植沙棘、沙柳、柠条和蒙古岩黄芪等多种灌木林带，不但可有效地防风固沙，涵养水土，而且灌木的嫩枝、树叶还可作为草食家畜良好的饲料，枯枝还可解决农牧区的部分燃料来源。沙荒地地区(简称沙区)常用柠条和沙柳种植成灌木林带。种植方法是柠条带:用种子条播，播量7.5kg/hm^2，带距8～10m，每带2行，株行距0.3～0.5m，播种深度5～7cm，成活率可达到50%左右，柠条障蔽历久不衰。为了更新每隔2～3年可将枯枝砍去促发新芽。沙柳带的营造多采用移植和扦插法，深度60～70cm，每穴4～6条，穴距1.5m。每年春季移栽，成活率30%左右。沙柳宜成活，每三年平茬一次再生旺盛，在强流沙丘上营造防风灌木林带，效果最好。封沙育草:在封育沙荒区严禁放牧、割柴打草，使被破坏的植被自然恢复，增加地表覆盖度，以防风固沙。

(3)引水拉沙、引洪淤灌。引水拉沙是利用引水的冲击力把沙丘拉平，是变沙丘为良田的重要措施。在有充足水源的地方，先修建引水渠，后引水拉平沙丘，施足基肥，细致平整，培养地力，再合理种植作物。引洪淤灌是指在有洪水季节或有河流灌溉的地区，可引洪放淤，这是改良沙荒地行之有效的方法。引洪放淤时要抬高水渠进水口，以免被淤沙堵塞渠道。每次放淤泥厚度在8~15cm之间，注意边灌边排，留泥排水。每年可引洪淤泥若干次，逐年加厚淤泥层，改变土壤结构，提高肥力，种植适宜作物。

(4)种植沙生牧草。营造农区防护林、灌木林体系和搭建沙障主要起防风固沙的主干作用，也为种植沙生牧草创造了基础条件，但要完全固沙固土，彻底改变沙区生态环境脆弱状态，在沙障下、林网间种植沙生牧草彻底覆盖沙地，形成草灌乔立体配置，林草、木、网、片、带、线、点结合的沙区绿色屏障，形成防风固沙的天然长城，才是治理、改良和利用沙荒地的根本措施。

(5)农业措施。当沙荒地的沙土被初步固定后，就要进行合理利用。主要措施是，选种抗风沙性强的作物:最抗风沙的作物是大麻、麦类等;其次是马铃薯、谷子、荞麦;最不耐风沙的作物是瓜菜、棉花、豆类等。

项目二　间作套种和复种

任务　制作间套种方案

【工作场景】

地点:牧草栽培工学教室

材料与仪器:记录本、铅笔、直尺、绘图纸。

【工作要求】

要求学生充分考虑自己所处的自然与社会条件，种植结构与种植制度，产量与利用情况等问题，编制一份土地利用、种植植物种类和比例合理的设计方案。

【工作原理】

种植模式是指一个地区在特定的自然、社会条件下，在同一耕地上形成的规范化的种植方式。它由两部分组成，一是作物结构，有单一的作物结构和复合的作物结构;二是熟制，有一年一熟的单熟制，也有两熟以上的多熟制。两者组合就有四种种植模式，即单作一熟、单作多熟(复种)、多作一熟(间混作)和多作多熟(套种)。这些新模式为调整种植业的产业结构，促进优质、高产高效农业的发展正发挥着愈来愈重要的作用。

(1)作物互补搭配 。间作套种的首要环节就是合理选择和配置不同作物和品种，做到利用彼此的不同特点反差搭配、互补搭配和巧妙搭配。主要方式是:一高一矮、一胖一瘦、一圆一尖、一深一浅、一早一晚、一多一少、一阴一阳。高、矮、胖、瘦主要是指株形，就是要求高秆和矮秆、株形大和株形小的作物之间相互搭配种植。如玉米和大豆间作是典型的“一豆一禾”和

"一高一矮"作物之间搭配模式，可在株形、叶形和根系方面充分发挥作物间互补和共生性优势，是用养地结合的好方式。玉米与大豆间作，在土壤肥力高、供水条件好的状况下，多数地区以玉米为主作物，大豆为副作物，常采用2～3∶1的播种比例，增产效果好。

(2)合理确定主副作物的配置比例 。主要包括确定主要作物和副作物的种类，播种量比例或条带宽幅比，播种行比例等及套种的种植形式。通常在两种作物进行的间作套种中，主作物是根据当地农业生产确定的当家作物，具有适应当地环境、稳产和高产特性;而副作物通常是与主作物在适应性、抗逆性方面有显著互补或反差特点，丰产性状较好的作物种类。一般间作、混作主、副作物之间的播种量比例以2～3∶1为好，带状种植主、副作物之间幅宽比因作物的种类不同差异很大，应根据不同组合和搭配而定。在主、副作物之间采用播行比时，也要按不同作物的组合和搭配来确定。如玉米和大豆进行带状种植，玉米为主作物时播行比为4∶6，幅宽比约为1.5∶1，无论间作或套种都要保证主作物播种面积达到其单播的70%～80%。使主、副作物之间有尽可能大的边际优势，一切措施应按主作物的需要确定，适当兼顾副作物。

(3)配套的农业技术措施。合理密植是保证间作套种增产的农业技术措施之一。密植的合理程度取决于土壤肥力状况、管理水平和作物品种特性等因素。主要方式有:有宽有窄、稀中有密、密中有稀等，要保证主作物适宜的密度，主要通过株行距进行密度调节。间作套种必须要以综合配套的耕作措施和农业技术为基本要素，以及必不可少的条件，深耕细作、施肥、灌溉等措施是增产增收的关键。

【结果展示】

每个小组上交一份牧草与饲料作物搭配种植的设计方案。

○○必备知识

一、间混套种

(一)概念

我们把间作、混种、套种统称为间混套种。它们是在空间上实行种植集约化，具有充分利用空间的作用。

(1)间作。是指在同一块地里成行或成带间隔种植两种或两种以上的生育期相近的作物的种植方式。在生产上常把间作和混作结合进行。如玉米与大豆间作的同时，又在玉米行中混播小豆，这种方式又称为间混一体种植，简称间混种。

(2)套种。套种是指在同一地块内当一种作物生长到一定时期后，在其行间播下另一种作物，从而充分利用空间和时间的一种种植方式。

如春小麦套种或间作草木樨等种植形式在新疆国营农场中较普遍。通常是采用小麦与草木樨间作种植。小麦播量为单作时的75%，草木樨为15hm^2，小麦通常选用早熟丰产型品种。在草木樨进入旺盛生长期前收获小麦，在9月中下旬翻埋草木樨，可使下茬作物增产30%～60%。（见图3－7。）

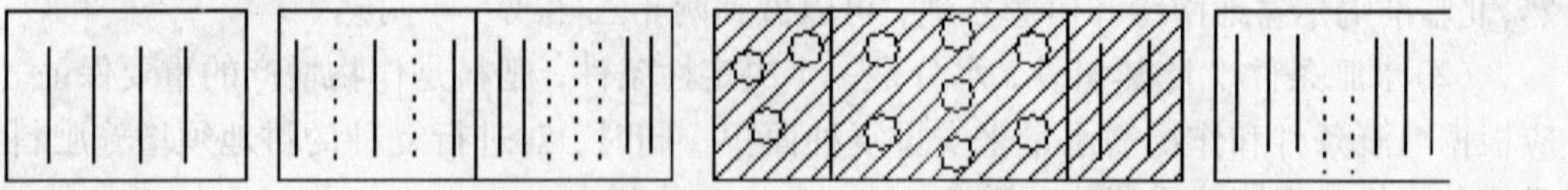

图3－7　饲料作物种植方式示意图

（二）间作套种的技术特点

间作套种后在田间形成的作物复合群落，既有相互依赖互济共生的一面，也存在着互相竞争矛盾和排斥的另一面。合理搭配作物，确定适当的配置比例，适宜的农业技术措施是扬长避短、发挥间作套种优势的重要技术环节。

二、复 种

复种是充分利用自然和农业资源，在有限的土地上生产更多农产品的主要农业技术。是土地精耕细作的主要方式之一。我国仅以占世界7%的耕地，却满足了占世界22%人口对农产品的需要。扩大复种面积，从而提高单位面积年产量是创造我国农业生产奇迹的重要原因之一。

1. 复种的概念。复种即接茬种植，是指在同一块地上，在一年内有两次以上的单一种作物收获。复种有两种方式，一种是接茬复种，另一种是套种复种。在一些地区耕地还存在着休闲可撂荒的状况，则说明土地尚没被充分利用。在无灌溉设施的旱作农区，年降雨低于300mm的地方，不能复种。根据作物热量指标，结合新疆热量资源来看，南疆大部地区可以两年三熟或一年两熟；北疆准噶尔盆地南缘和伊犁谷地，可以做到两年三熟或一年两熟。

在农业生产中，常用种植指数来判断土地利用率的高低。即：

种植指数＝全年播种面积/耕地面积×100%

当种植指数为100%时，属于没有复种；小于100%表示尚有休用或撂荒，土壤没有充分利用；大于100%，说明有一定程度的复种。在有复种的条件下，种植指数往往被称之为复种指数。

2. 复种的条件。复种的目的是为了充分利用生产季节的各项生产资源，扩大播种面积提高作物的产量。其最基本的条件是要有丰富的热量资源，还需要有一定的水、肥、劳、机等条件。

（1）热量资源 。热量资源是一个地区能不能复种和复种程度的先决条件。如果能够满足上下两茬作物对热量的要求，才有提高复种指数的可能性。所以，在具体安排复种时，应根据当地多年的热量资料，计算上茬和下茬所需的积温，再加上收获到播种期间的农耗积温（约100℃～150℃）来判断是否具备复种的热量条件，其保证率要在80%以上。一般按积温计算，在我国，≥10℃积温低于3600℃为一年一熟，3600℃～5000℃可以一年两熟，5000℃以上可以一年三熟；在2600℃～3600℃的地区可实现两年三熟。如同属早熟型玉米需要≥10℃的积温值是2250℃上下，而马铃薯仅为1000℃。马铃薯不同类型品种之间对有效积温的需要量也有较大差异，早熟型品种需≥10℃的积温值为1000℃，而中、晚熟品种所需的积温值分别为1400℃和1800℃。在无灌溉设施的旱作农区，年降雨低于300mm的地方，不能复种。根据作物热量指标，结合新疆热量资源来看，南疆大部地区可以两年三熟或一年两熟；北疆准噶尔盆地南缘和伊犁谷地，可以做到两年三熟或一年两熟。

(2)水肥条件。除热量外，水分是一个决定性条件，肥料是作物增产的重要保证。因此，应根据灌溉条件和作物需水量来安排复种面积。同时，对进行复种的耕地须增施肥料，以满足两茬作物对土壤矿质营养的需求。

(3)劳畜力及农机具条件。复种要求精耕细作，需较多的人力物力，才能做到不误农时，精种细管，提高产量。否则，劳畜机力条件尚差，种管粗放，贻误农时，再加之肥料不足造成减产，结果是多茬不如一茬，没有实际效益。

3. 复种技术要点。复种最突出的特点是抢时间、赶季节，它的技术要点就是处处要围绕着一个"早"字。

(1)要选择好作物及品种组合。例如，前茬是冬小麦，其成熟期是越早越好。这样能给下茬作物提供更多的时间和热量，保证安全成熟，获得较高的产量。

(2)要早收早种早管，力争早熟丰产。如促进丰产早熟的措施施足基肥和磷肥可促进上、下茬作物早出苗、早成熟。下茬作物以追施化肥为主，生长后期要减少氮肥施入量以防徒长晚熟。密植作物可适当增加播种量，减少灌溉次数以促进早熟、抑制无效分蘖。对下茬要采用早间苗、早中耕除草、早追施肥料等方法来提高土温促进早熟。总之，复种要以抢时播种和促进丰产早熟的各项农业技术措施相结合，确保高产优质和高效。

(3)采用育苗移栽，延长后茬苗龄，争取多复种并达到安全成熟。

(4)采用套种，延长后作的生育期。同时采用地膜覆盖技术，增温保墒，提高出苗质量，促进作物早熟。

三、少耕和免耕农作制

(一)概念

通常把用犁耕翻土地，以及用耙、锄、镇压器和中耕机等进行表土耕作措施称为常规耕作或传统耕作。少耕法指在常规耕作基础上尽量减少耕作项目、作业次数和作业面的一类耕作方法。免耕法又称零耕、化学中耕法、直接下种法、无犁中耕和草地播种，指作物播前不用犁、耙整理土地，直接在茬地上播种，播后作物生育期间不用农具进行土壤管理的耕作方法。少耕法起源于20世纪30～40年代的美国，20世纪70年代欧美30多个国家大规模实行了农田少耕和免耕，受到空前重视，国外把免耕法看作是耕作技术演变史上的一次革命，是现代生态农业的组成部分。应当强调的是，少耕、免耕法都是在发达国家农业高度机械化、化学化基础上实行的一种高投入、高产出、集约化经营的生产模式。

(二)类型和特点

1. 少耕法的主要类型

与传统耕作方式相比，每免去一项作业或减少了某项作业的次数或作业面，实际上就是一定程度的少耕法了。少耕法的类型有：

(1)耕地播种一次作业。这种少耕法必须要有相当马力的拖拉机牵引耕、播一次性作业的机具，来完成一条龙作业，不进行整地、耙、耱、镇压等作业工序，保持地表粗糙状态。这种作业对土壤湿度要求在适宜范围内，过高会影响作业质量，过低会降低播后出苗率。播后如遇干旱，往往造成严重减产。优点是减少了机械进地作业次数，节省机械和劳力费用。

(2)耕播两次作业。这种少耕法具有“耕播一次作业”同样的优点和不足，只是需要拖拉机在田间多作业一趟而已，即耕地和播种分两次进行，减去了耙、耱等作业。

(3)轮迹耕播法 。这种少耕法需要特制或改装的播种机。前台机械耕翻土地后，轮式拖拉机随即带动特制的前置式播种机播种，后面的胶轮镇压播种行，留下轮迹镇压沟以减轻风蚀，适合于多风地区。优点是机械进地作业次数、劳力与机械费用和土壤侵蚀程度都较传统耕作法低。

(4)沟播或改进的沟播。这种少耕法在于旱地区用特制的机具在田间先开沟起垄，再使用配套的播种机将种子播入沟底，盖浅土覆盖。这种少耕法减少了机械田间作业次数，减轻土壤侵蚀，但机具费用较高。

(5)带状耕作播种。这种少耕法是可以采用合适的耕播机、改进的沟播机或旋转式带状耕播机等进行一体化播种，每条土壤耕作的宽度仅局限在播种行内，行间土壤不耕，残茬遗留在播种行之间。这种方法的费用低于传统方法，高于免耕法。

(6)飞机播种。牧草、玉米、高粱和其他小粒种子作物都可以用农用飞机进行规模化大面积播种，播后要进行必要的地面耕作。小粒种子作物和牧草已试验出了在飞播后可不再耕作的方法。

(7)留茬覆盖播种 。典型的留茬覆盖种植制度，可充分利用作物残茬来减轻土壤侵蚀，但相应增加了机具进地的作业次数。主要适用于北美玉米和小麦带的干旱地区。

少耕法的实质是对传统耕作制中某些作业项目的调整与调节，并不能从根本上解决传统农业中的一些弊端，而免耕法才是对传统农业的革命，也是从整体上的发展和创新。

2. 免耕法的特点

(1)培肥土壤和改良土壤结构 。传统的土壤耕作是通过农业机械的作用来改变土壤结构状态;免耕法则是依靠生物的作用来创造土层结构、孔隙和培肥土壤的。作物的根系分布粗细均有不同，根系穿插土层留下细管状曲折的根体，死亡腐烂后就形成直径大小不等的管道空隙。在不进行耕作时，这些管道、孔隙就保留在土体之中。如果连续数年不耕作，每年种植作物，土壤中根系的腐烂分解必然为土壤累积大量的有机物。由于微生物的分解，可形成水稳性团粒结构的土壤。土层在作物残体的覆盖下，蚯蚓繁殖旺盛，把部分的覆盖物翻入土中，蚯蚓的运动增强了土壤的通透性，其排泄物也是肥沃的土壤团粒。免耕法中，土壤生物具有培肥土壤和改良土壤结构的功能。

(2)残茬覆盖的要求。在干旱和半干旱地区，残茬覆盖是免耕法不可缺少的重要环节之一。在前茬作物收获时，将秸秆切成小段，均匀铺撒在地面上，或先种植覆盖作物，在播种前用除草剂灭杂后作为地面覆盖物。前茬作物的残茬也要尽可能保留。如覆盖量达到 $4t/hm^2$ 麦秸或 $6t/hm^2$ 玉米秸时，地表覆盖率可达70%，具有防止地表侵蚀和蓄水保墒的双重作用。秸秆还田可保持农田生态平衡。

(3)化学除草剂灭草。化学除草剂替代机械中耕除草是免耕法兴起和发展的决定性因素。同时还要注意适当地把不同性能和残效期的除草剂相互配合使用，才能有效地灭杀杂草，控制多年生宿根性杂草。

(4)专用农机具。用于免耕农作制中的特制机具，主要包括直播机具、农药和肥料喷洒机具和收获机具三类。在三类机具中没有特别要求，一般可与传统机具通用，收获机具大多也可使用传统的类型。免耕法中关键的机具就是播种机械。免耕播种机除了通常能与松土装置进行联合作业外，它还装有能按苗行切开植被覆盖层而对离苗行稍远的覆盖层不予扰动的装置。同时免耕播种机还常常与深松铲或中耕铲以及施肥或喷药的装置相结合成为联合耕种机械。目前国外的免耕播种机种类很多，但几乎全部都是联合作业机，一次就完成破茬、松土开沟、播种覆土、镇压、施肥、撒药等多项作业。

(5)少耕法和免耕法的主要作用。免耕法和少耕法都能够通过留茬和地面覆盖等方式来减少地面蒸发，增加对降水的截留量，提高蓄水保墒能力，满足作物对水分的需要，增强抗旱力。地表覆盖的增加避免了雨水和风力对地面的直接冲击，防止或减轻了水土的大量流失和所携带肥料的损失，由于少耕和免耕减少或免去了频繁耕作对土壤结构周期性的破坏，从而稳定和逐渐改善了耕层土壤的结构，由土壤生物的持续不断地运动和积累，提高了土壤的肥力。少耕和免耕法都能够在一定范围内最大限度地节省用工和劳力，提高了劳动生产率。由于免耕播种机和其他少耕免耕机械对在田间作业的项目、次数、作业面都坚持了最低限度的原则，因而可最大程度地降低生产成本。免耕播种机可一机多用、一机通用，不仅实现了作业最少化，而且还相应减少了机车马力、机具种类和数量，这样就大量地降低了生产中的农机制造设备投资和维修费用，很大程度上节省了农机制造业的钢材消耗。由于机械的大量减少，加之田间作业项目、次数及作业面较传统耕作制大幅度减少，从而大量地持续不断地降低了农业机械对能源的消耗及对大气的污染程度。

计划单

学习情境3	牧草的分布和区划	学时	12
计划方式	以小组为单位，通过讨论共同制定计划		
序号		使用资源	备注
1			
2			
3			
4			
5			
6			
7			
8			
9			
10			
制定计划说明			

续表

计划评价	班级		第　组	组长签字	
	教师签字			日期	
	评语：				

决策实施单

学习情境3	土壤耕作及其耕作制						
讨论小组制定的计划书，做出决策							
计划对比	组号	工作流程的正确性	知识运用的科学性	步骤的完整性	方案的可行性	人员安排的合理性	综合评价
	1						
	2						
	3						
	4						
	5						
	6						
	7						
	8						

制定实施方案		
序号	实施步骤	使用资源
1		
2		
3		
4		
5		
6		
7		
实施说明：		

续表

班 级		第　组	组长签字	
评语：				

作 业 单

学习情境3	土壤耕作及其耕作制					
作业完成方式	课余时间独立完成					
项目一	土壤耕作措施					
作业	1. 什么是土壤基本耕作措施和表土耕作措施？它们的本质区别是什么？ 2. 什么是绿洲农业？新疆绿洲农区的土壤耕作有什么特点？ 3. 结合生产实习写出牧草及饲料作物春耕制的作业方法。 4. 什么叫垦殖地？划分为哪几类？荒地的常规土壤耕作措施是什么？					
作业答案	可另附纸张					
项目二	间作套种和复种					
作业	1. 请说出土壤耕作、土壤耕作措施和土壤耕作法含义的不同？ 2. 土壤耕作的任务是什么？ 3. 土壤耕作的技术原则是什么？ 4. 什么叫间作、套种和复种？它们的特点是什么？间作套种和复种的技术要点有哪些？ 5. 什么叫少耕法？少耕法有哪些特点？什么叫免耕法？它的特点是什么？					
作业答案	可另附纸张					
作业评价	班 级		第　组	组长签字		
	学 号		姓 名			
	教师签字		教师评价		日期	
	评语：					

效果检查单

学习情境3	土壤耕作及其耕作制			
检查方式	以小组为单位，采用学生自查与教师检查相结合，成绩各占总分(100分)的50%			
序号	检查项目	检查标准	学生自查	教师检查
1	土壤耕作原理	能正确说出相关知识基本概念。		
2	土壤耕作措施	正确掌握土壤基本耕作与表土耕作措施基本特点，所使用农业机械名称与工作原理(结合生产实习完成)。		
3	垦殖地的土壤耕作	能正确说出荒地的常规土壤耕作措施，特殊荒地的土壤耕作和利用方法。		
4	间作套种和复种	能正确说出基本概念与技术要点。		
5	少耕和免耕农作制	能正确说出少耕和免耕农作制的基本概念与类型，主要作用。		
6				
检查评价	班级		第　组	组长签字
	教师签字		日期	
	评语：			

评 价 反 馈 单

学习情境 3	土壤耕作及其耕作制				
评价类型	项目	子项目	个人评价	组内评价	教师评价
专业能力（60%）	资讯（10%）	查找资料，自主学习（5%）			
		咨询问题回答（5%）			
	计划（5%）	计划制定的科学性（3%）			
		用具材料准备（2%）			
	实施（25%）	各项操作正确（10%）			
		各项操作的效果（12%）			
		仪器材料使用的规范（3%）			
	检查（5%）	全面性、准确性（3%）			
		出现问题的处理（2%）			
	结果（10%）	提交成品质量			
	作业（5%）	及时、保质完成作业			
社会能力（20%）	团结协作（10%）	小组成员合作良好（5%）			
		对小组的贡献（5%）			
	敬业、吃苦精神（10%）	学习纪律性（5%）			
		爱岗敬业和吃苦耐劳精神（5%）			
方法能力（20%）	计划能力（10%）	制定计划合理			
	决策能力（10%）	计划选择正确			
意见反馈					
请写出你对本学习情境教学的建议和意见					

评价评语	班 级		姓 名		学 号		总 评	
	教师签字		第 组		组长签字		日期	
	评语：							

学习情境4　牧草地建植和管理技术

学习任务单

<table>
<tr><td>学习情境4</td><td colspan="2">牧草地建植和管理技术</td><td colspan="2">学时</td><td colspan="2">20</td></tr>
<tr><td colspan="7">布置任务</td></tr>
<tr><td>学习
目标</td><td colspan="6">1. 掌握人工草地类型与划分标准以及相关概念知识。
2. 掌握人工草地播种技术知识与基本操作。
3. 掌握牧草混播技术知识与基本操作。
4. 掌握新建牧草地的管护技术知识与基本操作。
5. 掌握成熟木草地的管护技术知识与基本操作。
6. 掌握草田轮作技术知识与草田轮作计划的编制。</td></tr>
<tr><td>任务
描述</td><td colspan="6">通过学习和查阅资料掌握人工草地的类型与划分标准，人工草地建植技术技能、养护与管理技术知识和利用技能以及草田轮作计划的编制。
具体任务：
1. 人工草地类型与划分标准。
2. 播种材料品质检验与计算种子用价。
3. 播种之前苗床准备方法与注意事项。
4. 播种之前种子处理方法。
5. 豆科牧草种子接种根瘤菌方法与注意事项。
6. 人工草地常规播种技术方法。
7. 制定混播牧草播种方案与混播技术。
8. 保护播种和几种特殊播种方法。
9. 新建牧草地管护技术措施。
10. 成熟牧草地管理与利用措施。
11. 草田轮作计划的编制。</td></tr>
<tr><td>学时
分配</td><td>资讯3学时</td><td>计划3学时</td><td>决策0.5学时</td><td>实施12学时</td><td>考核1学时</td><td>评价0.5学时</td></tr>
<tr><td>提供
资料</td><td colspan="6">1. 陈宝书，牧草饲料作物栽培学. 北京：中国农业出版社，2001年
2. 杨青，苜蓿生产与管理指南. 北京：中国林业出版社，2003年
3. 董宽虎，沈益，饲草生产学. 北京：中国农业出版社，2003年
4. 杜桂娟，草类植物资源与利用. 北京：中国农业出版社，2010年
5. 草原休牧轮牧禁牧舍饲养畜技术300问. 北京：全国农业科技，2003年
6. 朱进忠，草业科学实践教学指导书. 北京：中国农业出版社，2009年
7. 新疆牧民饲草现代种植技术与管理手册. 新疆畜牧厅，2008年</td></tr>
</table>

续表

对学生要求	1. 由 3 ~ 4 人组成一个学习小组，完成本项目学习。 2. 课前以小组为单位，完成资讯问题答案的搜集与整理 3. 严格遵守野外实训时工作单位和学校规章制度，爱护设备和工具。 4. 实训期间注意安全。
资讯方式	通过资讯问题和资讯引导，全国高职牧草栽培技术精品课网站、图书、新疆和阿勒泰生态环境相关杂志资料查询，课件、视频及模拟实验展示，指导老师咨询等形式完成。
资讯问题	1. 什么叫人工草地？什么叫饲料地？人工草地划分为哪些类型？本地区目前人工草地面积多少、主要牧草种类和品种有哪些？ 2. 选择播种牧草品种时应该注意哪些问题？ 3. 牧草播种之前播种地的准备工作如何进行？ 4. 牧草播种之前种子处理措施有哪些？如何操作？种子处理过程中应该注意什么问题？ 5. 新建豆科牧草地为什么进行根瘤菌的接种？有什么作用？根瘤菌接种方法有哪几种？如何操作？接种根瘤菌时应该注意哪些问题？ 6. 什么叫播种方式？什么是播种方法？什么是播种程序？分为哪些步骤？ 7. 什么叫牧草混播？牧草混播有什么优势？ 8. 混播牧草成员的选择有什么要求？ 9. 混播牧草地的播种方法和播种技术如何进行？ 10. 什么叫补播草地？混播牧草地如何补播？ 11. 什么叫草地保护播种法？保护播种时应该注意哪些问题？ 12. 什么叫特殊播种法？有哪些种类？ 13. 新建牧草地的栽培技术与苗期的管理技术有哪些？如何进行？ 14. 什么叫牧草越冬？新建牧草地越冬管理如何进行？ 15. 什么叫牧草返青？牧草返青管理如何进行？ 16. 什么叫成熟牧草地？成熟牧草地的管理措施有哪些？如何进行？ 17. 成熟草地的利用方法有哪些？采取什么样的技术措施会延长成熟草地利用时间？ 18. 什么叫草田轮作？草田轮作的原理是什么？作用如何？ 19. 草田轮作类型有哪些？ 20. 如何制作草田轮作计划书？
资讯引导	1. 在相关信息单中查询； 2. 新疆牧民饲草现代种植技术与管理手册； 3. 陈宝书，牧草饲料作物栽培学. 北京：中国农业出版社，2001 年； 4. 在其他相关资料中查询。

项目一 播种技术

任务1 播种材料品质检验

【工作场景】

地点:牧草栽培工学教室

仪器与材料:农业机械、牧草种子、小型分样器、发芽箱、小型电脑水分测定仪、电子天平、分样板、滤纸、75%乙醇、数种板、发芽器皿、贴签、刷子、玻璃棒、玻璃瓶、蒸馏水、放大镜、培养皿、镊子、记录本、铅笔、直尺。

【工作过程】

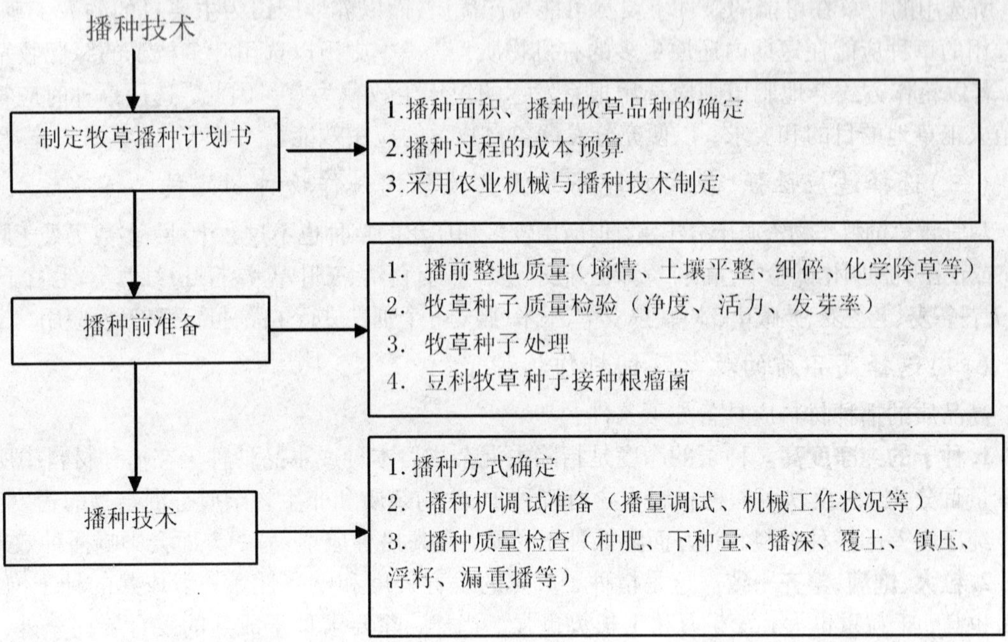

工序1 种和品种的选择

【工作原理】

建植人工草地，首先要确定草种。由于牧草及饲料作物资源十分丰富，种类极其繁多，因而在实际操作中应遵循如下原则。

(一)选择适应当地气候和栽培条件的牧草及饲料作物品种

任何一种牧草及饲料作物对气候条件都有一定的适应范围，这是由其基因特性所决定的。温度是第一因子，它决定多年生牧草能否安全越冬，这是建植人工草地成败的关键因子。

降水量是第二位因子，它决定牧草的栽培方式和生产能力。起作用的不是年降水量的多少，而是生长季的降水量及其分布的均匀性。一般年降水量500 ㎜以上的地区，可采用旱作(不需要灌溉)的方法建植人工草地；年降水量300 ~ 500 ㎜的地区，尽管也可旱作，但产量不稳；年降水量300 ㎜以下的地区，则必须有灌溉条件才能建植人工草地；年降水量800 ㎜以上的地区，则要考虑排水防涝问题。由于牧草的耐旱性不同，所以选用牧草时应依据当地降水条件和栽培条件进行选择。不过，抗旱性越强的牧草，往往草质越差，产量越低，因而选用草种时要正确处理好这个矛盾，使其在正常生长情况下获得既优质又高产的饲草料。

土壤是第三因子，土壤对于建植人工草地不是十分强调的因子，这主要是大多数牧草对土壤都有较宽的适应范围。但在盐碱地、酸性土壤及沙质地、黏性土壤上建植人工草地，则需要选择能够抵抗这些不利因子的草种。当然，疏松、土层厚、团粒多、肥沃的中性壤质土对保障人工草地的高产仍具有非常重要的作用，应引起足够重视。

(二)选择符合建植人工草地的目的和要求的品种

牧草因其生物学特性和生产性能的不同，所产生的效能也有所不同，因而建植人工草地时应根据其建植目的和要求选用合适的草种。

建植人工草地的目的主要有生产饲草料、养地肥田和环境保护三个方面。在每个方面，由于建植条件和需要的不同又有各自具体的要求。例如，以生产饲草料为主要目的的人工草地，所选用的牧草在可能的条件下要尽可能高产优质；而以养地肥田为主要目的的人工草地，所选用的草种应能在短期内还原更多的有机物质，若一季肥田以选用叶多枝茂的绿肥牧草为宜，若以轮作方式养地肥田则应选用根系发达的短年生牧草为宜。因此，选用草种时应符合建植人工草地的目的和要求，以便充分发挥各自牧草的应用效能。

(三)选择适应性强、应用效能高的优良牧草饲料作物种和品种

尽管牧草饲料作物资源十分丰富，但应用较多和广泛的草种也不过数十种，多数仍处于野生状态或正在引种驯化试验中，品种资源也开发不多，仅有苜蓿、三叶草、沙打旺、红豆草、毛苕子、羊草、无芒雀麦、老芒麦、披碱草、冰草、黑麦草、玉米、燕麦等个别种进行了品种选育和开发应用。

(四)选择高品质的牧草及饲料作物种子

高品质的播种材料应具备如下条件：

1.种子的纯净度高。种子的净度是指除去混杂物后本种或本品种种子在播种材料中所占的重量百分比，它反映了播种材料中含有废种子、生物杂质和非生物杂质等混杂物的程度。

纯净度差的播种材料，一方面降低种子品质，提高播种成本；另一方面会影响播种效果。

2.粒大、饱满、整齐一致。这是指种子成熟的发育程度和整齐性。一般成熟的种子饱满，粒级也高，千粒重也大，发芽力和生长势也强。当然，除要求种子成熟的发育要完全外，也要求种子成熟度必须整齐一致。否则，因种子成熟不完全和不整齐而导致的种子发芽力不强或不一致，都将造成出苗少和不整齐，进一步将影响草地的生产能力。

种子粒的大小通常用千粒重这个指标衡量，千粒重是指自然干燥的种子1000粒的重量，单位用“g”表示。一般情况下，粒级越小的种子，胚所占的比例就越大，相对地所含贮藏营养物质的数量就越少，由于营养不足而不能满足出苗和苗期生长需要，导致不能顶土出苗或苗弱苗小的现象发生，进而影响牧草的生长发育和产量收成。

3.生活力强。种子的生活力即是指种子的发芽力，意指在一定水、温条件下，种子能够萌发长出健壮幼苗并发育成正常植株的能力。种子的生活力也可用四唑染色图形技术、软X射线造影技术等方法进行测定。

4.无病虫害。优质播种材料要求绝对没有病虫害，播前必须到有关部门检验播种材料携带病、虫的情况。对携带病、虫的播种材料，应进行彻底的灭菌灭虫处理后才能播种，否则应烧毁。因为携带有病虫害的播种材料，一旦播于田间后，会迅速蔓延和扩散，不仅导致品质

下降和产量降低，而且会延续多年，需花费很大的人力、物力、财力才能彻底消灭。所以，播前对播种材料进行病虫害检验，对保障人工草地的有效建植至关重要。

5. 含水量低。种子含水量的高低对播种材料的贮藏、运输和贸易有重要作用，同时也影响种子的萌发能力和寿命。高水分的种子，贮藏中容易发霉变质，不仅影响种子的生活力，严重时会丧失活性，而且会加重运输负担，有时也会成为贸易障碍。一般要求豆科牧草种子含水量为12%～14%，禾本科牧草种子的含水量为11%～12%。

总之，优质播种材料应尽量具备上述5个条件，这是保证建植人工草地成功的首要条件。

工序2　播种材料的质量检验

在牧草及饲料作物栽培中，尤其是多年生牧草，出苗率低，缺苗严重，幼苗生长不整齐等，是影响产量的极为重要的原因之一。因此，要根据不同牧草及饲料作物的发芽与出苗的特点，和播种地区土壤、气候条件及前作情况等在播种前对播种材料要严格进行选择和采取相宜的处理，使播后达到苗早、苗齐、苗全、苗壮，为获得高产打好基础。

1. 种子净度检验

【种子净度检验原理】

种子的纯净度包括纯度和净度。种子的纯度是指本种或本品种种子在供试种子中所占的数量百分比，它反映了播种材料中混杂其他种或品种的程度，也显示了播种材料的真实性。种子的净度是指除去混杂物后本种或本品种种子在播种材料中所占的重量百分比，它反映了播种材料中含有废种子、生物杂质和非生物杂质等混杂物的程度。

纯净度差的播种材料，一方面降低种子品质，提高播种成本；另一方面会影响播种效果，如纯度差的播种材料必定会杂草发生率高，这将影响所种牧草的生长发育，严重时会造成被杂草完全覆盖的危险。再如净度差的播种材料，除混入泥土、沙石、枯枝外，还容易混入病核、虫卵等物，不仅影响出苗效果，而且会增加种子播量，甚至引起病虫泛滥。

将试验样品分成净种子、其他植物种子和杂质三个组成部分，并测定各成分的重量百分率，在分析中应尽可能鉴定出样品中的所有植物种和杂质种类。

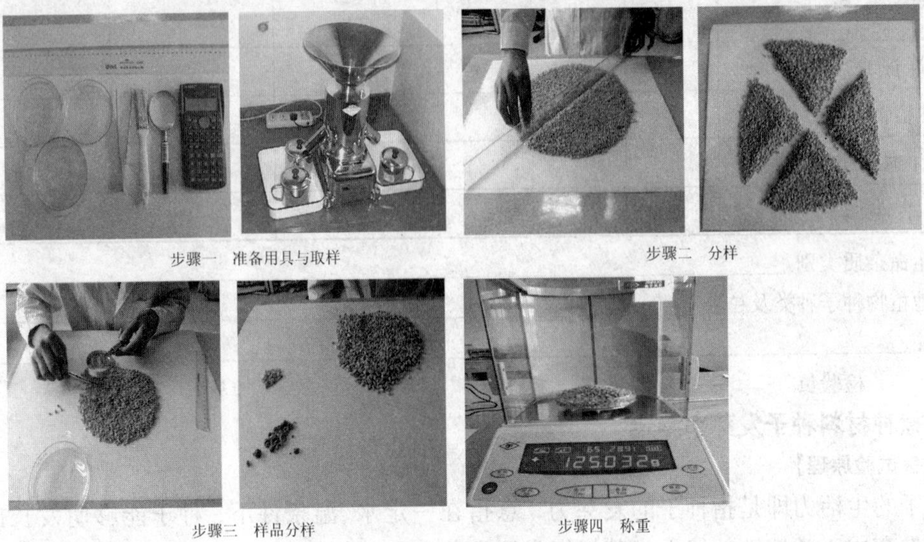

步骤一　准备用具与取样　　步骤二　分样

步骤三　样品分样　　步骤四　称重

图4-1　种子净度测定过程

【注意事项】

1. 两份试验或两次试验之间,各相同组分的百分率相差不能超过规定的容许差。如超过容许范围，须重新分析成对检验样品，直到有一对在容许误差范围之内的数值为止，但全部分析不超过4 对。

2. 对于小于0.05%的成分不列入计算之内，记录为“微量”;其余成分的总和应为100.0%，如果总和是99.9%或100.1%，从参加修约成分的最大值中增减0.1%。

一些常见牧草种子批和样品的重量

种名	种子批的最大重量(kg)	样品最低重量(g)		
		送验样品	净度分析试验样品	计数其他植物种子的试验样品
冰草	10 000	40	4	40
燕麦	25 000	1000	120	1000
苇状羊茅	10 000	50	5	50
紫花苜蓿	10 000	50	5	50
红三叶	10 000	50	5	50
白三叶	10 000	25	2	20

【结果展示】

将种子净度测定结果填写表中。

净度分析统计表

种子名称			样品编号			测定时间	
使用仪器			室内相对湿度(%)			室温(℃)	
重复	1		1				
样品重量(g)	重量(g)	占总和(%)	重量(g)	占总和(%)	平均(%)	允许差距	实际差距
净种子							
其他植物种子							
无生命杂质							
合计							

无生命杂质类别______________________________

其他植物种子种类及粒数__________________________

备注______________________________________

检验员　　　　　　　　校核　　　　　　　　审核

2. 播种材料种子发芽率测定

【发芽试验原理】

种子的生活力即是指种子的发芽力，意指在一定水、温条件下，种子能够萌发长出健壮幼苗并发育成正常植株的能力。其指标常用发芽率和发芽势表示，发芽率是指可萌发的种子数占供试种子数的百分比，它反映了供试种子中有生命能力种子的多少，实践中常把休眠种子比例的50%计入发芽率中，但须分别注明，以供播种时参考或确定是否采取破除休眠处理;发芽势是指规定时间内已发芽的种子数占供试种子数的百分比，它反映了种子萌发的集中程度和整齐性，一般规定时间为3~5天，个别牧草可延长至7~10天。

所有发芽试验都要以净种子分出来的种子进行。净种子应充分混和，从中随机数取400粒种子，使成为100粒、50粒或25粒的重复。种子应均匀地放在发芽床上，并有足够的距离，尽可能防止种苗在计数和取出前相互接触。所规定的各个种的发芽床类型、温度及对光的要求，可在指定的方法中任选一种。

图4-2　种子发芽率的测定过程

【注意事项】

1. 在发芽器皿底盘的侧面贴上标签，注明置床日期，样品编号，种名或品种名，重复次数等。

2. 一般规定观察时间为3~10天。

3. 按规程要求将发芽箱调至发芽所需要的温度(恒温或变温发芽)，温度保持在所需温度±1℃的范围。

4. 发芽期间每天检查发芽试验的情况，发芽床始终保持湿润，适时补水。

【结果计算】

发芽率=发芽终期全部正常种苗数/供试种子数 ×100(%)

分别计算不正常种苗、硬实种子、新鲜未发芽种子及死种子占供试种子的百分率。计算4次重复的平均值，保留整数位。

【结果展示】

生产中常用种用价值这样一个概念评定播种材料的有效性，它是指播种材料中能够发芽的种子所占的重量百分比，其计算公式为：

播种材料的种用价值=(净度×发芽率)÷100%

例如，某牧草的净度为90%，发芽率为80%，则其种用价值为72%，意指1kg播种材料中可利用的有效部分为720g，另280g为无效部分，这个指标对评定种子价格的高低有直接作用。

3. 播种前种子含水量测定

(1)简便测定法

①主要用手感对种子水分含量进行简单判断，当将手插入种子袋内感觉种子松散、滑、阻力小、有响声，用手抓种子时，种子容易从手中流落则水分较小，否则水分含量就大。②齿觉检验。用牙齿轻轻加大压力，切断种子籽粒，若感觉费力，声音清脆，籽粒端面掉粉，硬质粒

端面整齐，则水分含量低。③听觉检验。抓一把种子紧紧握住，五指活动，听有无沙沙响声，带有果皮的种子抓起摇动或扬起听响声，声音越大，水分含量越少。

(2)小型电脑水分测定仪

使用小型电脑水分测定仪测定种子含水量操作简单，不需要称重，能自动测量试样重量，自动计算水分含量比例值。

水分测定仪

任务2　种子处理措施

【工作场景】

地点：牧草栽培工学教室

仪器与材料：牧草种子、老式碾米机、玻璃瓶、镊子、种子包衣机、小剪刀、不同温度的水、盐水、塑料布、纱布。

【种子预处理原理】

通过检验播种材料，对种子休眠率高和净度差的种子则应在播前采取相应的处理，并结合种子包衣技术，以提高播种质量和效果。

【工作过程】

工序1　破除休眠

种子休眠是指在给予种子适宜的水、温、气、光等发芽条件后仍不能萌发的现象，这在牧草中非常普遍。豆科牧草是由于种皮结构致密和具有角质层而致使种皮不透水造成种子休眠的，此类称为硬实种子；禾本科牧草是由于种胚不成熟造成的种子休眠，尚待一段时间完成后熟后才能发芽，此类称为后熟种子。

对于豆科牧草硬实种子，通过破坏种皮结构可有效破除休眠，提高种子发芽率。方法如下：

(1)机械性处理

一种是利用除去谷子皮壳的老式碾米机进行碾磨，以擦破种皮起毛但不致破碎为原则，结果使种皮产生裂纹而导致水分进入。有试验表明，采取这种方法可使草木樨种子的发芽率由40%～50%提高到80%～90%，紫云英由47%提高到95%。

(2)温水处理

对浸种水温通过变温和高温处理都可使种皮膨胀软化，进而产生微裂使水分进入发芽。变温方法是先将种子置于不烫手的温水中浸泡一昼夜，而后捞出在阳光下曝晒，夜间移到凉处并浇水保湿，如此经2～3天后种子便吸水膨胀，此时可趁墒播种，但此法仅适应于较湿润的土壤上。高温处理效果与草种和水温有关，不同牧草要求有不同的水温，而且敏感的程度也不一样。当水温较高时，浸泡种子的时间可适当缩短。有试验表明，对三叶草研究，用

28℃、59℃、78℃、98℃水温浸种10分钟，硬实率分别为64%、46%、22%、12%。又有人对苜蓿研究，表明在50℃～60℃热水中浸种0.5小时即可起到明显的作用。

(3)化学处理

利用无机酸、盐、碱等化学物能够腐蚀种皮和改善通透性的作用，促进萌发，从而提高发芽率。徐本美等(1985)用98%浓硫酸处理当年收获的二色胡枝子5分钟，可使种子发芽率由12%提高到87%。王彦荣等(1988)用95%浓硫酸处理当年收获的多变小冠花，可使种子发芽率由37%提高到81%。

对于禾本科牧草后熟种子，通过加速后熟发育过程，缩短休眠期，达到促进萌发的作用。常用的方法有：

(1)晒种处理

方法是先将种子堆成5～7cm的厚度，然后在晴天的阳光下曝晒4～6天，并且每天翻动3～4次，阴天及夜间收回室内。这种方法是利用太阳的热能促进种子后熟，从而使种子提早萌发。

(2)热温处理

对萌发环境中的气温通过适度加温和变温都有助于促进种子提早完成后熟。加热的温度以30℃～40℃为宜，超过50℃则可能造成危害，尤其在高湿状态下的高温危害更大。据研究，当新收获的草芦种子的湿度由25%上升到56%时，其出苗率则由89%下降到39%。加温的方法有很多，如室内生火炉、烧土炕等土法，若利用大型电热干燥箱等设备则可更好地控制作用温度和时间。变温处理是在一昼夜内交替先用低温后用高温促使种子萌发的方法，一般低温为8℃～10℃，处理时间16～17小时；高温为30℃～32℃，处理时间7～8小时。对收获30天的无芒雀麦和猫尾草的研究，设置在6小时30℃～32℃高温处理下，18小时低温分别有20℃和8℃～10℃两个处理。然后与未经变温处理的对照进行比较，无芒雀麦的发芽率两个处理分别为42%和95%，而对照为61%；猫尾草的两个处理分别为40%和96%，而对照为59%。此外，对草地早熟禾、鸭茅等牧草所做的试验，也获得了类似的结果。

(3)沙藏处理

用稍湿的沙埋藏草芦、甜茅等湿生禾草可显著提高发芽率，埋藏的时间视种类不同以1～2月为宜。沙藏依温度不同又可分冷藏(1℃～4℃)和热藏(12℃～14℃)两种，一般热藏效果高于冷藏。据研究，收获5个月的草芦，用冷藏处理15、30、60天的发芽率分别为66%、82%、93%，而未经沙藏的对照仅38%。水甜茅经15天冷藏和热藏处理后，发芽率分别为17%和45%，而未经沙藏的对照仅9%。

(4)清选去杂

对于杂质多、净度低的播种材料应在播前采取必要的清选措施，许多豆科牧草的播种材料常含有荚壳，禾本科牧草常含有长芒、长绵毛、稃片、颖壳和穗轴等附属物，这些影响播种质量的杂物应在播前尽可能去掉。清选的方法很多，可依据杂物特点采用相应的方法，有与种子大小和形状不同的杂质可采用过筛方法，有与种子比重不同的杂质可采用风选和水漂方法，有附属物的种子须采用破碎附属物的方法清除掉。清选机械种类很多，应根据含有杂物的特点选用相应有效的清选机具。

长芒和长绵毛是危害播种质量最大的杂物。由于这两个杂物常把种子缠绕在一起，致使播种材料成团块状而不易流动下落，造成播种不匀，因而播前应除去。方法是将种子铺于晒场上，厚度5～7cm，用环形镇压器进行压切，而后过筛去除。当然，也可选用去芒机，常见的是锤式去芒机。这种机具由锤击脱芒、筛离分选和通风排出三部分构成。除去芒外，尚可除去长绵毛、稃片、颖壳、穗轴等。

工序2　包衣拌种

【包衣机的工作原理】

素芯在洁净的包衣锅内不停地作旋转运动，在运动过程中，按工艺流程和合理的工艺参数，自动喷洒包衣液，同时供给热风。热风通过气管底部排出，使喷洒在素芯表面的包衣介质得到快速、均匀的干燥，形成坚固光滑的表面薄膜。

图4－3　包衣机

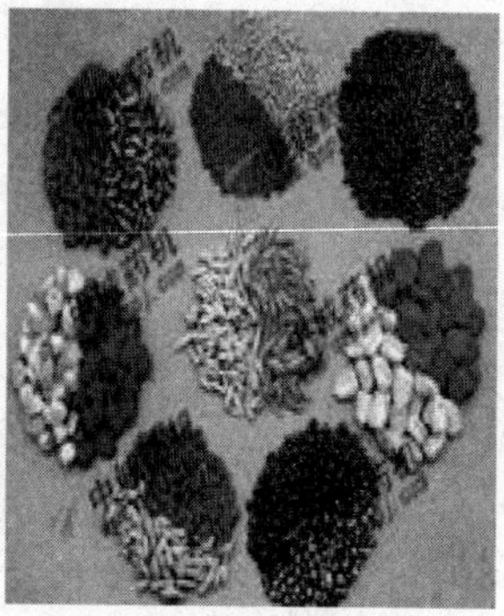

图4－4　包衣处理种子

（1）包衣拌种：是指将根瘤菌、肥料、灭菌剂、灭虫剂等有效物，利用黏合剂和干燥剂涂黏在种子表面的丸衣化技术。

（2）包衣的种子特点：播种后能在土壤中建立一个细微的适于萌发的环境；对携带有芒或长绵毛的禾本科牧草种子，包衣过程中可使芒和毛脱落或与种子丸成颗粒状，同时加重种子的重量，从而提高流动性便于播种；对于豆科牧草种子，利用包衣可接种根瘤菌，能有效提高固氮效率；利用包衣技术也可把肥料、灭菌剂、灭虫剂等与种子丸衣化，从而提高播种质量和促进牧草生长发育，这是一项非常有效的增产措施。

（3）制作包衣种子的材料：包括黏合剂、干燥剂和有效剂三部分。黏合剂常用的材料有阿拉伯树胶、羧甲基纤维素钠、木薯粉、胶水等其他有黏性的水溶性材料；干燥剂可选用碳酸钙、磷酸盐岩或白云石（碳酸镁）等细粉材料；有效剂包括根瘤菌剂、肥料、灭菌剂、灭虫剂四类，这些可单独包衣，也可混合包衣，有时是每类中的数个性质不同的材料进行混合包衣。

【包衣工作过程】

1. 机械种子包衣

先用已配制好的黏合剂倒入根瘤菌剂中（禾本科牧草无需这一步）充分混合，然后利用包衣机将混合液喷在所需包衣的种子上，边喷边滚动搅拌，直至使种子表面均匀涂上混合液，此后立即喷入细粉状的干燥剂及肥料、灭菌剂和灭虫剂等材料，并迅速而平稳地混合，直到有初步包衣的种子均匀分散开为止。

包衣种子标准：表面应是干燥而坚固的，能抵抗适度的压力和碰撞，在贮存和搬运时不致使包衣脱落。包衣种子视有效剂材料不同而有所不同，其有效性是有期限的，原则上要尽早播种，注意播种时应视包衣敷料的重量而需重新调整播种量。我国目前使用的包衣配方是由中国农科院土肥所宁国赞等人研制的(见表4－1)。

表4－1　　豆科牧草种子根瘤菌接种包衣配方(kg)

接种方法	种子用量	菌剂用量	钙镁磷肥	羧甲基纤维素钠	水	钼酸铵
手工	1 000	100	300	4.0－6.4＊3.0＊＊	100－160	3
机械	1 000	100	300		150	3

注：＊ 包衣时使用的羧甲基纤维素钠溶液的浓度为4%；

＊＊ 包衣时使用的羧甲基纤维素钠溶液的浓度为2%。

【注意事项】

1. 氮肥不能与根瘤菌剂混合包衣，某些能杀死根瘤菌的灭菌剂和灭虫剂也不能与根瘤菌剂混合包衣。

2. 采用的化学物之间是否会发生化学反应而降低药效。

3. 包衣能否成功关键在于混入黏合剂的比例及其混合时间，黏合剂过多易使种子结块，过少起不到包衣作用;混合时间过长会造成石灰堆积而导致碎裂和剥落，过短达不到均匀包衣。

2. 其他种子包衣法

除了包衣这种需要机械完成的先进方法外，人民在生产实践中创造了许多简单易行而有效的拌种方法。例如：

(1)盐水淘除。用1:10盐水或1:4过磷酸钙溶液可有效淘除苜蓿种子中的菌核和籽蜂，用1:5盐水可有效淘除苜蓿种子中的麦角菌核。

(2)药物浸种。用1%石灰水溶液浸种可有效防治豆科牧草的叶斑病及禾本科牧草的根瘤病、赤霉病、秆黑穗病、散黑穗病等，用50倍福尔马林液可防治苜蓿的轮纹病，200倍福尔马林液浸种1小时，可防治玉米的干瘤病。

(3)药粉拌种。菲醌是常用的灭菌粉剂，按种子重量的6.5%拌种可防治苜蓿等豆科牧草的轮纹病，按0.5%～0.8%拌种可防治三叶草的花霉病，按0.3%拌种可防治禾本科牧草的秆黑粉病。其他还有福美双、萎锈灵、胂37等，用种子重量0.3%～0.4%的福美双拌种可有效防治各种牧草的散黑穗病，用50%可湿性萎锈灵按种子重量的0.7%拌种，或者用20%胂37按种子重量的0.5%拌种可防治苏丹草和高粱的坚黑穗病。

(4)温水浸种。用50℃温水浸种10分钟可防治豆科牧草的叶斑病及红豆草的黑瘤病，用45℃温水浸种3h可防治禾本科牧草的散黑穗病。

(5)化肥拌种。尽管氮、磷、钾也可拌种，但常用硼、钼、锰、锌、铜等微量元素拌种，这些元素应根据土壤中微量元素含量情况及牧草种类和生长特点酌情使用，如豆科牧草接种栽培中可拌种钼，这对提高根瘤菌固氮作用非常有效。

【结果展示】

实训结束后每个学生上交一份所采用种子处理操作过程与处理结果报告。

任务3　根瘤菌接种

【工作场景】

地点：牧草栽培工学教室、学校实训基地

仪器与材料：牧草种子、根瘤菌剂、水桶、盆子、干根瘤菌、泥土、酒杯、草木灰、大碗、小铁锹。

【根瘤菌接种原理】

根瘤菌接种是指播前将特定根瘤菌菌种转嫁到与其有共生关系的豆科植物种子上的方法，包衣技术就是根瘤菌接种的一项先进方法。根瘤菌是指寄生在豆科植物根部根瘤中能够固定大气中游离氮素的一类微生物。它只有与豆科植物发生共生关系时才能固氮，当豆科植物开花后它便随着根瘤的解体而自行散落于土壤中失去固氮能力，然后它便重新寻找侵染对象，一旦侵染成功便可重新开始固氮。

工序1　商用菌剂接种

播前只需按照使用说明规定的用量制成菌液，然后喷洒在种子上并充分搅拌，直到使每粒种子都能均匀地黏上菌液后，便可立即播种。一般对于小粒牧草种子（如苜蓿、三叶草、沙打旺等），要求接种量每粒种子至少1 000个以上根瘤菌；对于大粒种子（如毛苕子、普通苕子、红豆草、柠条、大豆等），则要求每粒至少接种10万~100万个根瘤菌。此法简便经济而有效，非常适合于非专业人员使用。

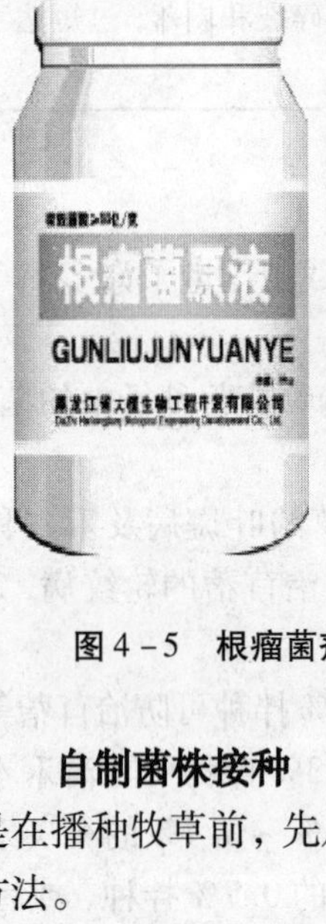

图4-5　根瘤菌剂

图4-6 干根瘤菌

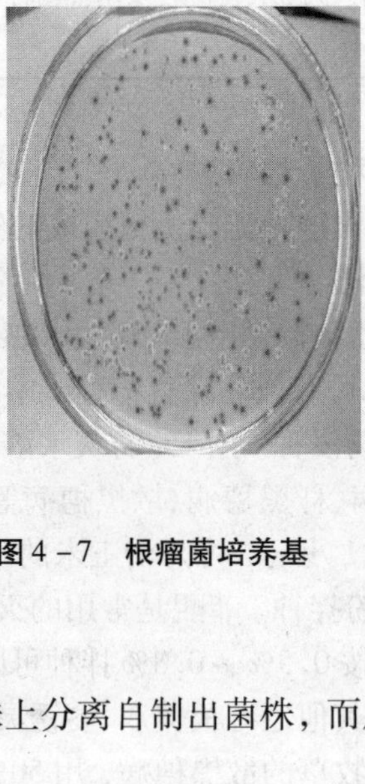

图4-7　根瘤菌培养基

工序2　自制菌株接种

此法是在播种牧草前，先从别处种植这种牧草的植株上分离自制出菌株，而后再接种进行播种的方法。

（1）干瘤法

在豆科牧草开花盛期，选择健壮植株，将其根部轻轻掘起，用水洗净，切掉茎叶，把根置于避风阴暗、凉爽、不易受日光照射的地方，使其慢慢阴干。播前将干根弄碎并接种，每$1334m^2$播种用的种子可用5~10株干根即可；也可用相当于根重1.5~3倍的清水，在20℃~35℃的条件下经常搅拌，促其繁殖，约经10~15天后便可用来接种进行播种。

（2）鲜瘤法

用0.25 kg晒干的菜园土或河塘泥，加一酒杯草木灰，拌匀后盛入大碗中并盖好，然后蒸0.5~1小时，待其冷却后，将选好的根瘤30个或干根30株捣碎，用少量冷开水或冷米汤拌成菌液，与蒸过的土壤拌匀，如土壤太黏，可加适量细沙以调节其疏松度，然后置于20℃~

25℃温室中保持3～5天，每天略加冷开水翻拌即可制成菌剂，每667m^2所播种子用50g这种菌剂接种就能进行播种。

【接种效果】

根瘤菌接种豆科牧草的效果主要体现在结瘤率、根瘤数量和重量及牧草生产性能上。据李阜棣(1987)对紫云英的研究，未接种的平均每株2.1个根瘤，而接种的达9.8～19.5个；未接种的植株含氮量1.5%，而接种的达3.34%～3.85%；未种过紫云英的地每公顷产青草不足15000kg，种过的地22500～25500kg，而接种的地至少30000kg以上。

【注意事项】

根瘤菌是一种微生物，具有微生物所共有的怕光、怕化学物等特性，因而接种时应给予特别注意。

1. 无论接种时，还是接种后的种子，都不能在阳光下暴露数小时，否则会被紫外线杀死。所以拌种时，易在阴暗、温度不高，且不太干燥的地方进行，拌种后要尽快播种和覆土。

2. 化学药品灭过病菌的种子，在进行根瘤菌接种时应随拌随播，因根瘤菌接触化学药品超过0.5小时就有被杀死的可能。或者先将根瘤菌与麦麸、锯末或其他惰性物质混合后撒在土壤内再进行播种。

3. 已接种过的种子不能与生石灰或高浓度化肥接触。一般来说，不致伤害种子萌发的化肥浓度也不致伤害根瘤菌。

【结果展示】

每个小组制作出一份鲜瘤菌剂并接种苜蓿种子且写出一份报告。

○○必备知识

一、人工草地与饲草地的概念

人工草地是指选择适宜的草种通过人工措施而建植或改良的草地。饲草地是指根据家畜种类，选择其种植品种建植起来为家畜提供饲草料的土地，属于人工草地的范畴，一般指具有灌溉条件的、专门生产精饲草料地块。

(一)依据利用年限划分

1. 季节人工草地。这种草地由速生的一年生或短年生草类建成，仅利用一个生长季或生长季中的某一段时间，多用于零散闲地或在农田中套种和复种。特点是生长快，利用期短，种一次仅利用一茬，有时不收草直接翻耕作绿肥。可以利用的草种有普通毛苕子、草木樨、苜蓿、沙打旺、红豆草、三叶草、老芒麦、披碱草、黑麦草、苇状羊茅等。

2. 短期人工草地。这种草地由生长较快的二年生或多年生牧草建成，利用年限2～4年，常用于草田轮作或饲料轮作中。除生产饲草外，尚有样地作用。可以利用的草种有草木樨、苜蓿、沙打旺、红豆草、三叶草、老芒麦、披碱草、黑麦草、苇状羊茅等。

3. 长期人工草地。这种草地由长寿命的多年生牧草建成，利用年限至少达6～7年以上，常用于建立畜牧业干草生产基地。可利用的草种有苜蓿、山野豌豆、冰草、碱茅、看麦娘等。

4. 永久人工草地。这种草地由自身繁衍能力特强的一类牧草建成。例如，羊草、无芒雀麦是以强烈的根茎繁殖方式进行繁衍，胡枝子、小叶锦鸡儿、柠条、琐琐、驼绒藜等是以茎的强烈木质化和根颈的极强萌生力延续其利用寿命。该草地多是在退化或沙化的天然草地上进行耕翻后建植的。

（二）依据牧草组合划分

1. 豆科草地。由豆科牧草建植的人工草地。该草地由于富含氮素和氨基酸，成为畜牧场不可缺少的草料供应基地，苜蓿、三叶草等人工草地更为如此。在干旱、半干旱区，沙打旺和红豆草因其显著的抗旱性而在建植人工草地中得到更多的应用。在农区和半农半牧区，由普通毛苕子、紫云英、草木樨、苜蓿等建植的豆科草地作为轮作的一个重要组成部分也得到广泛的应用。

2. 禾本科草地。由禾本科牧草建植的人工草地。在湿润和半湿润的寒温带地区，可用羊草和无芒雀麦建植人工草地；在干旱和半干旱地区，可用老芒麦、披碱草、冰草等建植人工草地。这类草地是人工草地的基本形式，一般适于大面积建植，既可以作割草地，又可以作放牧地。

3. 混播草地。由豆科牧草和禾本科牧草混播建植的人工草地。这类草地兼有豆科草地和禾本科草地的优点，表现为产量高而稳定，草质优而营养全面，是建植人工草地的最佳方式和发展方向。如苜蓿和无芒雀麦混播草地，苜蓿和披碱草混播草地等。

4. 灌木草地。由灌木型牧草建植的人工草地。这是在干旱地区流动沙丘和半流动沙丘上建植的一种人工草地，由于气候条件和栽培条件恶劣，一般的草本牧草难以建成，用灌木牧草易于建植。这类草地除可提供叶子和嫩枝作为饲草外，主要是作为防风固沙的屏障来用的。常用的草种有柠条、小叶锦鸡儿、驼绒藜、木地肤、琐琐、沙拐枣等。

（三）依据培育程度划分

1. 半人工草地。是指在退化的天然草地上经过人为的科学处理后，在保持原来植被不变的情况下，提高了生产力的一种草地。根据采取的措施不同又可分为：

（1）改良草地：指采用重耙、疏伐和围栏封育等更新复壮措施后所发育成的草地。

（2）补播草地：指通过补播优良牧草种子、增加草地密度而提高生产力的草地。

2. 人工草地。是指将退化草地或荒地开垦后，选择优良牧草进行播种并采用科学管理方法进行合理经营利用的草地。集约化是其发展方向。

3. 饲料基地。这是在城郊附近专为养殖场建立的一种高度集约化管理的草料田，主要生产青饲料、青贮原料和精饲料。所应用的草种多为各类饲料作物及一、二年生豆科一、牧草和速生的多年生豆科牧草，此为保障养殖场常年均衡供应饲草料和稳定发展的基础。

（四）依据复合生产结构划分

1. 饲用草地

指以生产饲草料为主要任务的草地。根据利用方式不同可分为：

（1）放牧草地：指以放牧方式利用的草地。此种草地株丛低矮、耐践踏，有很强的耐牧性。如用紫羊茅、草地早熟禾、碱茅等建植的草地。

（2）刈割草地：指以刈割方式利用的草地。此种草地株丛较高，再生性强，适合于刈割利用。如用苜蓿、沙打旺、老芒麦、披碱草等建植的草地。

（3）牧刈兼用草地：这种草地株丛较高，再生性好，耐践踏，既能刈割，又能放牧。

一般先刈割后放牧，交错利用，有时仅在生长季结束时进行放牧。如用苜蓿、无芒雀麦、羊草等建植的草地。

2. 农田草地

指在农区和半农半牧区农田中建植的草地。依据草地应用方式不同可分为：

(1)轮作草地：指在作物轮作中建植的短期草地，利用年限2~4年，以养地肥田为主要任务，生产饲草料属于次要。一般头1~2年刈割利用，第3~4年放牧利用，以提高有机物质的还原率。

(2)绿肥草地：指在农田中专门建植用于肥田的草地，一般选用速生的豆科牧草，待生长1~2月后直接全部翻入土壤进行肥田。如采用小麦间套作毛苕子，二者均利用麦收后剩余的生长季时间建植绿肥草地，生长季结束时进行翻耕肥田。

(3)填闲草地：指在农区或半农半牧区，农民利用房前屋后、田埂路旁、零散闲地等处播种牧草，建植草地，生产饲草料，以发展家庭畜牧业。

3. 环保草地

指建植专门用于环境保护和治理的草地，这类草地每年通过刈割可获得大量饲草料，可用于发展畜牧业。依据作用不同可分为：

(1)固土护坡草地：在一些坡地上，如公路和铁路的路基、水库和河流的堤坝等处，由于雨水冲刷而极易滑坡，通过种植牧草，借助牧草发达根系对土壤颗粒的絮结而得以固定土粒，因此这种为护坡固土而建立的草地就称为固土护坡草地。可选用的草种有无芒雀麦、冰草、小叶锦鸡儿、沙棘等。

(2)防风固沙草地：在干旱、少雨、多风的沙质土壤或沙地上，由于植被稀疏而极容易导致沙化，为此选用抗风沙的牧草建植草地，可有效减缓沙化速度，随着草地植被覆盖度的增加而达到最终治理。可选用的草种有沙打旺、胡枝子、柠条、羊柴、花棒、驼绒藜、红柳、琐琐、沙拐枣等。

(3)水土保持草地：在土质疏松、雨水集中而量大、易形成地表径流的地方，如黄土高原地区，就容易造成地面沃土随地表水径流而流失，因而选用根系发达的牧草建植草地，可预防和治理水土流失。可选用的草种有沙打旺、红豆草、小叶锦鸡儿、无芒雀麦、老芒麦、披碱草、冰草等。

(4)盐碱治理草地：在盐碱性土壤上，大多数作物生长不良，因而从牧草中选择耐盐碱的种建植草地，既能治理盐碱，又能生产饲草料发展畜牧业，达到有效利用土地资源。

可选择的草种有白花草木樨、苜蓿、碱茅、披碱草、无芒雀麦等。

4. 绿化草地

指专门建植用于美化人们生活、工作、娱乐等场所的草地，有时也称绿地，但以称"草坪"为普遍。这类草地既有美化环境的作用，又有保护环境和提供饲草料的作用。依据用途又可分为：

(1)运动场草坪：这是专门建植在运动场上的草地，其作用是既能减少运动员的损伤，又能给观众创造良好的视觉，并能保护场地环境。可选用的草种有匍匐翦股颖、草地早熟禾、结缕草、狗牙根等。

(2)装饰型草坪：这是专门建植在广场、街心、街道、立交桥、公园、机关、学校、医院等场所的草地，主要作用是装饰美化环境，同时也有保护环境的作用。可选用的草种有草地早熟禾、紫羊茅、高羊茅、多年生黑麦草、野牛草、地毯草、狗牙根、苔草、白三叶等。

(3)实用型草坪：这是在高速公路两旁、飞机场、旅游区等处建植的草地，除有美化、保护环境的作用外，还有各自场所的实际作用。可选用的草种有高羊茅、多年生黑麦草、野牛草、无芒雀麦、矮型冰草等。

二、接种根瘤菌

1. 必要性

豆科牧草并不是天生就能固氮，在建植人工草地中能否发挥固氮作用，关键在于土壤中是否有能够与其共生的根瘤菌菌种，以及这种根瘤菌的数量和菌系特性，尤其是侵染能力和固氮能力这些特性。所以，播前通过根瘤菌接种的方式补充一定数量的某一豆科牧草所需要的专门根瘤菌优良菌种，是防止豆科牧草缺氮，促进生长，增进品质和提高产量的一项必不可少的措施。

因而在建植人工草地中对豆科牧草进行根瘤菌接种势在必行，尤其在下列情况下更为必要：

(1)新垦土地；

(2)首次种植这种豆科牧草；

(3)同一种豆科牧草隔4~5年后再次种植于同一块土地上；

(4)当原来不利于根瘤菌生存的不良环境条件(如盐碱地、酸性土、干旱、涝害、贫瘠、不良结构土壤等)得到改善后需再次种植时。

2. 接种原则

根瘤菌与豆科植物间的共生关系是非常专一的，即一定的根瘤菌菌种只能接种一定的豆科植物种，这种对应的共生关系称为互接种族，因而接种时应遵循这一原则。所谓互接种族，意指同一种族内的豆科植物可以互相利用其根瘤菌侵染对方形成根瘤，而不同种族的豆科植物间则互相接种无效。现已查明，根瘤菌类群可划分为如下8个互接种族：

(1)苜蓿族可侵染苜蓿属、草木樨属、胡卢巴属的牧草。

(2)三叶草族仅侵染三叶草属的若干种牧草。

(3)豌豆族可侵染豌豆属、野豌豆属、山黧豆属、兵豆属的牧草。

(4)菜豆族可侵染菜豆属的一部分种，如四季豆、红花菜豆、窄叶菜豆、绿豆等。

(5)羽扇豆族可侵染羽扇豆属和鸟足豆属的牧草。

(6)大豆族可侵染大豆属的各个种和品种。

(7)豇豆族可侵染豇豆属、胡枝子属、猪屎豆属、葛藤属、链荚豆属、刺桐属、花生属、合欢属、木兰属等属的牧草。

(8)其他族包括上述任何族均不适合的一些小族，各自仅包含1~2种牧草，如百脉根族、槐族、田菁族、红豆草族、鹰嘴豆族、紫穗槐族等。

应该指出，上述互接种族的界限并不是绝对的。

3. 接种条件

根瘤菌接种是一项增产措施，但效果如何取决于根瘤菌菌种的品性，因而选育出适合丁各种豆科牧草的优良菌种是接种的首要条件。根瘤菌接种时所用的根瘤菌菌种，首先最好是从其自身豆科牧草种的植株上分离出来的侵染力强和固氮能力强的优良菌种或菌系。其次，要保证根瘤菌生长发育所需要的良好土壤条件。这些条件有：

(1)适宜的土壤湿度 过干、过湿均会影响牧草的结瘤数量和根瘤的寿命，适宜的土壤湿度应保持在田间持水量的60%～80%。

(2)通气性好 根瘤菌呼吸过程中所需要的氧气含量以土壤气体中含氧量15%～20%为宜。

(3)酸碱度 大多数根瘤菌适合生长于中性或微碱性土壤上，可适应的pH范围约为5.0～8.0。过酸的土壤需用石灰改良后才能播种。

(4)无机氮含量 在一定条件下少量化合态氮能促进根瘤的形成，而且也不影响固氮的活性。但当每公顷纯氮含量超过37.5～45.0 kg时，则会阻碍根瘤的形成和固氮作用。

(5)适当施用微肥 有利于根瘤菌侵染和生长的微肥有磷、钾、钙、镁、硼等，铁、钼因是固氮酶的成分也不可缺少，钒、钴也有良好作用。但是，锰、铝、锌、铜对根瘤菌一般是有害的。

三、常规播种技术

由于牧草及饲料作物生物学特性各异，应用条件和利用方式不同，因而播种技术也不同，此在各论中有详述。下面仅就牧草及饲料作物在播种方面的一些共性问题作一些介绍。

(一)播种方式

牧草的播种方式

条播　这是牧草栽培中普遍应用的一种基本方式，尤其机械播种多属此种方式。它是按一定行距一行或多行同时开沟、播种、覆土一次性完成的方式。此法有行距无株距，设定行距应以便于田间管理和能否获得高产优质为依据，同时要考虑利用目的和栽培条件，一般收草为15~30cm，收籽为45~60cm，个别灌木型牧草可达100cm.在湿润地区或有灌溉的干旱地区，行距可取下限，采用密条播方式。

撒播　这是一种把种子尽可能均匀地撒在土壤表面并轻耙覆土的播种方法。该法无行距和株距，因而播种能否均匀是关键。为此，撒播前应先将整好的地用镇压器压实，撒上种子后轻耙并再镇压，目的是保证种床紧实，以控制播种深度。撒播适于在降水量较充足的地区进行，但播前必须清除杂草，因此法不像条播那样能在苗期进行中耕除草。目前采用的大面积飞机播种牧草就是撒播的一种方式，它是利用夏季降水或冬季降雪自然把飞播种子埋在土壤里。就播种效果而言，只要整地精细，播种量和播种深度合适，撒播并不比条播差。

带肥播种　这是一种与播种同时进行、把肥料条施在种子下4~6cm，处的播种方式。此法是使牧草根系直接扎入肥区，便于苗期迅速生长，这样既能提高幼苗成活率，又能防止杂草滋生。常用肥料为磷肥，尤其是豆科牧草，这样既可促进牧草生长，又可降低土壤对磷素的固定，从而提高磷肥利用率。当然，根据土壤供应其他元素的能力，还可施入氮、钾及其他微肥。

犁沟播种　这是一种开宽沟，把种子条播进沟底湿润土层的抗旱播种方式。此法适于在干旱或半干旱地区进行，通过机具、畜力或人工开底宽5~10cm、入深5~10cm的沟，躲过干土层，使种子落入湿土层中便于萌发，同时便于接纳雨水，这样有利于保苗和促进生长。待当年收割或生长季结束后，再用耙覆土耙平，可起到防寒作用，从而提高牧草当年的越冬能力，此法在高寒地区也具有特别重要的意义。

饲料作物的播种方式

- **宽行条播** 适于要求营养面积大的、幼苗易受杂草危害的中耕作物，如玉米、高粱、谷子、甜菜等。行距因作物而异，一般为30～100cm，但多用50~60cm。
- **窄行条播** 适于麦类作物，行距7.5~15cm，常用的是12~15cm。
- **宽幅播种** 也称宽幅撒播，播幅 12~15cm，带与带之间的距离为45cm，适于机播谷子和麦类。
- **宽窄行（大小垄）播种** 与长带状条播相似，只是行宽些，适于密度小的作物，如玉米、高粱等。这种播种方式可大大增加密度，但其缺点是田间管理不方便。
- **点播（穴播）** 是指在行上、行间或垄上按一定株距开穴点播2～5粒种子的方式。此法具有行距和株距，是最节省种子的播种方式，优点是出苗容易，间苗方便；缺点是播种费工，主要用于玉米和马铃薯。

(二)播种方法

当播种材料和播种方式确定之后，则具体的播种程序应考虑下列几方面。

1. 场地选择。对于新建人工草地，在选择场地时应考虑这样一些因素:第一，地势平坦开阔，便于大型机械作业;第二，土壤质地良好，避免在砾石、多沙质的场地上建植;第三，选择隐域性水分条件较好的地段，坡地上以北坡中段偏下为宜，但要注意雨季洪水流经的坡段，以免洪水冲毁人工草地;第四，最好离畜舍近些，便于刈割、转运和贮藏。

2. 种床准备。上虚下实而平整的种床，对控制播种深度和保证种子萌发出苗及其苗期的生长发育具有特别重要的作用。为此，播前对土壤必须要进行深耕灭茬、耙地碎土、耱地平整和镇压紧实等一系列作业，最好耕翻前先施入充足基肥(每公顷至少15000 kg以上农家肥)，并在播种时结合施用适量种肥(每公顷75～150kg有效氮，60～120kg磷)，出苗效果会更好。对于新垦土地，除上述措施之外，应把防除杂草作为主要任务，最好在整地过程中通过机械方法和化学方法的结合使用彻底消灭杂草，这是建植人工草地成败的关键所在。同时，对于地势不平整地段，适当地采取挖方和填方处理，对建立永久性人工草地事半功倍。

3. 播种时期。确定播期主要取决于气温、土壤墒情、牧草饲料作物生物学特性及其利用目的，以及田间杂草发生规律和危害程度等因素。其中温度是第一位的，早春土壤解冻后，只要表土层温度达到种子萌发所需要的最低温度时就可以播种;但在实践中，必须要兼顾土壤墒情，否则墒情差也难于萌发生芽。因此，一旦土壤中的水温条件合适时，原则上是任何时候都能够播种的。不过，对于多年生牧草，由于要考虑到能否越冬，所以就产生了最晚播期问题，播种过晚因苗小而不能安全越冬。喜温的春性牧草(如普通苕子、胡枝子等)和饲料作物(如玉米、高粱等)，以晚春(4月下旬至5月上旬)当日均温达到10℃～15℃时播种为宜。在干旱或半干旱地区旱作时，多年生牧草以夏季(6月中下旬)播种为宜，优点:一是临近雨季且气温高，可满足种子萌发及苗期生长对水温的需求;二是夏播前有充足的灭草时间，因而此时播种出苗全，苗期生长旺盛，杂草危害少。在新疆地区，由于冬季多有积雪，故秋播也能安全越冬，但南疆不迟于10月上旬，北疆天山北麓不迟于9月中旬。

种子萌发要求有足够的水分，一般豆科牧草的萌发吸水量为其种子本身重量的1倍以上，禾本科牧草为其种子本身重量的90%左右。因而二者萌发对土壤最适含水量的要求也不一样，豆科牧草要求为田间持水量的40%～80%，而禾本科牧草为20%～60%。除考虑土壤墒情之外，应考虑当地杂草和病虫害发生的规律，尽量在发生少、危害轻的时候进行播种。

4. 播种深度。播种深度兼有开沟深度和覆土厚度两层含义，覆土厚度对于牧草更具有实际意义，下面所讨论的播种深度实际是指覆土厚度。开沟深度视播种当时土壤墒情而异，原则上在干土层之下；覆土厚度视牧草种类及其萌发能力和顶土能力而异，一般小粒种子（如苜蓿、沙打旺、草木樨、草地早熟禾等）为1～2 cm左右，中粒种子（如红豆草、毛苕子、无芒雀麦、老芒麦等）不超过3～4 cm。

总之，牧草以浅播为宜，若过深因子叶或幼芽不能突破土壤而被闷死。此外，播种深度与土壤质地也有关系，轻质土壤可深些，在黏重土壤上要浅些。饲料作物播种深度较牧草深，轻质土壤4～5 cm，黏重土壤2～3 cm，像谷子等小粒饲料作物应再浅些。

5. 播种量。适量播种，合理密植，是保障牧草饲料作物高产优质的重要条件。

适宜的播种量主要根据以下一些因素来确定。种子粒大者应多播，种子粒小者应少播；收草用的比收籽用的播量要多；种子品质好的播量少些，品质差的应加大播量；条播比散播节省种子20%～30%，而穴播又比条播更节省种子；整地质量好，土壤细碎，水分充足，利于保苗，可以播量少些等。（见表4－2）

表4－2　　主要栽培牧草饲料作物的播种量（kg/hm^2）

牧草及饲料作物名称	播种量	牧草及饲料作物名称	播种量
紫花苜蓿	7.5－15.0	鸭茅	7.5－15.0
沙打旺	3.75－7.5	黑麦草	15.0－22.5
紫云英	37.5－60.0	多花黑麦草	10.5－22.5
红三叶	9.0－15.0	布顿大麦草	11.25－15.0
白三叶	3.75－7.5	草地早熟禾	9.0－15.0
红豆草	45－90	玉米	60－105.0
草木樨	15.0－18.0	高粱	30.0－45.0
柠条	10.5－15.0	谷子	15.0－22.5
普通苕子	60.0－75.0	燕麦	150.0－225.0
百脉根	6.0－12.0	大麦	150.0－225.0
羊草	60.0－75.0	饲用大豆	60.0－75.0
老芒麦	22.5－30.0	豌豆	105.0－150.0
无芒雀麦	22.5－30.0	甜菜	22.5－30.0
披碱草	22.5－30.0	胡萝卜	7.5－15.0
苇状羊茅	22.5－30.0	苏丹草	22.5－37.5
冰草	15－18.0		

综合各类因素确定了经验播种量后，还应根据播种材料的净度和发芽率（即种用价值）进行调整，最终确定出该牧草的实际播种量，即：

$$实际播种(kg/hm^2)=\frac{保苗系数\times田间合理密度(株/hm^2)\times千粒重(g)}{净度(\%)\times发芽率(\%)\times100}$$

在生产实践中，从成本角度考虑应尽量做到精量播种，但在实际操作中为避免播后出现苗稀的麻烦，人们往往倾向于超量播种。超量播种既能减少杂草侵害，又能增加牧草播种当年的产量和收益。

6. 镇压。在干旱和半干旱地区，尤其是轻质土壤上建植人工草地，播前镇压是为创造上虚下实的种床和控制播深提供条件，而播后镇压对于促进种子萌发和苗全苗壮具有特别重要的作用，就是在湿润地区或有灌溉条件的地方，播后镇压也具有非常重要的作用。

四、牧草混播技术

（一）混播概念

在同一块田地上，同期混合种植两种（品种）或两种以上牧草的种植方式称为混播。

建立混播人工草地的目的就是要持续地获得优良人工牧草的高额产量，同时要使人工草地中的各牧草种保持适宜而恒定的组成比例，使草地处于一种相对稳定的状态。

（二）牧草混播的优越性

1. 单位面积产量高而稳定。混播牧草叶片及根系分布均匀，能充分利用阳光、二氧化碳、土壤养分和水分，可制造更多的有机物质，同时由于不同牧草的寿命不同，生长速度也不同，当其中一种牧草衰退时，另一种可以弥补上。因此，各年产量比单播高而稳定。通常混播的干草产量比单播高10%～25%。根据实验，紫花苜蓿与鸭茅混播比单播增产12.4%；紫花苜蓿与无芒雀麦混播，增产16.1%；紫花苜蓿与高牛尾草混播，增产23%。

2. 混播牧草品质改善，营养完全。豆科牧草与禾本科牧草混播后的牧草品质较单播明显提高。豆科牧草富含蛋白质、钙和磷，禾本科牧草富含碳水化合物。禾本科牧草与豆科牧草混播时，可以利用豆科牧草固定的氮素，蛋白质含量也得到提高。由于混播牧草产量高于单播牧草，因而单位土地面积上营养物质总产量也相应提高。

混播牧草品质改善后，由于牧草营养比较平衡，因而增加了畜产品数量。Lehman等(1985)根据试验发现，在抽穗初期的多年生黑麦草地放牧奶牛，产奶量每天为20kg/头，而在白三叶与多年生黑麦草混播草地上放牧时，产奶量每天高达40kg/头，即产奶量提高了1倍。

3. 混播牧草易于收获调制。匍匐型或具卷须的缠绕型牧草与直立型牧草混播时，其匍匐茎或卷须缠绕在直立型牧草茎上，除利于生长外还可防止倒伏腐烂和利于收获，更便于调制干草和青贮料。在调制干草时最为困难的是：一为茎叶干燥不均匀；二为富含养分的叶片容易脱落，影响干草品质。禾本科牧草茎秆中空质软，茎叶失水速度较为均一，干燥速度快，叶片亦较难脱落，调制干草快而容易；而豆科牧草茎粗硬，叶片大而薄，茎叶含水率差异较大，干燥时茎秆失水慢而叶片失水快，待茎秆含水率达到干草要求时，叶片因失水过多而脱落，延长了干草干燥时间，并使干草因养分损失而导致品质降低。混播牧草易于调制，干燥时间短，损失也减少。在调制青贮料时，草料中须含大量的碳水化合物，发酵时才可产生足量的乳酸，pH下降，抑制其他微生物的活动，为乳酸的活动繁殖创造适宜的条件，使青贮料保藏在优异的状态。豆科牧草含蛋白质较多而碳水化合物甚少，产生的乳酸少，青贮时易腐败，豆科和禾本科牧草混合青贮，则调制青贮料易于成功。

4. 减轻杂草病虫危害。混播草地茎叶繁茂，稠密的草层抑制了杂草的生长发育，使其生长细弱，分枝分蘖减少。特别是混播牧草封垄后盖度增大的情况下，杂草的竞争力削弱，长势锐减，开花结实率降低，残留在土壤中的杂草种子出苗率少，即使出苗也因混播牧草的遮阴不能进行光合作用饥饿而死。多年生牧草播种后当年生长缓慢，苗期长达2～3个月，杂草容易滋生并和牧草争夺营养物质，影响牧草生长。混播牧草株丛较稠密，杂草生长纤弱，不能开花结实或结实率低，土壤中埋藏的杂草种子发芽率也低，从而减轻了杂草的危害。复杂混播较简单混播抵抗杂草的能力强。据试验指出，单播收割三茬的苜蓿有杂草15%，而苜蓿与鸡脚草混播草地仅有4%；单播收割五茬的苜蓿有杂草28%，而苜蓿与鸡脚草混播草地中为13%。

不同的牧草种或品种的抗病虫害能力也有差异，禾本科牧草抗病虫害的能力较豆科牧草强，加之牧草的植化作用，即株体分泌的某些物质可抑制其他种牧草病虫害的传播和流行。此外，由于混播牧草增加了叶片层次，草层结构的改变，田间小气候发生变化，病虫害发生的环境的变化，使一些病虫害减轻，或因天敌增多而使虫害减轻。草木樨的气味使许多昆虫不喜欢，许多牧草虽无剧烈的气味，但昆虫吃后腹胀、消化不良，如把昆虫不喜采食的牧草与昆虫喜食的牧草混播，导致昆虫觅食难度加大，从而造成昆虫数目减少，牧草虫害减轻。

5. 恢复土壤结构，提高土壤肥力。混播牧草一般是由豆科与禾本科组成的。禾本科牧草属须根系，根系细密，数量较多，主要布在表层0～25cm内。豆科牧草为主根系，分布在25～300cm。当这两类牧草混播时，它们的根系在土层中成层分布，相互交错，增加了单位体积内根系的数量，这些根系死亡之后，即成为土壤腐殖质的来源。同时禾本科牧草的须根把土壤分成细小的颗粒，加上豆科牧草从土壤深层吸收的钙质，结果形成了水稳性的团粒结构。

总之，牧草混播优于单播。主要表现在混播组合单位面积产量的提高和群落抗杂草侵入能力的增强。因此，牧草混播是建立人工、半人工草地、提高草地生产力、改善草地质量和增强草地持久力的一项十分有效的措施。目前，世界各国在栽培牧草、建立人工和半人工草地时，都十分重视牧草的混播，并取得了显著的经济效益。

（三）混播牧草的选择与组合

为了正确选择混播牧草的成员，必须掌握牧草的类群及其生物学意义和混播牧草经济利用的目的等基本内容，才能比较正确地进行混播成员的选择。

1. 混播牧草的种类。从利用时间上可分为短期（简单的）混播草地，利用2～3年，包括2～3种，分属于1～2个生物类群，如：紫花苜蓿＋无芒雀麦，红三叶草＋猫尾草＋鸭茅；中期混播草地，利用4～7年，包括4～5种牧草，分属于3个生物类群，例如：紫花苜蓿＋无芒雀麦＋鹅观草＋冰草，红三叶草＋猫尾草＋杂三叶草＋猫尾草＋看麦娘；长期（复杂的）混播草地，利用8～10年或更长，包括6～8种牧草，分属于4个以上的生物群类群，例如：红三叶草＋匍匐冰草＋紫花苜蓿＋早熟禾＋无芒雀麦，冰草＋红三叶草＋看麦娘＋杂三叶草＋白三叶草＋狐茅＋猫尾草。以上利用方式可分为割草型、放牧型和兼用型三种混播草地，分别用于割草型、放牧型和兼用。

2. 混播牧草的选择与组合。选择混播牧草，首先应考虑所选牧草必须是适应当地环境条件的品质好、产量高，抗逆性强的优良牧草品种；其次要根据混播牧草成分和比例，即豆科牧草和禾本科牧草、上繁草和下繁草、禾本科牧草中的根茎型和疏丛型牧草应各占多少，确定混播牧草的成分和配合比例，可参照表4－4和表4－5。

表4－4　豆科和和本科牧草混播的配合比例(%)

利用年限	豆科牧草	禾本科牧草	在禾本科牧草中	
			根茎型和根茎—疏丛型	疏丛型
短期草地(2~3年)	65~75	32~25	0	100
中期草地(4~7年)	25~20	75~80	10~25	90~75
长期草地(8~10年以上)	8~10	92~90	50~75	50~25

表4－5　上繁草与下繁草混播的配合比例(%)

利用方式	上繁草种子	下繁草种子
刈草用	90~100	0~10
放牧用	25~30	70~75
刈牧兼用	50~70	30~50

(四)混播牧草的播种技术

1.播种量。当混播牧草及其成员间的比例关系确定之后，即可用下列公式计算各种牧草在混播时的播种量，其公式为：

$$K = \frac{HT}{X}$$

式中：K—— 各个混播成员的播种量(kg/hm^2)；

H—— 某一个牧草在混播中占的百分数(%)；

T—— 某一个牧草单播时的播种量(kg/hm^2)；

X—— 该种牧草种子的实际利用价值(即该草种的纯净度×发芽率)%。

考虑到各混播成员生长期内彼此的竞争，对竞争性弱的牧草实际播种量可根据草地利用年限的长短增加25%～50%，以至100%。

案例：现要建立一块短期利用的人工割草地，混播牧草组成为紫花苜蓿＋无芒雀麦。经测定紫花苜蓿种子发芽率为80%，纯净度为90%，无芒雀麦种子发芽率为70%，纯净度为95%。拟定在混播中紫花苜蓿种子占30%，无芒雀麦占70%。种子用价为100%时，紫花苜蓿单播量为11.25 kg/hm^2，无芒雀麦为18.75 kg/hm^2。计算紫花苜蓿和无芒雀麦混播时播种量各为多少kg？混合播种量是多少kg？

K(紫花苜蓿)＝(30%×0.75)÷(80%×90%)＝4.725(kg/hm^2)

K(无芒雀麦)＝(70%×1.25)÷(70%×95%)＝19.725(kg/hm^2)

K(紫花苜蓿)＋K(无芒雀麦)＝4.725＋19.725＝24.45(kg/hm^2)

由上得知，紫花苜蓿与无芒雀麦混播时，它们的播种量分别为4.725(kg/hm^2)与19.725(kg/hm^2)，二者混合播种量为24.45(kg/hm^2)。

根据理论计算和经验，在正常栽培条件下，混播牧草的播种量大致为：短期、中期和长期的混播草地，每公顷播种量分别为16~20 kg、28～30 kg和30～32 kg。

2.播种方法和播种技术。组成混播牧草的成分，如果都是春性或冬性，就应同时播种，否则宜分期播种。同时还应考虑各类牧草的发育状况，发育缓慢的应先播。

混播牧草的播种方法与技术，是指各种牧草及其个体在空间上的合理配置，方法有下述几种。

(1) 同行播种。行距通常为15 cm，各种牧草都播在同一行内。

(2) 交叉播种。一种或几种牧草播于同一行内，而另一种或几种与前者成垂直方向播种。

(3) 间行条播。又分窄行间条播及宽行间条播两种，前者行距为15 cm，后者行距为30 cm。当播种三种以上的牧草时，一种牧草播于一行，而另两种播于相邻的另一行，或者分种间行播。

(4) 宽窄行相间条播。15 cm窄行与30 cm宽行相间条播，在窄行中播种不喜光或竞争能力较强的牧草，而在宽行内播种喜光或竞争能力较弱的牧草。

(5) 撒 — 条播。行距15 cm，一行采用条播，另一行进行较宽幅的撒播。

(六)混播草地的利用管理

混播草地的产量主要受草种(品种)组成所制约，而牧草种和品种组成又受草地利用方法、施肥管理、土壤条件、冬季气候条件等影响。混播草地建成后表现出高产、稳产、优质等性能主要是牧草种(品种)的组成是良好的，即禾本科和豆科牧草都充分存在于草地上。随着时间的推移，草地牧草产量逐年下降，这与牧草种(品种)的恶化相对应，草地牧草种组成逐年发生变化。该变化往往经过以下几个时期：豆科牧草比例减少期、禾草为主体的禾草期、禾草衰退期和杂草侵入期。因此，混播草地建成后维持良好的新草地牧草种组成的关键就在于如何维持豆科牧草，如果从草地建成阶段起就注意维持足够的豆科牧草，那么就可以防止牧草种组成的变化。

1. 施肥。牧草生长得越好，从土壤中摄取的营养就越多。经测定，生长良好的刈割青贮或晒制干草的草地，一年中大约从土壤中摄取125 ~ 200kg/hm^2的钾和大量的磷。因此刈割利用地段比放牧利用地段应追施更多的肥料。

施肥对混播草地的主要作用在于引起草地干物质产量和组分比例的变化。不同的肥料种类和水平对混播草地产生的影响不同。一般认为，豆科牧草很难同禾草竞争营养。因此，除氮元素以外的其他元素不足时，首先导致豆科牧草生长受阻。土壤中低氮时，施入除氮而外的其他元素(如磷、钾)将导致豆科牧草的优势；土壤中高氮时，施入除氮而外的其他元素将导致禾本科牧草的优势。肥料比刈牧管理对植物组分产生更大影响，低肥时，放牧管理的微小变化也能引起植物组分的变化。加拿大某研究表明，为了保持禾本科牧草与苜蓿之间的均势，施氮肥应是必要的。每亩施氮肥6kg无论加磷与否都可增产，并使禾本科牧草在混播组成中占有40%。当取消施氮肥或仅施磷肥时，干草中禾本科牧草占到11% ~12%。

2. 清除杂草，防治虫害。混播草地杂草丛生的原因，不外是缺肥、放牧不足或过牧。在建立草地的初期就要注意控制杂草。在新建的草地上进行适当的放牧，吃掉牧草的生长点而促使牧草分蘖分枝，向四周蔓延扩展而迅速覆盖地面。同时也通过放牧，利用栽培牧草再生能力强的特点来抑制杂草的生长。对那些放牧不足杂草丛生的草地进行重牧或重刈，然后施以肥料能帮助栽培牧草重新在草地上占优势。施肥不足，栽培牧草长势变弱，耐瘠杂草乘虚而入，一个施肥水平良好牧草生长旺盛的草地，杂草很难侵入。用除草剂防除杂草时也能伤害牧草，为使牧草少受伤害，除了正确选择除草剂和掌握适当的用量外，在草地上最好采用点式喷雾器较为安全。杂草越少，喷药越少，效果越好。

常见的草地害虫有金龟子、地老虎、某些鳞翅目的幼虫。黏虫的危害是严重的。矮草草地感染害虫的机会比高草草地低。一旦遭受虫害，矮草草地的害虫容易杀灭，用药也少。在初春和秋雨连绵的季节要密切注意虫害动态，虫龄越小，喷药效果越好。杀虫剂多有毒，喷药前要搬走草地附近的蜂箱和赶走畜群，以免家畜中毒或污染了奶、肉等畜产品。

3. 灌溉。灌溉对提高混播牧草产量的重要作用是它能使土壤营养和水分状况呈现最佳状态。水分的过量或不足不只是影响牧草产量，而且使牧草组成变劣，降低牧草的营养价值。灌溉对混播牧草化学成分的影响取决于牧草的组成，灌溉可增加豆科和禾本科牧草的产量并提高其营养价值，但也可以降低部分禾本科牧草的营养价值并使禾本科和豆科牧草干物质的含量降低0.7%～1.3%。灌溉对禾本科牧草粗蛋白质的影响取决于植物氮素的营养条件。不施氮肥灌溉可降低蛋白质的含量，氮肥充足则可提高。在施相同量氮肥的情况下，灌溉可使牧草干物质的含量从不灌溉时的22.1%～26.3%降低到18.2%～17.4%。但在氮肥的影响下，无论是灌溉或不灌溉，其干物质的含量都会降低。

4. 混播草地的放牧和刈割。管理制度对混播草地植被成分有很大的影响。放牧管理的主要内容是让家畜吃掉足够的牧草，而不使草地受到损害，并保持旺盛的长势。采用围栏放牧法能最大限度地利用牧草而又能使草地受到保护。放牧强度应根据小区面积和牧草长势而定。应遵循的原则是不要让牧草高度超过15cm或低于5cm。牧草过高，不但茎叶老化而降低适口性和营养价值，而且郁闭的高草有利于牧草疾病和虫害蔓延。家畜吃剩的草用割草机割掉，保持短草。过牧使植株受到伤害，并影响再生。

刈牧影响混播草地的初级生产力。放牧不足会使草层中的凋落损失量增加，刈割强度增加时，牧草产量减少，但草地中有匍匐生长特性的牧草时，情况也有例外。过频过强的刈牧将导致温带牧草干物质生产的减少。

刈割期对混播草地产量也有一定影响。在红豆草＋无芒雀麦，红豆草＋牛尾草，红豆草＋垂披碱草组成的三个草地上，红豆草盛花期到初花期刈割时产草量最高，刈割期早时，再生草中红豆草比例减少，刈割越早，红豆草比例越小，禾草比例增加。刈割频率对产草量的影响同样很显著，如红豆草＋牛尾草混播组合，无论播后第二年或第三年，单产均以年刈3次者最高，4次最低，2次居中。刈割强度小时对鸡脚草的生长有利。

留茬高度同样会影响产草量和植被成分。红豆草＋牛尾草混播草地三年平均留茬2cm者产草量为42.15t/hm^2，而留茬4 cm者为35.73 t/hm^2。同时，留茬低12cm时，红豆草二茬草组分增加，反之则减少。

总之，草地施肥、刈牧利用、灌溉和杂草防除等从混播草地建植、管理及利用的各个方面同时影响着草地初级生产力和群落稳定性。人工混播草地系统中，这三个方面都处于人为控制条件下，因而每一个方面最佳处理的选择与配套使用，都可为草地畜牧业优化生产模式提供调控途径。

5. 混播草地的补播。补播系指在不破坏或少破坏原有植被的情况下，在草层中补充播种一种或几种适应性强的高产优质草种，对原有草地进行修补和完善。

混播草地建成后，随着环境条件的改变，草地形态也必然会发生相应变化，包括进展演替和退化演替两种情况的相应变化。后者如鼢鼠土丘的覆盖，凸凹地段缺水或水淹造成的牧草死亡及局部性严重超载过牧等形成秃斑地，使草地失去或基本失去利用价值。促使混播草地进展演替的办法很多，而补播就是众多方法中最可取的一种，因为它可大大提高草地进展演替的速度，简化演替的程序，还可引导演替朝更有利于生产的方向发展。

由于草地的利用价值决定于草地的质量和产量，而草地的质量和产量又受制于草地牧草组成，要使草地的利用价值得以提高，补播无疑是可资利用的更新、复壮草群的有效措施之一。因为补播不受自然恢复过程的约束，在严重退化的人工草地上直接建立理想的草地植物群落，从而大大缩短恢复周期。所以补播的作用在于改善草地植物群落的结构配置，修复局部裸地和退化地，促进退化草地的进展演替，维持草地形态的持续稳定，提高草地的生产能力。

生产上须密切注意混播草地的动态和变化原因，当发现草地中的优良牧草生活力衰退、数量减少时，便可采用补播的方法，以维持草地形态的持续稳定。

混播草地的补播一般应与原有草种相同或其中某几种草种相同，有时也可以补播另外的草种。如草地缺少豆科牧草时，可补播适宜豆科牧草以改善草群品质。

七、保护播种

(一)基本情况

1. 概念。保护播种是指多年生牧草在一年生作物保护下进行播种的方式。一般情况下，多年生牧草苗期生长缓慢，持续时间长，不仅长时间的裸地容易造成水土流失，而且也容易给杂草造成滋生机会，严重时杂草会危害牧草，从而导致种草失败。因此，保护播种的优点是牧草有了保护作物的保护，能够减少杂草对牧草幼苗的危害和防止水土流失，同时播后当年单位面积的产量较高。缺点是主要保护作物生长中、后期与牧草争光、争水和争肥，因而对牧草有一定的负面影响。

2. 保护作物的选择。确定保护作物是实施保护播种成败的关键。保护作物应具有这样一些特点：一是分蘖要少，以防止对牧草的遮阴；二是成熟要早，以缩短与牧草的共生期；三是初期发育要慢，以减少对牧草的竞争。常用的保护作物有小麦、大麦、燕麦、豌豆等，干旱地区选用糜子、谷子作苜蓿的保护作物比小麦效果好，新疆普遍用玉米、高粱、大豆作为牧草的保护作物。

(二)实施方法

1. 播种方法。主要以间行条播常见，即在种植牧草的行间播种保护作物。牧草播种行距不变，以其单播规定为准，如确定牧草播种行距为30cm，则牧草与保护作物的行间距为15cm。此法因可控制各自播种深度，且易于田间管理，故在保护播种中盛行。而同行条播因不便控制各自播种深度，所以应用不多。

2. 播种时间。为减少保护作物对牧草的竞争，比牧草提前播种保护作物10～15天是有好处的。但因费工麻烦，实践中多采用同时播种，这样也便于保证播种质量。

3. 播种量。牧草的播种量一般不变，同单播一样。但保护作物的播种量却要减少，一般相当于单播量的50%～75%，目的是减少保护作物对牧草的竞争。有时为保证保护作物播种行的密度，同时为减少竞争，可采用隔行播种保护作物的方法。

4. 田间管理。原则上保护作物应在生长季结束前一个月收获完毕，以便牧草在越冬前有一段生长时间，能够贮蓄足够的碳水化合物过冬，这对牧草越冬和翌年返青特别重要。一般情况下，收获保护作物后应立即除去草地上的秸秆和残茬，以减少病害传播。但在多风干燥的地方，不仅不能除茬，反而要留茬高一些，以便于冬季积雪，这样有利于牧草越冬和建立良好的草丛。

（三）注意事项

1. 及时收割。实施保护播种应随时注意观察，若保护作物有严重遮阴和影响牧草生长时，应及时采取部分或全部割掉保护作物的方法消除这种危害。放牧也具有类似的作用，但要注意防止家畜对牧草幼苗的采食。

2. 加强管理。限制保护播种的应用，主要是保护作物与牧草在光、水、肥等生存因子上发生竞争的缘故。通过选种和播种技术来调节牧草与保护作物叶子间的重叠，例如豆科牧草与禾本科保护作物组合，禾本科牧草与豆科保护作物组合，由此可减少这种影响；通过灌溉、施肥及精耕细作，可以充分满足它们各自的营养需求，以减少彼此间的竞争影响。

（四）几种特殊播种法

1. 盐碱地种植。在盐碱地建植人工草地，关键是抓苗。因为牧草幼苗是其一生中最不耐盐碱的阶段，所以选择适宜的播种时期和种植方法，使幼苗躲过高盐碱时期和高盐碱土层是可以安全抓苗的。一般，土壤中盐碱是随水分的蒸发而由下向上运行的，其特点是越往上越高，到地表最高；一年中雨季是最低时期，而春季是最高时期。因而在雨季，选择耐盐碱的牧草，采用开沟法（沟深至少10cm）播种在沟底，抓苗是有希望的。

2. 护坡种植。在坡度较大的地段上种草，除非有喷灌之外，一般在雨季播种，应沿等高线开平台播种，类似于梯田形式，或是直接沿等高线埋籽种植。注意所选草种应为抗旱性强的牧草，如沙棘、沙打旺、小叶锦鸡儿、冰草、披碱草等。

3. 沙丘地种植。在流动沙丘或半流动沙丘上，用秸秆设置带网状沙障，在雨季采用穴播方式把种子播在网眼中，3年成株之后通过冬季平茬刈割促进分枝生长，强化固沙性能。一般应选用沙生灌木，如羊柴、花棒、柠条、沙蒿、梭梭、沙拐枣等。

4. 飞机播种。在飞播地段，先进行地面处理，用火烧或喷洒灭生性除莠剂的办法消除地面原有植被，再用圆盘耙切割疏松地面。然后选择播期，新疆为6月中下旬至7月上旬，最好播后有连绵小雨。不过，并非任何草种都能飞播成功，应选择自然覆土性好，易于扎根萌芽的草种，如沙打旺、羊柴等。

5. 地膜覆盖栽培。在种植喜温类饲料作物时，如玉米、高粱等，为提早播种，常在播前或播后用塑料薄膜覆盖播种行的方法促进种子萌发和幼苗生长。这种方法的栽培关键是及时放苗，优点是增温保墒，并能有效控制杂草危害。

项目二　人工草地管护

任务1　新建牧草地管护

【工作场景】

地点：学校实训基地、生产实习地

仪器与材料：草地围栏用具、除草药剂、水、农药喷雾器、记录本、铅笔、铁锹、化肥。

【工作过程】

工序1　围栏保护技术

学习和参与新建牧草地围栏工作，记录当地围栏所使用材料和围栏方法(按照所使用材料可分为石砌围墙法、土筑围墙、刺丝围栏、电围栏)等。

工序2　苗期管护技术

新建牧草地上出苗后观察栽培牧草的出苗情况，计算每平方米的苗数，观察幼苗生长情况，表土土壤的墒情等并采取相应措施，如:土壤保墒措施、间苗与补苗措施等。具体措施如下：

1. 破除土表板结

这是播后至出苗前必须要关注的一项措施，此时土表板结易使萌发的种子无力突破穿出，致使幼芽在密闭的土层中耗竭枯死，此对于子叶出土的豆科牧草及小粒的禾本科牧草尤为严重。形成土表板结的原因:一是播后下雨，特别是大雨之后更易使土表板结;二是播后未出苗前进行灌溉;三是在低洼的地段上，当表土层水分蒸发后也极易板结。出现板结后，应立即用短齿耙或用具有短齿的圆形镇压器破除，使用这种镇压器可刺破板结层且不翻动表土层，不会造成幼苗损伤，因而效果最好。有灌溉条件的地方，也可采用轻度灌溉破除板结，同时也有助于幼苗出土和生长。

2. 间苗与定苗

这是高秆饲料作物(如玉米、饲料甜高粱、谷子等)所采取的一项措施，目的是通过去弱留壮的“间苗”措施，达到控制田间密度、做到合理密植的“定苗”目的，以保证每棵植株都有足够的光合(地上)空间和营养(地下)空间，从而获得饲料作物的高产优质。否则，由于播种量远远大于合理密植所需苗数，使得田间密度过稠，植株不分弱壮都在利用有限的水肥资源，同时彼此间因遮阴和竞争而均影响生长，结果导致产量下降，品质变劣，尤其对籽实产量影响更大。因此，间苗和定苗是饲料作物栽培中增进品质、提高产量的有效措施，作业时应遵循如下原则:

(1)在保证合理密植所规定的株数基础上，去弱留壮过程中应做到计划留苗，数量足够。

(2)第一次间苗应在第1片真叶出现时进行，过晚则浪费土壤养分和水分。

(3)定苗(即最后一次间苗)不得晚于6片叶子，进行间苗和定苗时，最好结合规定密度和株距进行。

(4)对缺苗地方，应及时移栽或补种，要注意在土壤水分条件较好时进行，否则应浇水。

间苗有人工和机械两种方法，有时二者结合进行。一般先用中耕机以与播种行垂直方向中耕一次，然后人工进行第二次间苗，此后即可定苗。采用精量播种法，如玉米覆膜栽培中的精量播种，则无需进行间苗，只进行一次定苗即可。

3. 中耕与培土

中耕是在苗期进行的一项作业，目的是疏松土壤，增高地温，减少蒸发，灭除杂草。一般应根据牧草饲料作物种类、土壤情况及杂草发生情况掌握中耕时间和次数，第一次中耕应在定苗前进行，宜浅，一般为3~5cm;第二次中耕在定苗后进行，宜深，一般为6~7cm，目的是促使次生根深扎;第三次中耕在拔节前进行，也要深些;第四次中耕在拔节后进行，应浅些。中耕最好与施肥、灌溉结合进行，这样既可节省劳力，又可提高肥效和水分利用效率。对于盐碱地，中耕次数可多些;对于黏质土壤，雨后应及时中耕。

培土就是将行间的土垄在植株根部的一项措施。这是对高秆饲料作物所采取的防倒伏措施，同时还有防旱、排涝、抑制分蘖和增加产量的效果。进行培土，应严格掌握土壤墒情，尤其对块根块茎类饲料作物更应注意，过干反使干土吸湿根部水分，造成植株失水受害；过湿易使土壤结块，也不利于植株生长。第一次培土应在现蕾前结合中耕进行，第二次应在封垄前完成。马铃薯一般要多次培土，以促进匍匐枝和块茎生长。

工序3　杂草防除

识别常见杂草种类与危害牧草种类及危害程度，掌握防止杂草的物理技术措施和化学措施，化学药剂的使用方法，使用除草后观察药效等并记载。

由于牧草苗期生长慢，持续时间长，极易受杂草危害，如何抓苗在很大程度上取决于杂草防除的效果，因而防除杂草是建植人工草地成败的关键。具体措施如下：

1. 农艺方法。指通过采取农田耕作和其他人工方法达到消灭杂草的农艺技术措施。

(1)预防措施 。在建植人工草地过程中，杂草有许多几率在人们不注意的情况下混进来，因而加强预防意识应在建植、管理和生产的整个流程中给予关注。尤其是：

①播种　播种中的播种材料往往是最容易混入杂草种子的一个环节，尤其是本地未有的新种恶性杂草，如菟丝子、毒麦、野燕麦、豚草、鸦蒜等，应在播前种子检验过程中排除出去，或在清选种子中剔出去。

②施肥　许多杂草种子随草料进入家畜消化道后仍保持发芽力，有时还能提高发芽率，因而施肥中必须施用充分腐熟的粪肥或堆肥，以杜绝杂草传播和蔓延，同时对提高土壤肥力也有好处。

③漫灌　有些杂草种子散落在灌溉渠中，随水会飘浮蔓延，因而在渠中设置收集网可清除水中杂草种子。

④其他　对地埂、渠道及非耕地上的杂草应及时铲除，而且必须在杂草开花结实前除去。

2. 化学方法。化学除草以其省工和高效的优点得到普遍的应用，但其对土壤的污染及其对家畜的二次污染也不容忽视。在使用过程中，应根据各种除莠剂的使用说明掌握它们的施用对象、施用时期、施用方法、施用剂量及其安全注意事项等。根据除莠剂使用时期和使用特点不同可分为如下二种：

(1)萌发前除莠剂。是指仅能在牧草饲料作物种子萌发出苗以前施用的除莠剂。该类除莠剂一般不具有选择性，对所有植物都有杀毒作用，药效持续时期长，因而只能在牧草播前或种子萌发出苗前施用。根据杂草吸收药剂的部位和施用方法不同可分为：

①土壤处理萌发前除莠剂　这是一类以杂草幼芽和根部吸收为主的除莠剂，适于将药剂喷洒在土壤表层进行土壤处理，一般在牧草播种前或播后出苗前施用。方法是将粉剂除莠剂与细潮土(或沙、肥料)拌混均匀后撒施或将颗粒剂直接撒施，或者是用塑料薄膜覆盖地面将药剂制成烟雾熏蒸土壤。这种方法对牧草比较安全，残效期也较长，为保证作用效果，可保持一定的土壤湿度，并有良好的耕作质量。属于此类的除莠剂有西玛津、阿特拉津(莠去净)、扑草净、拉索、氟乐灵、敌草隆、莎扑隆、除草醚、敌草胺等。

②茎叶处理萌发前除莠剂　这是一类以杂草绿色茎叶吸收为主的除莠剂，遇土壤而被降解药效，适于将药剂以水汽雾状喷洒于杂草茎叶表面上进行茎叶处理。此法除草效果与雾点大小和药液浓度密切相关，同时与影响杂草生长的气温和光照也有关。

根据药剂被杂草吸收后能否在体内移动又可分为：

③传导型萌发前除莠剂　这类药剂被杂草茎叶吸收后可在体内移动传导，从而遍布包括

根系在内的整个植株，达到一定剂量后即可全株死亡，不再复活，因而这类除莠剂适合于灭除多年生(宿根类)杂草，尤其是根茎性杂草。属于此类的除莠剂有草甘膦、丁草胺、西草净、盖草能等。

④触杀型萌发前除莠剂　这类药剂被杂草茎叶吸收后不能移动，只能杀死被杂草接触到的部位，因而主要用于防除由种子繁殖的一年生杂草。属于此类的除莠剂有乙草胺、果尔、百草枯、恶草灵、都尔等。

(2)萌发后除莠剂。指用于牧草饲料作物播种出苗后的除莠剂。该类除莠剂具有选择性，药效持续时间短，依据牧草在形态、生化、生理等方面与杂草的不同而有选择地杀死牧草之外的杂草。根据此类除莠剂所应用的牧草地不同可分为：

①豆科牧草地萌发后除莠剂　这是在豆科牧草地中应用的一种能杀死窄叶型类杂草的除莠剂，包括禾本科、莎草科等科的杂草。此类除莠剂有茅草枯、灭草猛、草威胺、禾草克、稳杀得、拿扑净等。

②禾本科牧草地萌发后除莠剂　这是在禾本科牧草地中应用的一种能杀死阔叶型类杂草的除莠剂，包括豆科、菊科、蓼科、藜科等科的杂草。此类除莠剂有2，4－D类、二钾四氯钠盐、苯达松、巨星、阔叶散等。

3. 种植技术。合理安排和运用种植制度是防治杂草最有效、最经济的技术措施。例如，合理的轮作，合理的保护播种，合理的混播组合，合理的密植，合理的窄行播种，适当的超量播种，所有这些措施不仅可有效防治杂草，而且可充分利用地力资源达到高产。

4. 耕作手段。采用合理的土壤耕作措施，不仅改善土壤耕层的理化性质，为牧草饲料作物的生长发育创造良好的土壤条件，而且能直接根除杂草幼苗、植株和地下繁殖器官。例如，秋犁的深耕除草，早春的表土耕作诱发杂草再施以二次耕作除草，播前的浅耙除草，苗期的中耕除草等等。

工序4　越冬管护

牧草播种当年生长状况如何与其抵抗冬季寒冷的能力有密切关系，而且生长期间和越冬前后的合理管理，对提高牧草越冬率也具有非常重要的意义，这与以后年份牧草的有效利用直接相关。具体措施如下：

1. 生长期间

播种当年苗全后，应尽量在有限的栽培条件下促进其成株生长发育，以便使其根部有足够的贮藏性营养物质备越冬利用。即使能够利用，则最后一次利用也应在当地初霜期来临前1个月左右结束，同时要求留茬至少在10cm以上，或者每隔一段距离留1m宽的未刈割植株，目的是保证植株在越冬前有充足的光合时间和光合面积，以积累更多的贮藏性营养物质和便于积雪保温。只有做到这些，牧草才能够安全越冬，翌年返青才可能早些，以后年份的收成才有保障，这是许多学者通过研究根、根颈贮藏性营养物质积累动态规律而得到的一致性结论。

2. 越冬前后

为保证牧草播种当年能够安全越冬，冬前追施草木灰有助于减轻冻害。这是因为草木灰呈黑色，具有很强的吸热力，且含有的大量钾可被牧草利用，每亩施用50～100kg为宜。此外，冬前每公亩施用500～1000kg马粪，也有助于牧草安全越冬。

结冻前少量灌水，可减缓土温变化幅度，但不应多灌，否则会增加冻害。结冻后进行冬灌有助于保温防寒，对越冬也有好处。此外，在仲冬期间通过燃烧、熏蒸、施用化学保温剂及加盖覆盖物等措施也均有利于防寒越冬。

越冬期间，通过设置雪障、筑雪埂、压雪等措施有助于更多地积存降雪，雪被可使土温不致剧烈变化，从而保护牧草不受冻害。

工序 5　返青期管护

大多数多年生牧草的真正利用是从第二年开始的，播种当年的栽培和管理着重于抓苗、保苗和越冬，因生长慢当年几乎没有多少收益，尤其夏播牧草更为如此。所以，第二年返青期间的管护状况直接影响牧草的生长发育和以后年份的产量收成。具体措施如下：

1. 返青前期

在新疆地区一般在 3 月上中旬返青，返青前应该注意防止冰壳的形成及冻拔，原因是冰壳下的牧草返青芽由于缺氧而易死亡，或因冰壳导热性强而使牧草返青芽受冻害，或者产生冻拔使分蘖节、根颈和根系受到机械损伤。最好返青前夕，在牧草返青芽还未露出时，焚烧上年留下的枯枝残茬，既增加土壤钾肥含量，又可通过提高地温促进牧草提早返青，一般可使返青提前 1 ~2 周，从而使牧草生长期延长，产量增加。

2. 返青期间

牧草返青芽萌动露出后，生长速度加快，此时对水肥比较敏感，因而通过灌溉和施肥满足牧草返青的需求。但要注意返青期间土壤墒情较好时则不必灌溉，以免通气不良影响返青期生长。返青期间禁牧对保护返青芽及其生长特别重要，应加强围栏管护。

【结果展示】

根据所实习单位的新建人工草地栽培与管护技术要点写一份报告。

任务 2　成熟牧草地管理

【工作场景】

地点：学校实训基地、生产实习地

仪器与材料：除草药剂、水、农药喷雾器、记录本、铅笔。

【工作过程】

牧草播种当年经过一系列抓苗、保苗、生长期间的管护和越冬前后的管护，以及翌年返青期间的管护，使得牧草在田间有足够的密度，这就意味着人工草地的建成，进入了创效益阶段，它也是人工草地进入成熟的标志。成熟牧草地的效益如何与其经营管理的水平和合理性密切相关。整个工作过程如下：

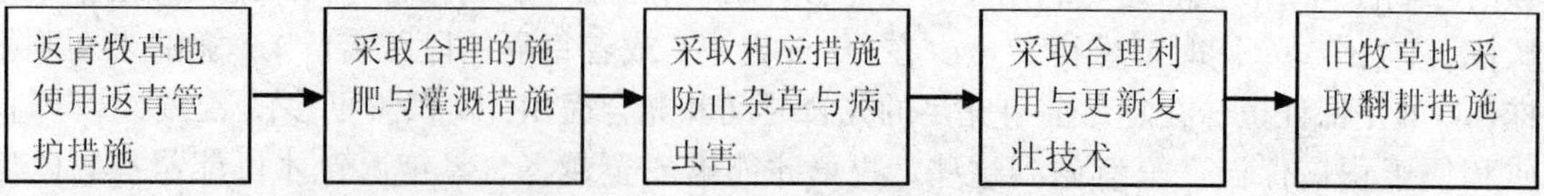

图 4 -9　成熟牧草地管理程序

工序 1　施肥与灌水调查

参与实训基地人工草地或饲料作物栽培地的施肥工作过程，记载施肥方法、施肥时间、使用肥料种类与施肥量、灌溉方式、灌溉次数、施肥过程等技术环节。将调查结果填入表格中。

【结果展示】

表4－5　人工草地施肥情况调查表

牧草与饲料作物名称	施肥					灌溉			
	追肥种类	施肥量	深度	均匀度	覆盖度	头水	二水	三水	灌溉量

工序2　防治病虫害

调查在实训基地人工草地或饲料基地所发生的病虫害种类、发生季节、发生频率、危害程度、所使用的防治方法（物理方法、化学方法）等工作过程并将结果填入表格中。

【结果展示】

表4－6　病虫害调查与防治记载表

牧草与饲料作物名称	病虫害名称	发病（危害率、危害程度）	防治措施	效果

○○必备知识

一、施肥

牧草生长所需的营养成分来源于土壤，土壤是牧草赖以生存的物质基础，土壤中的营养成分和含量决定着牧草植株内的营养成分和含量，土壤中的营养成分和含量就是我们通常说的土壤肥力和肥料。土壤中的养分含量，主要是指土壤中的有机质和氮、磷、钾，植物对它们的需要量很大，所以也叫植物三大要素，此外还包括钙、镁、硫、铁、锰、锌以及微量元素，它们是作物养分的主要来源。施肥种类如下：

（一）有机肥和化肥概念

有机肥是天然肥料，主要是指动物的粪便和排泄物，动植物加工后的残渣和富含多种养分的泥炭土。有机肥的特点是营养成分完全，不仅含有大量营养成分，也含有微量营养成分，肥效持久，并可改善土壤结构和环境，一般作为基肥，是补充土壤养分缺失的主要肥料；化肥是指人工利用石油、矿石等工业原料生产出来的化工产品。化肥的特点是营养成分单一、专项，肥效迅速，补充植物缺少单一营养目标明确，一般用做种肥和追肥，可机械化配套，施用简单，但长期使用会破坏土壤结构并导致土壤内部生态环境恶化。

1. 施底肥

播种前结合土壤耕翻施用的肥料叫底肥。以有机肥为主，肥效较慢的化学肥料也可作基肥。施用基肥的方法有撒施、条施、分层施、混施等。撒施是在土壤耕翻间，把肥料均匀地撒于田间，然后播入；条施是先在田间开沟，把肥料施入沟中后覆土播种。条施肥料集中，用量少，肥效高；分层施肥是结合深耕把有机肥料施入深层，再把优质肥料和速效肥料通过耕地等方式施于土壤上层。分层施既可以为牧草和饲料作物提供养分，又能促进土壤迅速熟化；

生产中常把厩肥和绿肥混合施用。厩肥分解慢、肥效迟，绿肥分解快、肥效也快，二者混合施用可以互相调剂，能较长久地供应充足的养分。

2. 施种肥

播种时与种子同时施用的肥料叫种肥。施用种肥的方法有:沟施法、穴施法和混拌法。条播时用沟内条播施法；点播移栽或扦插的用穴施法;拌混法是将种子和种肥混拌后播入土中，如将草木灰或腐熟的厩肥与种子混拌后播入土中。

3. 氮肥

氮肥是牧草植物主要的营养元素。氮肥主要满足牧草植株的营养生长需求，尤能促进禾本科牧草分蘖和枝叶的发生，植株高大，叶片嫩绿，叶片和茎杆的产量高，质量好，尤其是每次刈割后及时追施氮肥可明显提高产量。缺氮时，叶片渐黄，植株矮小，生长缓慢。但施用过多，易造成牧草植株徒长，茎杆细弱，易倒伏，晚熟，易遭受病虫害。氮肥中的碳胺和尿素容易受灌溉和雨水淋失，应避免大水漫灌和雨季淋失。

4. 磷肥

磷肥主要是促进幼苗生长，根系发育，增加禾本科牧草的有效分蘖，并可促进植物体内糖分的贮存，增强牧草的抗旱、抗寒能力;给豆科牧草增施磷肥能大大提高植株鲜重和籽实产量。牧草缺磷时，叶色由绿转紫红褐色，牧草生长缓慢甚至停止生长，更严重时影响种子的形成，延迟开花和成熟，并形成空杆，空壳，籽实干瘪，产量降低。磷肥在土壤中移动性差，一般不作追肥，易作基肥。

5. 钾肥

钾肥可促进牧草植株生长。充足时，可使牧草植株健壮，增强抗旱、抗倒伏、抗病虫能力。钾肥不足时，幼苗生长缓慢、主茎生长受抑制，易倒伏，尤其是多年生牧草每次收割后，后茬再生缓慢，影响综合产量。钾肥可作基肥，也可作追肥使用。农家的草木灰是优质廉价的钾肥。

施肥效果在很大程度上取决于施肥时间，一是牧草饲料作物生长发育期间对肥料最敏感的时期和最旺盛需要的时期，二是在这种时候土壤供应肥料的能力，如果出现差额则施肥效果最显著。一般牧草在分蘖(分枝)期和拔节(抽茎)期是对养分最敏感时期，在抽穗(现蕾)期和每次刈割后是生长旺盛期，也是对养分的最大效率期;对于收籽牧草和饲料作物则应注意攻秆肥、攻穗肥和攻粒肥的施用。一般情况下，追施氮、磷、钾的比例豆科牧草为0:1:2~3，禾本科牧草为4~5:1:2。不过，应在每年冬季和早春施用一定数量的有机肥，此对于长期稳定人工草地的高产具有极其重要的作用。有时秋季给豆科牧草施用磷肥，可明显增强抗寒能力。在重黏土壤上一般不施钾，但在沙质或壤质土壤上应适当追施钾肥，以分期施用效果较好。

二、合理的灌溉

新疆是灌溉农业区，气候干旱，降雨稀少，年平均降水量145mm，仅为全国平均水平的23%，且降水在时空分布上也极不均匀，全年降水主要集中在夏季，而且降水的80%左右分布在阿勒泰、天山和昆仑山的山区，在广大平原地区干旱少雨呈现荒漠景观。新疆农业灌溉用水主要是河水和地下水，而且占到全疆用水总量的97%，农业用水一方面缺乏，一方面利用不经济，浪费严重，已经成为严重制约新疆绿洲农业发展的重要制约因素。发展节水农业已成为我区农业生产可持续发展的一项重要措施。

合理灌溉的前提是充分利用水资源，以最少的水量获得最高的牧草产量。这就需要制定相应的灌溉系统、灌溉方式和灌溉定额。

灌溉系统有漫灌和喷灌两种基本方式。漫灌是一种古老方式，水渗漏损失大，但对深根性豆科牧草仍有一定作用，目前有被喷灌和滴灌取代的趋势。

(一)喷灌技术

喷灌就是以喷洒方式灌溉草田。它是利用一套专门的设备将灌溉水加压或利用地形差形成的自压，并通过管网输水至喷头，再由喷头把水喷射至空中，分成细小的水滴，均匀降落到灌溉田间或喷射到牧草与饲料作物植株上再落入土壤内，像下雨那样湿润土壤的灌溉方法。因此，有人称喷灌为“人工降雨”，但与人工降雨不同之处在于喷灌能人为地控制降水时间和降落强度，不产生地表径流和地下水深层渗漏。

喷灌系统一般由水源、首都枢纽、输水、配水管网及喷头四部分组成。

1. 水源：喷灌与其他灌溉系统一样，只要水质符合农田灌溉水的要求及提供的水量、流量能满足喷灌的需要，河流、湖泊、沟渠、井泉、池塘及水库等均可作为喷灌的水源。

2. 首都枢纽：首都枢纽是由水泵、动力、控制阀门、施肥装置、过滤器、测量和保护设备等组成。如果水源含有大体污物、杂质等还要设置水质拦污和净化装置。

3. 输配水管网：各级管道与连接件组成一个喷灌输、配水网络，起着向田间及向作物配水的作用。目前，我国常用的管道材料有：铸铁管、钢管、钢筋混凝土管、石棉水泥管、塑料管等；连接管网的连接件有：弯头、三通、四通、四通变径接口、闸阀和堵头等。

4. 喷头：喷头是喷灌系统的主要组成部分。它的作用是把有压力水流喷射到空中，形成细小的水滴并均匀喷洒在灌溉的田间上或作物上，湿润土壤浇灌作物。喷头的种类有很多，主要有：孔管式、旋转式、固定式和伸缩式等。

喷灌一般节水30%～50%，适宜于不同牧草与饲料作物，对地形要求不严，同时可以节省田间修渠占用的土地，提高土地利用率，一般可提高7%～10%。其缺点是：投资成本高、能耗大，同时灌溉时易受到风的影响。

(二)滴灌技术

滴灌是从地下灌溉发展起来的，它属微灌范畴。1982年国际灌溉排水委员会提出微灌技术包括滴灌和微喷灌。滴灌是利用一套专门的设备，把有压力(可由水泵加压或利用地形落差所产生的压力)水流经过过滤后，通过各级输水管网到滴头，水自滴头以点滴的形式，一滴一滴直接缓慢滴入作物根际耕层土壤，水滴入土后，借助重力入渗，在滴头下方形成很小的饱和区，并向四周湿润逐渐扩散至作物根系发达区的灌水方式。因滴灌是用少量的水，而且是湿润作物根部活动层土壤，所以，滴灌又称为局部灌溉。

滴灌系统由水源、首都枢纽、输水、配水管网及滴水器四部分组成。水源和首都枢纽和喷灌要求相似；输配水网管一般包括干管、支管和毛管三级。

滴水器的作用是把末级管道系统的压力水流均匀而又稳定地分配到田间作物，以满足作物生长对水分的需要。滴水器一般有内嵌式、插剑式、重力式、渗灌式、滴灌带、可调式、发丝滴灌等方式。目前，我国节水灌溉技术还有脉冲式微灌系统等。

滴灌节水、节能性能优越，同时，省工、省肥。由于在地面缓慢滴入，能保持土壤良好的通透性，土壤结构良好，明显提高早春地温；田间能保持相对低的空气湿度，病虫害发生也较轻。

灌溉时期因牧草饲料作物的生长发育特性、气候状况和土壤条件而定。返青时期视土壤墒情应注意浇水，禾本科牧草从分蘖到开花，豆科牧草从孕蕾到开花，都需要大量的水分用于生长，因而这段时间是牧草灌溉最大效率期。此外，每次刈割后为促进再生，也应及时灌溉，这在盐碱地上还有压盐碱的作用。对于玉米等谷类饲料作物，拔节期前尽量不浇水，以利“蹲苗”，拔节期后才开始灌溉。一般豆科牧草对灌溉的反应比禾本科牧草敏感，但禾本科牧草只有在土壤含水量接近田间持水量时才能获得最高产量。通常，施肥后结合灌水，对提高肥效有显著作用。

三、利用技术

牧草一般具有良好的再生性，在水肥条件较好时，且在合理利用的前提下，一个生长季可利用多次，利用方式有刈割和放牧两种。

（一）刈割

这是人工草地主要的利用方式，技术上应掌握如下几方面。

1. 一年中首次刈割的时期。确定首次刈割的时期应以单位面积可消化营养物质达到最高为标志，既要考虑产草量，又要考虑纤维素含量对适口性的影响，同时要考虑对再生性的影响。一般豆科牧草以现蕾至开花初期刈割为宜，个别像沙打旺应在孕蕾前刈割为宜，禾本科牧草以抽穗至开花期刈割为宜。过晚刈割，牧草木质化程度急增，导致适口性显著下降，而且也会影响牧草的再生性。在水肥条件较好、一年可刈割多次的草地上，比适宜刈割期稍微提前一些，对促进再生极为有利。

2. 刈割高度。每次刈割的留茬高度取决于牧草的再生部位。禾本科牧草的再生枝发生于茎基部分蘖节或地下根茎节，所以留茬比较低，一般为5cm。而豆科牧草的再生枝发生于根颈和叶腋芽二处，以根颈为主的牧草（如苜蓿、白三叶、红三叶、沙打旺等）则可低些，留茬5cm左右为宜；以叶腋芽处再生为主的牧草（如草木樨、红豆草等）留茬必须要高，一般为10～15cm或以上，至少要保证留茬有2～3个再生芽。

3. 刈割次数与频率。这取决于牧草再生特性、土壤肥力、气候条件和栽培条件。在生长季长的地方，只要水肥条件跟上，对于再生性强的牧草，一般是可刈割多次的，在新疆至少也能有2次。据研究，牧草前后两次刈割应至少间隔6～7周，以保证牧草有足够的再生恢复和休养生息的时间。

4. 一年中最后一次刈割的时间和高度。不管刈割几次，每年的最后一次刈割必须在当地初霜来临前一个月以前结束，而且留茬应高些，至少10～15cm或以上，以保证有足够的光合时间和光合面积积累越冬用贮藏性营养物质，这是保障牧草安全越冬应遵循的原则。

（二）放牧

建植人工草地多数以刈割利用为主，但在生长季结束之后的秋末和冬季进行放牧，或是在刈割利用不便的地块进行放牧，通过返还粪便对维持地力和促进牧草生长仍具有积极的作用。生长季期间的放牧利用，应根据载畜能力实行科学的划区轮牧，以减少浪费，提高草地利用效率。每年返青期间的禁牧是非常必要的，这对维持草地生机特别重要。

四、病虫草害防治

牧草在生长发育过程中，由于气候条件和草地状况的变化，如空气湿度过大，气温较高的情况下容易发生病虫害，草地植被稀疏的情况下容易发生杂草危害。一旦病虫草害泛滥，则防治需要投入极大的人力、财力和物力，即使这样有时也不一定能取得多么好的效果。因而，防治病虫草害，应以预防为主，尽量不要给其以滋生和蔓延的机会。如果发生，也应消灭在萌芽状态中。

首先，应选择能抗当地病虫的种或品种，并在播前对播种材料和土壤做好检验工作，必要时可进行清选和消毒处理；然后，通过轮作、间混套作及改良土壤和改进田间管理等一系列耕作措施，不断地改变环境，使病虫草害没有合适的生存环境和寄主载体；一旦有病虫草害发生，可以利用其天敌控制其种群数量，也可采用一些物理的办法减轻其危害，但最有效的办法是化学防治。

化学防治是利用有毒的化学物质预防或直接消灭病虫草害，其优点是作用快、效果好、使用简便，不受地区和季节限制，可大面积施用，并可机械化作业。不过，化学防治所造成的环境污染及其对人畜的直接危害和二次污染是不可忽视的。为此，应选用高效、低毒、有选择性和残效期短的化学药品。

五、更新复壮技术

人工草地在利用多年后，由于牧草根系的大量絮结蓄存，使得表土层通气不良，进一步影响到牧草的生长，或者连年从收获物中掠夺土壤养分而致使土壤地力下降，从而导致产量下降，草丛密度变稀。出现这种“自我衰退”现象，应及时采取更新复壮措施。

1. 变更利用方式。对于因地力下降而导致的衰退，应及时把刈割利用变更为放牧利用，通过家畜粪便返还土壤有机质，以提高地力，促进牧草生长。有条件最好结合施肥灌溉，复壮效果更好。即使没有灌溉条件，尽可能在冬季和早春施用有机肥，对恢复草地生产能力仍有一定作用。

2. 重耙疏伐。对于因根系蓄积造成的通气不良而导致的衰退，应用重型圆盘耙对地进行切割疏伐，以破坏紧密根系层，疏松耕层土壤结构，恢复通气性能，从而达到更新复壮草地和提高草地生产力。

3. 补播。对于退化后植被变稀薄的草地，一般杂草侵入较多，应首先用化学除莠剂灭除杂草，然后用圆盘耙疏松地面，再选用抗性强牧草进行补播，以增加草地株丛密度，提高草地生产能力。

六、翻耕技术

人工草地的利用年限依利用目的和生产能力而定。轮作草地以改良土壤为主要目的，在大田轮作中 2 ~4 年即可起到作用，在饲料轮作中因兼有饲草料生产可延至 4 ~8 年。永久性人工草地尽管利用年限很长，但若普遍出现退化，且有 1/3 以上退化严重，甚至采取更新复壮措施也无法改良的情况下，应该彻底翻耕重新播种建植。

1. 翻耕时间。翻耕的目的是既能翻压原有牧草，又能使有机质完全分解并保存在土壤中。为此，在水热条件较好的地区，以秋季翻耕效果最好；而在夏季不甚炎热、降水也不多的地区，以夏季翻耕效果最好。例如，内蒙古地区以 7 月中下旬翻耕为宜，此时水热同季，利于分解，且有利于第二年春播。

2. 翻耕方法。牧草大部分根系集中在 10 ~20cm 土层中，且数量巨大，一次翻耕过深翻不动，过浅垡片扣不严，不易翻压牧草，也容易造成有机质损失。因此，翻耕牧草应分两步施行：第一步先浅翻6~8cm，目的是切断根颈或分蘖节；第二步深翻20cm以下，目的是使牧草大部分根系深埋于嫌气环境中便于分解。翻耕时最好采用复式犁，效果更好。

项目三 草田轮作

任务 编制草田轮作计划

【工作场景】

地点：牧草栽培工学教室

仪器与材料：纸、记录本、铅笔、绘图纸、直尺。

【工作过程】

根据草田轮作制具体原则和技术要点的要求，每个学生制作出种植时间达到12年，每亩产草量为250~350 kg的低产苜蓿地的轮作方案。

一、编制原则

保证完成生产任务，保证地方的可持续发展，保证饲料基地的稳定。

二、方法与步骤

1. 调查收集资料，深入研究。

2. 根据作物布局方案要求和种植模式类型，确定参与轮作的作物种类、轮作类型，划分轮作区。

3. 确定轮作田面积、数目与轮作年限，轮作年限一般3~5年。

4. 确定轮作顺序，列出轮作周期表。

三、制作方案要求

1. 原则上：把主要的粮、经济作物安排在好的茬口上；前后茬病虫害；豆前禾后；先年内再年间；必要时套种或移栽。

2. 离区轮作——实行草田轮作时，将多年生牧草种植区脱离原来的轮作顺序，待利用年限完成后，再加入轮作中。如：苜蓿—苜蓿—苜蓿—小麦—小麦—小麦×苜蓿。

【结果展示】

每小组上交一份产草量为250~350 kg/亩的低产苜蓿地的轮作计划方案。

○○必备知识

一、轮作概念

轮作从广义上来说，是指在作物栽培过程中，有意识地将计划种植的各类作物，科学地按照它们的特性及对后茬作物的影响，结合它们的栽培体制，以维持地力为目的地从时空上排成一定次序，分别种植在相应地块中，保证每块地都按照这个次序依次周而复始地轮换种植方式。狭义上来说，在轮作中除安排有大田作物发展农业之外，还安排有牧草，尤其是豆科牧草，不仅固氮增加土壤氮素及残留大量根茬增加土壤有机质，而且收获饲草发展养畜业，养畜得到的粪便回施到农田增加土壤养分，这种农牧并举的轮作方式就称为草田轮作。这是现代轮作制度发展的最佳模式，也是农业可持续发展的有效途径。

农业的可持续发展在于永续地利用土地，但不可避免的是由于收获物夺取了土壤养分及雨水侵蚀淋溶使土壤养分流失而造成地力减退，为此增进地力的根本途径是增加有机质和改良土壤理化性质。轮作就是将不同生理、生态特性的作物进行轮栽，通过土壤微生物的作用积累氮素，通过秸秆还田增加土壤有机质，由此轮作既有提高潜在地力的作用，又有发掘地力的作用。

二、作 用

生产实践表明，合理轮作是保证作物全面、稳定丰产的最重要、最基本措施。依现代农业观点，从栽培实践来看，实行轮作的作用主要体现在：

（一）联系农牧结合的纽带

实行轮作，尤其是草田轮作，是提高种植业和畜牧业生产率的基本方法之一。草田轮作中，安排有多年生牧草，特别是在豆科牧草和禾本科牧草混播的情况下，不仅能显著提高地力，改良土壤理化性质，而且可获得高产优质的牧草，并可在冷季放牧牲畜，这样在发展畜牧业的同时，农业又可得到大量的优质厩肥。这种通过草田轮作实现农牧并举、互相促进、共同发展的生产方式在旱作农区和半农半牧区具有极其重要的发展前景。

（二）充分用地养地

不同作物对土壤中各种营养元素有不同的需求，而且对不同土层营养元素的利用能力及不同形态营养元素的利用能力也有差异。如小麦、玉米、甜菜等只能利用易溶性的磷，而豆类、马铃薯、燕麦等却能靠自身根系分泌的有机酸溶解难溶性磷供自己利用；禾谷类作物因根系分布较浅，多数只能利用耕作层的表墒和养分，而棉花、大豆、苜蓿的根系分布较深，可以利用深层土壤水分和养分；豆科作物或牧草通过固氮可补充土壤中氮素营养，同时通过多年积累的大量根系能增加土壤有机物质，通过发达的根系生长发育能改善土壤结构和理化性质。因此，合理的轮作就能够更好地利用和平衡土壤中的养分和水分。

（三）减轻病虫草害

农田中的许多杂草往往与一定的作物有着密切的伴生或寄生的关系，如小麦与燕麦草，大豆（或苜蓿）与菟丝子等。如果连作这些作物，则那些伴生或寄生的杂草必然会泛滥起来，从而与作物争夺养分和水分，致使作物生长受阻，产量下降。如果进行轮作，由于不同作物生物学特性的不同，以及耕作管理技术的不同，导致杂草因寄主的不断更替而没有生存繁殖的环境，从而有效控制了杂草的发生。许多危害作物的病菌和害虫与杂草一样，也有各自的寄主和一定的寿命，通过一定时期的轮作，使这些病菌和害虫因找不到合适的寄主而自行消亡。因此，轮作在防治病虫草害方面具有重要的作用，是一项基本措施。

（四）降低生产成本

在安排轮作时，应统筹兼顾土地、资金、人力、机具等资源的有效配置。合理的轮作能够均衡、有效地使用人力和机具等设备，从而提高劳动生产率，提高产品的产量和质量，达到降低生产成本的目的。

三、草田轮作技术

(一)各类作物的茬口特性

1. 牧草。这里所涉及的牧草均为多年生牧草，包括豆科牧草和禾本科牧草。一般牧草的利用年限至少5年以上，由于多年生长，地下累积大量残根。据吉林省农科院畜研所测定，苜蓿播种当年至生活第6年每公顷产鲜根分别为8797.5kg、2342.5kg、22357.5kg、31995.0kg、36997.5kg和40800kg。因而有机质含量高是牧草茬口共有的最主要特性。豆科牧草由于有固氮作用，根部含氮量远高于禾本科牧草，且根系入土深，故茬口富含氮素和作用层深是豆科牧草的固有特性；禾本科牧草庞大的须根量和对土壤的切碎作用使茬口土壤结构得到改良。为此，种植牧草后的茬口富含有机质和氮素，且改土效果好，是许多禾谷类作物和经济作物的良好前作，尤以豆科牧草与禾本科牧草混播后的茬口地力状况更好。通常，牧草茬口应安排需要氮素较多的作物，如小麦、玉米等。而甜菜、大麦、马铃薯则不应种在牧草茬口上，以免高氮养分影响它们的产品质量。

牧草对前作要求不严格，但必须保证整地质量良好，田间杂草少，以便控制牧草的播种深度和保证苗期的正常生长，以施过肥的中耕作物为其前作最好。

在大田轮作中，引入牧草，既肥地又收草，一般利用2~4年，其茬口效应可维持4~8年；在饲料轮作中，牧草利用4~8年，翻耕后栽培一年生作物3~5年。在大田轮作中，有时牧草仅作为绿肥应用，播种当年即全部翻耕还田；有时利用2年，当年收草，第二年收草后翻耕。

2. 绿肥作物。是指豆科中专门用于栽培压青作有机肥料的一类作物，包括二年生的草木樨和一年生的苕子类、紫云英等。该类作物因固氮而富含氮素，翻耕时连同茎叶和根一起翻压，由于茎叶较根分解快，且生物量和含氮量远高于根，故为土壤提供大量有机质和氮素，并能迅速转化成作物可以利用的养分。因而种植绿肥作物，是实现“以田养田”、提高地力、增加后作产量的一项有效措施。绿肥茬口特性相当于多年生牧草，尽管肥效不如牧草持续时间长，但茬口养分的速效性高于牧草，故后作应种植需要氮素较多的作物。

3. 豆类作物。包括大豆、豌豆、蚕豆、绿豆等，是轮作中不可缺少的组成部分。其特点是能固氮，丰富土壤中的氮素，利用落叶还原增加土壤中易于分解的有机质，抑制杂草发生达到净化土壤。因此，豆类在轮作中能恢复地力，是许多禾谷类作物和经济作物的良好前作。豆类因易引起土壤病虫害，尤其是线虫病的发生，故不易连作，但大豆能耐短期连作，蚕豆次之，豌豆最不耐连作。

4. 禾谷类作物。包括小麦、大麦、玉米、饲料甜高粱、荞麦及燕麦、苏丹草等。该类作物在轮作中是地力维持“自养型”的必需条件，原因在于其生物产量远高于其他类作物，且还原率高，除根和残茬还田外，运出田间的茎叶则作饲料和垫圈草，以厩肥的形式还田，或直接造堆肥还田。所以，其茬口特性是富含碳与氮比例较高的有机质，有效养分释放慢，能维持很长时间地力，可抑制真菌类病害。小麦较耐连作，但以不超过3年为宜。玉米和高粱是典型中耕作物，茬口杂草少，适于安排各类作物；也较耐连作，但因需氮肥多而应注意补足。糜谷茬口地力差，杂草多，不能连作，只能安排在麦类作物之后种植，其后茬应安排豆类、牧草、绿肥等养地作物。

苏丹草和燕麦属饲料作物，在大田轮作中多安排在春作物之后，在饲料轮作中多安排在牧草翻耕后的第二年之后。由于苏丹草根系吸收水肥能力强，消耗氮素多，其茬口只能安排瓜类和根茎类作物，或者是休闲和养地作物。

5. 根茎类及叶菜类作物。包括胡萝卜、甜菜、马铃薯、甘薯、甘蓝、南瓜等。该类作物特点是苗期需要多次中耕培土，能起到除草作用；收获时需要深挖，能起到深耕作用。因此，其茬口特性为土壤深层疏松，清洁无杂草，易腐解而速效肥多，但还原的有机质少，不能满足后茬作物的需要。所以，轮作中可安排能还原大量有机质的多年生牧草或禾谷类作物作后茬。此类作物在高氮肥栽培中，会影响产品的品质，故在轮作中不宜安排在豆科作物之后，前作以禾谷类作物为宜。该类作物极易患病虫，连作因病虫害泛滥而严重减产。

6. 休闲。是指在生长季中不种植作物的方式。休闲的主要作用是通过系统的土壤耕作作业以达到清除杂草、蓄水保墒和增加土壤中的有效养分。其茬口适于安排种植谷类作物和经济作物。现代农业观点认为，休闲制不符合轮作体系中对土地的高效率利用，有浪费资源之嫌，应提倡种植绿肥作物，采用种青压青的方法，或者种植牧草，发展养殖业的方法改革休闲制。

7. 连作。通常不提倡连作，但在复杂的轮作中总会不可避免地有一定时期的连作，此对充分利用资源条件，实现高产、稳产也是非常必要的。因而有必要了解各类作物的耐连作程度，不能连作的作物有茄科的马铃薯，豆科的蚕豆和豌豆，葫芦科的西瓜，菊科的苦荬菜，藜科的甜菜，禾本科的谷子及大麻、胡麻和多年生牧草等；能耐2~3茬连作的作物有小麦、大麦、黑麦、燕麦、玉米、高粱、棉花。

（二）轮作类型

依据轮作体系在生产中担负的主要任务不同，可将轮作分为大田轮作、饲料轮作和蔬菜轮作三个基本类型。

1. 大田轮作。是指以生产粮食、棉花、油料及其他工业原料为主要任务的轮作。在大田轮作中，又可根据组成成分不同分为粮食作物轮作、棉粮轮作和草田轮作。这里着重对草田轮作进行介绍。

草田轮作是在以生产粮棉油为主要任务的轮作中加入多年生牧草的轮作方式，要求农作物的种植比例要大，种植年限要长。而种植牧草的目的仅是在恢复地力的前提下，为畜牧业生产一定数量的优质饲草料，达到养地和养畜并举，这是草田轮作的核心任务。草田轮作中牧草的种植年限，一般为2~4年，作为绿肥（不收草，全部翻压）仅种植1年。

在玛纳斯地区的8年草田轮作制：冬小麦间套作苜蓿—苜蓿—苜蓿—玉米—小麦—小麦—玉米—油菜加夏季绿肥。

2. 草料轮作。是指以生产青贮料、干草、青草和放牧牧草为主要任务的轮作，也称饲料轮作。其核心目的是满足畜牧业生产全年对饲草、饲料的均衡需要，这是饲料基地必有的基本轮作。

3. 蔬菜轮作。这是城市郊区和工矿区附近为满足集居地人们的生活需要而进行的一种轮作制，它以生产蔬菜为主要目的。为充分利用地力，提高蔬菜产量，增加效益，有时在这种轮作中也安排一些粮食或其他类作物。

(三)草田轮作计划的编制

1. 编制原则。 草田轮作计划的编制是否合理，对于一个生产单位的资源和土地的利用，地力的维持和发掘，生产的稳定和高效都具有极其重要的决定作用。为此，在编制草田轮作计划时，应遵循如下原则。

(1)保证完成生产任务。对于一个农牧场生产单位，通常根据自身条件和资源状况，结合市场发展趋势，已基本制定出本单位近期和中长期的发展目标及其生产任务。编制轮作时，应依据其生产任务，兼顾自然条件、生产条件和各类资源配置情况，合理安排各类作物的种植比例和产量指标，做到任务完成，略有盈余。

(2)保证地力的可持续发展。合理安排轮作中各种作物的排列次序，对维持地力，并使其有所发展非常重要。原则上应使每种作物都有较好的前茬，并使前作为后作创造良好的肥力条件和耕作条件。只要有利于地力维持和增产增效，轮作中就可以种植牧草、绿肥或其他类作物，可以施肥或运用间、混、套作等农业技术措施。

(3)保证饲料基地的稳定。对于有牧业内容的生产单位，在轮作中建立稳定的饲料供应体系是编制轮作计划的重要项目，它对于促进畜牧业发展，以农养牧，以牧促农，农牧并举具有重大作用。

2. 方法步骤。 编制轮作计划既是技术工作，也是经济工作，要使其具有科学性，必须按一定步骤和方法进行。

①查询资料，收集素材，深入研究。为正确选择参与轮作的作物，合理利用各种资源，有必要对当地温度、降水、土壤等自然条件，耕地、水利、劳力、农机具等生产条件，农业、牧业、果林业及其他工副业生产状况，以及当年生产任务、近期工作目标和中长期发展方向进行全面详细地了解。

②合理安排，科学布局。依据上述了解情况，确定参与轮作的作物种类及其种植比例和种在哪里就成为迫切需要解决的布局问题。考虑布局时，应做到因时、因地、因作物制宜，使地力得以维持和发掘，使土地、气候、生长季节、机具和劳力等资源得以充分利用和发挥，使作物的丰产性能得以提高和发扬，从而最大限度地提高劳动生产率，获取最高效益。在考虑参与的作物种类时，应保证有相当比例的可大量生产有机质的禾谷类作物，应至少3~4年内插播一季根茎叶菜类作物，应保证有一定比例的能养地的绿肥或豆类作物，尤以牧草效果更好。因而，比较合理的轮作，其基本定型应是豆科作物—禾本科作物—根茎瓜及叶菜类作物这样一个组成和排序。

3. 划分轮作区，确定轮作次序。 当参与轮作的作物确定之后，则轮作的具体实施应按如下步骤进行：

第一，确定出轮作类型、轮作区数及轮作区大小。先按生产任务的属性确定轮作类型，根据轮作类型先把主要作物配置在相适应的土地上，然后再配置其他次要作物。按土壤种类和耕地性质划分轮作区，并配置相适应的作物，将每个区的面积及其栽种的作物进行编号登记。为便于管理，轮作数目尽量少些，轮作区面积也不可过大。在配置作物时，凡是要求多工、多肥、运输量大的作物，应尽量安排在居民点附近的地段。

第二，确定出各种作物在轮作中的比重、轮作区数和轮作年限。先根据生产任务和作物布局规划，结合各种作物在相应土地上的生产能力，确定出主要作物和次要作物各自应占有的比重。主要作物比重不能过大，否则重茬过多，尤其对不耐连作的作物更应注意。当然，出于发展养畜业、增进地力、防治病虫草害和提高产量诸方面因素考虑，在轮作中安排种植牧草、绿肥和豆类作物，把复种及间、混、套作纳入轮作计划都是可以的。为便于组织轮作，应使每年中各种作物的播种面积相近，同一轮作中各种作物的面积比重相当或互为倍数。一般，大田轮作年限以4~5年为宜，草田轮作6~7年，草料轮作8年以上。

第三，确定出轮作次序，列出轮作周期表。在确定轮作次序时，应尽量考虑亲缘关系的远缘性，使没有共同土壤病虫草害的作物互为前后作，力求避免相互感染；同时也要考虑茬口养分的互补性，养分夺取量多的作物应与少的作物搭配，有机物质还原多的作物应与少的作物搭配，以求彼此间的相容和互利；另外应从资源分配和利用上考虑，使需要劳力多的作物与少的作物搭配，使各种机具在忙闲利用上彼此错开，等等。总之，合理的排序有助于增进地力和提高产量。此后，依据轮作区数和轮作年限制定出轮作周期表。

第四，编写轮作计划设计书。在完成上述各项工作后，应编写轮作计划设计书作为备案资料和执行文件。内容包括：生产单位的基本情况，经营状况，生产任务和措施，轮作中各种作物和品种的播种面积与预计产量，各个轮作及其轮作区面积、数目、组成、排序和周期表，用水用电计划，经济效益估算等。同时，还应制定出与轮作计划相适应的土壤耕作、施肥、良种繁育等项制度，以保证轮作计划的顺利执行和完成。

（四）草田轮作制度中的饲草饲料供应体系

在草田轮作中，不管出于何种目的的轮作，都程度不同地安排有草料生产，其规模与饲养牲畜种类和数量有关。如何做到常年均衡稳定地供应草料，就需要在轮作制中建立一个合理而高效的草料轮供体系。

1. 编制草料供需计划。草料供需计划的编制是牧业生产单位每年年末制定下年度生产任务的一项主要工作，由于牧业生产对象是牲畜，其生产流程始终处于动态变化中，而草料是为其服务的，所以草料的供需计划应随着饲养对象的变化而变化。

2. 制定草料种植方案。依据当地气候条件和栽培条件，结合轮作技术的要求和草料供需平衡中尚缺草料情况，制定种植方案。

计 划 单

学习情境4	牧草地建植和管理技术	学时	20
计划方式	以小组为单位，通过讨论共同制定计划		
序号		使用资源	备注
1			
2			
3			
4			
5			
6			
7			

续表

8			
9			
10			

<table>
<tr><td colspan="7">制定计划说明</td></tr>
<tr><td rowspan="3">计划评价</td><td>班级</td><td></td><td>第　组</td><td>组长签字</td><td></td></tr>
<tr><td>教师签字</td><td></td><td></td><td>日期</td><td></td></tr>
<tr><td colspan="5">评语：</td></tr>
</table>

决策实施单

<table>
<tr><td colspan="2">学习情境4</td><td colspan="6">牧草地建植和管理技术</td></tr>
<tr><td colspan="8">讨论小组制定的计划书，做出决策</td></tr>
<tr><td rowspan="9">计划对比</td><td>组号</td><td>工作流程的正确性</td><td>知识运用的科学性</td><td>步骤的完整性</td><td>方案的可行性</td><td>人员安排的合理性</td><td>综合评价</td></tr>
<tr><td>1</td><td></td><td></td><td></td><td></td><td></td><td></td></tr>
<tr><td>2</td><td></td><td></td><td></td><td></td><td></td><td></td></tr>
<tr><td>3</td><td></td><td></td><td></td><td></td><td></td><td></td></tr>
<tr><td>4</td><td></td><td></td><td></td><td></td><td></td><td></td></tr>
<tr><td>5</td><td></td><td></td><td></td><td></td><td></td><td></td></tr>
<tr><td>6</td><td></td><td></td><td></td><td></td><td></td><td></td></tr>
<tr><td>7</td><td></td><td></td><td></td><td></td><td></td><td></td></tr>
<tr><td>8</td><td></td><td></td><td></td><td></td><td></td><td></td></tr>
<tr><td colspan="8">制定实施方案</td></tr>
<tr><td>序号</td><td colspan="6">实施步骤</td><td>使用资源</td></tr>
<tr><td>1</td><td colspan="6"></td><td></td></tr>
<tr><td>2</td><td colspan="6"></td><td></td></tr>
<tr><td>3</td><td colspan="6"></td><td></td></tr>
<tr><td>4</td><td colspan="6"></td><td></td></tr>
<tr><td>5</td><td colspan="6"></td><td></td></tr>
</table>

续表

6		
7		

实施说明：				
班 级		第　组	组长签字	
评语：				

作 业 单

学习情境4	牧草地建植和管理技术
作业完成方式	课余时间独立完成
项目一	播种技术
作业	1. 人工草地的种类有哪些？划分标准有哪些？ 2. 播种牧草种类如何选择？ 3. 播种之前的准备工作分哪几种？ 4. 为什么在播种之前对播种牧草种子进行质量检验？检验内容有哪些？ 5. 播种之前牧草种子处理措施有什么意义？禾本科和豆科牧草种子处理措施有哪些？如何进行？ 6. 常规的播种方法有哪些步骤？特殊播种法有哪几种？
作业答案	可另附纸张
项目二	牧草混播技术
作业	1. 什么叫混播草地？混播草地比单播草地有哪些优势？混播草地成员牧草选择要注意哪些问题？ 2. 混播草地管理与利用技术措施有哪些？应该注意哪些问题？ 3. 草田轮作的作用是什么？连作与轮作方法对土壤利用效益的影响如何？
项目三	人工草地管护
作业	1. 新建牧草地管护技术措施有哪些？新建牧草地最关键问题是什么？ 2. 成熟牧草地管理方法有哪些？应该注意什么问题？
作业答案	可另附纸张
项目四	草田轮作
作业	1. 什么叫草田轮作？轮作技术有什么生产意义？ 2. 制作出种植时间达到8～10年，每亩产草量为250～350 kg的低产苜蓿地的耕作方案（包括轮作制）。

续表

<table>
<tr><td>作业答案</td><td colspan="6">可另附纸张</td></tr>
<tr><td rowspan="4">作业评价</td><td>班 级</td><td></td><td>第　组</td><td>组长签字</td><td colspan="2"></td></tr>
<tr><td>学 号</td><td></td><td>姓 名</td><td colspan="3"></td></tr>
<tr><td>教师签字</td><td></td><td>教师评价</td><td></td><td>日期</td><td></td></tr>
<tr><td colspan="6">评语：</td></tr>
</table>

效果检查单

<table>
<tr><td>学习情境4</td><td colspan="4">牧草地建植和管理技术</td></tr>
<tr><td>检查方式</td><td colspan="4">以小组为单位，采用学生自查与教师检查相结合，成绩各占总分(100分)的50%</td></tr>
<tr><td>序号</td><td>检查项目</td><td>检查标准</td><td>学生自查</td><td>教师检查</td></tr>
<tr><td>1</td><td>人工草地类型</td><td>正确说出人工草地基本概念与分类标准。</td><td></td><td></td></tr>
<tr><td>2</td><td>播种技术</td><td>正确操作牧草种子质量检验步骤并说出实验结论。</td><td></td><td></td></tr>
<tr><td>3</td><td>牧草种子预处理</td><td>正确说出并熟练操作不同牧草的种子处理方法。</td><td></td><td></td></tr>
<tr><td>4</td><td>混播草地建植</td><td>正确填写混播草地调查表与调查报告质量的高低。</td><td></td><td></td></tr>
<tr><td>5</td><td>草田轮作</td><td>正确制作出种植时间达到12年，每亩产草量为250～350 kg的低产苜蓿地的耕作方案(包括轮作制)。</td><td></td><td></td></tr>
<tr><td>6</td><td></td><td></td><td></td><td></td></tr>
<tr><td rowspan="3">检查评价</td><td>班 级</td><td>第　组</td><td>组长签字</td><td></td></tr>
<tr><td>教师签字</td><td></td><td>日期</td><td></td></tr>
<tr><td colspan="4">评语：</td></tr>
</table>

评 价 反 馈 单

学习情境4	牧草地建植和管理技术				
评价类型	项目	子项目	个人评价	组内评价	教师评价
专业能力（60%）	资讯（10%）	查找资料，自主学习（5%）			
		咨询问题回答（5%）			
	计划（5%）	计划制定的科学性（3%）			
		用具材料准备（2%）			
	实施（25%）	各项操作正确（10%）			
		各项操作的效果（12%）			
		仪器材料使用的规范（3%）			
	检查（5%）	全面性、准确性（3%）			
		出现问题的处理（2%）			
	结果（10%）	提交成品质量			
	作业（5%）	及时、保质完成作业			
社会能力（20%）	团结协作（10%）	小组成员合作良好（5%）			
		对小组的贡献（5%）			
	敬业、吃苦精神（10%）	学习纪律性（5%）			
		爱岗敬业和吃苦耐劳精神（5%）			
方法能力（20%）	计划能力（10%）	制定计划合理			
	决策能力（10%）	计划选择正确			
意见反馈					
请写出你对本学习情境教学的建议和意见					

评价评语	班 级		姓 名		学 号		总 评	
	教师签字		第　组		组长签字		日期	
	评语：							

学习情境5　牧草种子生产

表5－1　　学习任务单

<table>
<tr><td colspan="2">学习情境5</td><td colspan="2">牧草种子生产</td><td>学时</td><td colspan="2">14</td></tr>
<tr><td colspan="7">布置任务</td></tr>
<tr><td>学习目标</td><td colspan="6">1. 掌握牧草种子与种子贮藏相关的概念
2. 掌握播种前的苗床与材料准备技术措施。
3. 掌握种子田的播种与管理技术措施。
4. 掌握种子田的收获方法与贮藏方法。
5. 掌握种子质量分级的标准和方法。
6. 掌握牧草种子的包装与运输方法。</td></tr>
<tr><td>任务描述</td><td colspan="6">通过学习和查阅资料掌握牧草种子田的播种与管护技术，掌握牧草种子干燥、贮藏、运输等技术技能和相关知识。具体任务：
1. 种床的准备技术和相关知识。
2. 播种材料准备技术措施。
3. 种子田的播种技术措施。
4. 种子田的管理措施。
5. 种子田的人工辅助授粉措施。
6. 种子田的收获方法。
7. 种子干燥技术技能与贮藏方法。
8. 种子贮藏与种子寿命相关知识。
9. 种子贮藏期间的管理措施。
10. 种子质量分级的标准和方法。
11. 牧草种子的包装与运输方法。</td></tr>
<tr><td>学时分配</td><td>资讯2学时</td><td>计划2学时</td><td>决策0.5学时</td><td>实施8学时</td><td>考核1学时</td><td>评价0.5学时</td></tr>
<tr><td>提供资料</td><td colspan="6">1. 陈宝书，牧草饲料作物栽培学. 北京：中国农业出版社，2001年
2. 杨青，苜蓿生产与管理指南. 北京：中国林业出版社，2003年
3. 董宽虎，沈益，饲草生产学. 北京：中国农业出版社，2003年
4. 杜桂娟，草类植物资源与利用. 北京：中国农业出版社，2010年
5. 草原休牧轮牧禁牧舍饲养畜技术300问. 北京：全国农业科技，2003年
6. 朱进忠，草业科学实践教学指导书. 北京：中国农业出版社，2009年
7. 新疆牧民饲草现代种植技术与管理手册. 新疆畜牧厅，2008年</td></tr>
</table>

续表

对学生要求	1. 由3～4人组成一个学习小组，完成本项目学习。 2. 课前以小组为单位，完成资讯问题答案的搜集与整理。 3. 严格遵守野外实训时工作单位和学校规章制度，爱护设备和工具。 4. 实训期间注意安全。
资讯方式	通过资讯问题和资讯引导，全国高职牧草栽培技术精品课网站、图书、新疆和阿勒泰生态环境相关杂志资料查询，课件、视频及模拟实验展示，指导老师咨询等形式完成。
资讯问题	1. 牧草种子与饲料作物种子采集方法有什么区别？为什么？ 2. 牧草种子田为什么采取隔离措施？禾本科和豆科牧草具体的隔离方法有哪些？ 3. 种子田与大田的播种方法和管理方法方面有什么区别？为什么？ 4. 种子田为什么要采取人工辅助授粉措施？豆科和禾本科牧草采取的人工辅助授粉措施如何进行？ 5. 牧草种子收获方法有哪些？野生牧草与栽培牧草种子收获方法有什么区别？ 6. 什么叫种子寿命？种子寿命与贮藏方法有关系吗？ 7. 牧草种子干燥过程如何进行？ 8. 牧草种子的贮藏方法有哪些？ 9. 种子贮藏期间的管理方法如何？应该注意哪些问题？ 10. 国家牧草种子质量分级标准如何？分级标准规定是什么？ 11. 牧草种子包装和运输方法有哪些？应该注意什么问题？
资讯引导	1. 在相关信息单中查询； 2. 新疆牧民饲草现代种植技术与管理手册； 3. 陈宝书，牧草饲料作物栽培学. 北京：中国农业出版社，2001年； 4. 在其他相关资料中查询。

项目一　牧草种子田的建立及农业技术特点

任务　种子田的准备与播种

【工作场景】

地点：生产实训地

【工作过程】

种床准备

土地选择：地势开旷、通风、光照充足、土地平整、土层深厚、排灌方便、肥力适中、杂草较少，病、虫、鼠、雀等危害轻，便于隔离、交通方便、相对集中连片的地块。

耕作措施：牧草种子田的耕作措施上应抓好深耕、浅耙、轻耱、保墒等环节。秋季深耕可以熟化土壤，改善土壤的通透性，增强保水能力，促进根系下扎，扩大根量，增强吸收能力，使植株生长健壮，从而使种子产量提高。深耕深度以45cm为宜。早伏耕疏松土壤，耕后紧接耙耱，减少水分蒸发。

播前土壤含水量过低，耙后镇压，防止跑墒，便于控制播种深度。也可在播前用不带犁壁的犁深犁一遍，深6～10cm，然后耙耱播种。春季播前整地以疏松表土和平整地面为主，可用轻型钉齿耙深耙2～4cm，耙深不要超过播种深度。为控制播种深度，可播前进行镇压或轻耱。

保种隔离措施：对于异花传粉和常异花授粉牧草，在种子繁殖过程中，容易产生天然杂交，引起生物学的混杂，使一些品种丧失其原来的优良特性，从而导致产量下降，品质低劣。因此，在牧草种子生产中，特别要做好隔离工作，防止互相串粉。隔离除人工套袋之外，还可采用空间隔离、时间隔离、高秆作物隔离和自然屏障隔离等。

1.空间隔离：豆科牧草空间隔离的距离应在1000～1200m；风媒花禾本科牧草如无芒雀麦、披碱草、羊茅、老芒麦等，可在400～500m之间。

2.时间隔离：隔离时间的长短主要由花期长短决定。一般自花授粉牧草相差10～25天，异花和常异花授粉牧草相差20～30天，如果需要繁殖同一种类牧草的不同品种较多，除分期播种外还可采用同期播种，开花前只留一品种开花牧草其余刈割的办法，避免花期相遇，以达到保种隔离的目的。

3. 高秆作物和自然屏障隔离：高秆作物（牧草）隔离，在需要隔离的田块四周一定范围内种植玉米、高粱、苏丹草、御谷、千穗谷等高秆作物和牧草可以使隔离距离降至50m～1m，而且隔离效果较好。有些地方可利用山沟、建筑、果园、江河、树林等自然屏障进行隔离，防止其他花粉的混入，特别对种子生产中面积小而要求严格、给安排隔离带来困难的原种和原种的隔离繁殖尤为适用。

种和品种选择：不同生态环境选用不同的草种。干旱地区宜选耐干旱的草种，如沙打旺、草木樨、红豆草、冰草等；寒冷地区宜选耐低温的草种，如披碱草、无芒雀麦、扁蓿豆、黄花苜蓿等；盐碱地区宜选用耐盐草种，如碱茅、野黑麦等。在某一草种中有许多品种，又有早熟、中熟、晚熟之分，可根据栽种地区生育期长短，因地制宜地选择品种。草种中有抗虫害的，有抗病害的，在病虫害危害严重地区应选用抗病性和抗虫性强的种和品种繁殖。

播种材料的准备

播种材料品质选择：种材品质包括两方面的内容，一是品种具备良好遗传特性，综合性状优良，符合草业生产的需要，包括品种的生产性能、适应性、抗逆性、成熟性、营养成分等，即品种特性。二是种子品质，即品种品质和播种品质，前者是指品种的真实性和一致性；后者是指净度、发芽势、发芽率、生活力、含水率、千粒重、健康状况等指标。优良的品种品质和播种品质是品种优良特性得以实现的保证。因此，播种材料质量评定主要是对种子的品种品质和播种品质两个方面进行评定。

播种技术

播种方法：种子田的播种可采用窄行条播，也可采用宽行条播或方形穴播。窄行条播的行距通常为15cm，宽行条播的行距视牧草种类、栽培条件不同而有30cm、45cm、60cm、90cm以至120cm。方形穴播一般多采用60cm×60cm和60cm×80cm的株行距。此外在下列条件下也应采用宽行播种：①当加速繁殖上繁禾本科牧草及豆科牧草时；②繁殖下繁禾本科牧草时，这是因为这类牧草在窄行条播情况下，形成大量的营养枝，而生殖枝很少，因而种子产量很低；③在农业技术较好，田间杂草少，施肥又较多能较快形成稠密的草丛时。

播种量：收种子用的播种量一般要比收草用的少，宽行播种时播量更少。例如红豆草，在收草利用时，每667m²播量为3.2～4.0kg，收种时用窄行条播时为2.0kg，宽行播种时为1.5kg。关于各种牧草种子田的播种量见表5-1。

图5－1　牧草种子田的播种工作过程

【结果展示】

根据所实习单位的牧草种子田的准备、播种材料准备与播种技术要点写一份报告。

○○必备知识

一、施肥及灌溉

对种用牧草追肥和灌溉，是提高种子产量和品质的重要措施。如同农作物一样，多年生牧草种子产量的高低，取决于单位面积上生殖枝的数目、穗的长度、小穗及小花数、结实率和种子千粒重，而这些因素的好坏，是与水分和养分的供应充足、适时与否有密切关系的。

在种子生产中以能获得近乎高额种子产量的施肥量为经济合理的施肥量。一般根据牧草、饲料作物种类、土壤肥力、肥料种类、气候特点和产量水平制定施肥措施，具体内容如下：

1. 禾本科牧草。禾本科牧草是喜氮的植物，对于磷、钾肥料也应有适当的比例。追肥可在禾草分蘖、拔节、抽穗及开花期进行。分蘖拔节期生长繁茂，植株进入旺盛生长期，幼穗开始分化，这一时期需肥量最多。由于多年生禾草在夏秋及春季进行分蘖，为了促进其侧枝的形成，应根据禾草类型在不同时期施用适量的氮、磷肥。春季追肥，既有促进春性禾草分蘖的作用，也有助于春季分蘖期和夏季分蘖枝条的生长。冬性禾草在春季由于前一年越冬的枝条很快进入拔节、抽穗期，此时除追施氮肥外，磷肥亦应适当增加，以促进穗器官的分化。而春性禾草的春施氮肥数量应较越冬性禾草的为高。禾草进入拔节期、抽穗期应施用完全肥料，氮、磷、钾均具有重要意义。施用氮肥可促进生殖枝的生长，也促进形成更多的小穗小花。磷肥对花器官形成正常花粉、子房发育和种子产量都有很大意义。钾肥在这个时期有促进碳水化合物的形成和运转，对提高光合作用效率、促使茎秆坚韧、防止倒伏都有重要作用。在肥料充足时，可在拔节期和剑叶出现期两次施肥，但应本着前重后轻的原则。当肥料不足时，可在拔节时一次施用，并结合进行灌溉。牧草在开花灌浆时期，主要是要求粒大而饱满，此时的特点是除了从外界吸收、同化营养物质外，还依靠营养器官中已积累物质的转化。要求施用适宜磷、钾肥和充足水分，也可追施少量氮肥，但不宜过多，否则引起徒长，延误成熟，造成减产。

2. 豆科牧草。豆科牧草可有效地利用共生的根瘤菌增加对氮的需要，因此豆科牧草对氮的需要量较禾本科牧草少。但豆科牧草种子生产中对磷、钾肥的需要量远较禾本科牧草为多，故应以磷、钾为主。氮肥施用在生长早期，磷、钾肥可在拔节、抽穗及开花期施用，磷肥也可作种肥施入。

磷、钾肥作为根外追肥时，最好在开花期，特别在大量开花期进行。对红三叶根外追施氮、磷、钾肥料的一个试验表明，对一次刈割的红三叶于抽茎期施用时，较对照组增产25.4%，始花期施用时增产35.5%，盛花期施用增产49.7%，而在始花期及盛花期两次施用时增产51.3%。

微量元素对牧草种子生产具有特殊作用，特别是硼，对豆科牧草种子生产具有重要意义。硼能影响叶绿素的形成，加强种子的代谢，对子房的形成、花的发育和花蜜的数量都有重要的作用。植物缺硼时，子房形成数量少，且形成的子房和花发育不正常或脱落。作为根外追肥，每亩用量0.25～0.3 kg即可。

二、人工辅助授粉

人工辅助授粉是提高花粉利用率、结实率、增加种子产量和品质的主要措施，尤其对栽培牧草，特别是属于异花授粉的多数多年生草种具有重要作用。因此，在生产实践中常采用辅助授粉这一农业技术措施。

1. 禾本科牧草的人工辅助授粉。禾本科牧草为风媒花植物，在自然授粉的情况下，借风力传播花粉。

禾本科牧草人工辅助授粉的方法很简便，在牧草开花时用人工或机具于田间的两侧，拉张一绳索或线网从草丛上部掠过，往返几次即可。这样一方面植株被碰撞摇动可促使花粉的传播，另一方面黏着在绳索或线网上的花粉，在移动时可带至其他花序上，从而使牧草达到充分授粉的目的。此外，空摇农药喷粉器，或小型直升飞机低空飞行，都可以使吹出的风促使植株摆动相互碰撞，也可起到辅助授粉的效果。

为了正确地对禾本科牧草进行人工辅助授粉，应根据禾草的开花习性，在大量开花期间及一日中大量开花时进行。人工辅助授粉最好进行两次，对圆锥花序类牧草应在花序上部大量开花及下部大量开花时各进行一次，对于穗状花序的，可于大量开花时进行一次或两次。两次间隔的时间一般为 3 ~4 天。

2. 豆科牧草的人工辅助授粉。异花授粉的牧草如紫苜蓿、红豆草、红三叶、黄花草木樨等是自交不亲和的，生产种子凭借昆虫进行授粉。红三叶的受精作用一定要求蜜蜂传粉，随着蜜蜂的有无和种类的不同，其受精情况也不同，而且当红三叶与其他蜜源牧草混播时，其受精率较低。另一些豆科牧草，如山黧豆，虽为自花授粉植物，但异花授粉结实率占有较大的比例，昆虫授粉可提高其种子产量。

豆科牧草花的数目很多，据估测，苜蓿及红三叶在每公顷地上约有 15 000 万 ~25 500 万朵，白三叶为 99 990 万 ~139 500 万朵，黄花草木樨为 4 950 万朵。这些数字表明，豆科牧草的花如能充分授粉，要有众多的昆虫传粉者，蜜蜂、黄蜂、碱蜂、丸花蜂和切叶蜂等，它们是豆科牧草的主要传粉者。为了促进豆科牧草授粉，提高种子产量，专业的种子繁殖场应饲养一定数量的蜜蜂，同时也应注意采取如下措施：

(1)尽可能地将豆科牧草种子田，特别是蜜蜂授粉作用较差的种类和品种，配置邻近于林带、灌丛及水库近旁，以便野蜂等进行授粉。

(2)在豆科牧草种子田旁，直接配置一定数量的蜂箱。一般每公顷地可配置 1 ~4 箱。

(3)注意品种选择，作物及牧草种类的搭配，以及调节牧草的开花期，使之和蜜蜂的最大活动时间相吻合。并在牧草开花期铲除与牧草同时开花的树木、灌丛或其他植物，以减少它们与种子地内牧草采蜜的竞争。

三、牧草种子的收获

种子田收获是种子生产的最终目的，是重要的农业技术环节，它对种子的数量和质量有较大的影响。收获的季节性很强，为了丰产丰收，必须抓紧进行。

种子收获率低的原因有：①花序形成持续期长；②每一花序种子成熟不均匀；③种子落粒性强，成熟即落和植株倒伏等。因此，种子田对收获期要求较严，工作量又大，过早过晚对其产量和品质都有一定影响。收获过早，因子粒尚未成熟，干物质积累没有完成，不仅会降低粒重和蛋白质、脂肪的含量，活力低，而且由于成熟不好，青粒和秕粒较多，脱粒困难而造成浪费。收获过晚，在天气干旱的情况下，会造成落粒损失。因此，适期收获对保证草种的产量和品质有重要作用。种子收获后的干燥对于提高种子质量，保证种子的安全贮藏具有重要意义。

(一)牧草种子的收获

牧草种子在收获过程中，一般落粒损失25%～50%，严重的可达90%。草种的落粒现象是其在自然条件下繁衍其后代的生理特性。一般野生牧草较栽培牧草的落粒现象严重。

牧草种子的收获在种子生产中是一项时间性很强的工作，必须给予极大的重视，并在事前做好一切准备工作。

1. 种子田采种年限。多年生牧草由于播种当年生长发育缓慢，常不能形成产量，或者种子的产量很低。为了不影响以后多年生牧草的生长和收成，一般播种当年不采收种子，而仅进行刈割。一般二年生牧草如草木樨，种子收获在生活的第二年；少年生牧草，即其可利用年限为3～4年，如红三叶、老芒麦等，可在生活的第二及第三年采种，种子产量以第二年为最高；中寿命牧草，生活寿命为5～6年，种子收获的年限为利用的第2～4年，以后产子量即显著下降，大部分牧草属于这一类；至于长寿命牧草，生活年限为6～8年，种子最高产量为利用的第3～5年。

在生产上，当从一般栽培地或混播牧草地上采收牧草种子时，视多年生牧草可利用年限不同，一般仅采种一次，最多两次，以免影响其青、干草产量。

2. 种子收获的时间。由于收获的时间短、工作量大，所以选择适宜的收获期会大大减少损失而获得最高的种子产量。确定种子收获时间需要考虑两个问题，即使能获得高额产量和品质优良的种子，也要注意尽可能地减少收获不当所造成的损失。

在一年中，什么时候采收种子最好，要根据种子的成熟度、产量、品质、天气以及收获时所用机具来判断。

(1)根据种子成熟度。为了正确地决定牧草种子的收获期，适时收获，必须做好牧草成熟期的鉴定。种子成熟期可分为乳熟期、蜡熟期和完熟期。种胚的成熟完成于乳熟期，此时种子呈现绿色，含白色乳状物质，种子易弄破，乳熟期的种子干燥后轻而不饱满，发芽率及种子产量均低。蜡熟期的种子呈蜡质状，果实的上部呈紫色或灰色，但部分种子仍保持浅绿色的斑点，种子容易用指甲划破。完熟期的种子具有该品种固有的大小、硬度和颜色，其千粒重、发芽率和种子产量均高，是种子收获的适宜时期。当用联合收割机收获时，一般可在完熟期进行；而用镰刀人工收割或割草机收获时，可在蜡熟期收刈。收获成熟度判断不准，耽误了种子收割，会由于落粒而减产。

(2)根据种子含水量。种子含水量也是确定禾本科牧草种子成熟收获的一个主要指标。已发现，当种子水分降至35%～55%时(决定于牧草种类)其发芽率几乎不再提高。此时，大多数禾草种子每日水分的下降数量(或干物质含量的增加)几乎相当，平均为1.5%～4.0%(取决于牧草种和品种)，这一规律是种子生产实践中应用最广的，根据种子含水率确定最适收获期方法的基础。

种子含水量的高低也与收获方法有关。对于大多数牧草来说，当种子含水量降到45%时便可收割。种子含水量测定应在开花结束10天后每两天取样一次进行测定或用红外线水分测定仪于田间直接测定。

(3)根据种子品质。除种子产量外，种子品质也是确定收割开始日期的重要指标。千粒重高低反映了种子大小和饱满度，同一种(品种)，千粒重大，籽粒就饱满，播种后出苗整齐，较小粒种子有一定增产作用。每一种(品种)牧草种子具备本种(品种)特征的千粒重。当种子重量达到基本稳定时，说明该牧草种子田已经成熟，应开始收割。例如，在种子含水量为50%～55%时，鸡脚草种子千粒重不超过0.79g～0.94g。猫尾草种子在含水量为44%～50%时，千粒重相应为0.33g～0.40g；说明已达其特征的千粒重，可着手收获。总之，在收获种子田开花结实后定期测定种子千粒重，其重量接近特征千粒重并基本稳定时即可收获。

(4)根据种子糖分和干物质含量。种子中的糖分和干物质含量等生化特征可作为确定收获禾草种子最佳日期的指标(如多年生黑麦草和小糠草)，波兰从禾草盛花期后第7天开始，每3～4天进行分析，同时测定种子发芽率。已证明，这两种禾草种子的生理成熟比一些放牧地禾草来得早。对多年生黑麦草种子可在花期后26～30天内收获，小糠草在花期后24天收割，可把种子糖分含量降低到干物质(占种子的65%)含量的4%～5%的那个时机作为这两种禾草种子生理成熟的指标。

(5)根据花序和茎秆上部的颜色。目前，大多数国家根据花序和茎秆上部的颜色变化(由绿变黄或变褐)确定准备收获禾草种子田的方法。这一原理把用以确定收获期方法的成熟度指数作为基础。在计算指数时，绿色花序定为1级，由绿到黄的中间过渡色定为3个级别，全熟花序定为5级。成熟度指数用1～5的整数或分数表示。当用分段方式收获草地羊茅时，成熟度指数为3.5～4.0时收获，紫羊茅4.0～4.5，多年生黑麦草12.5～3.5；当直接用联合收割机收获时，则相应取该指数值为4.0～4.8，4.0～4.5，4.5～5.0，3.0～4.5。

(6)根据豆科牧草的荚果、种子的茎顶部的色泽。确定豆科种子田收割的最佳日期，凭着肉眼看得出来的草层成熟特征——如荚果和种子(紫苜蓿)及茎顶部和种子(三叶草)的色泽。直接用联合收割机收割紫苜蓿的时间在3/5的荚果开始变成黑褐色，而其余为褐色时进行(仅少数为绿色)。此时，种子应具有光亮的黄色光泽。适于分段式收割紫苜蓿的时间应在2/5的荚果为黑褐色，2/5的荚果变褐时进行，此时75%的种子颜色变成黄色。直接用联合收割机收割的红三叶种子田，应是4/5头状花序为黑褐色，其余为褐色，此时的种子应呈纯黄。当头状花序的3/4为黑褐、1/5为褐色、仅少量为绿色前不几天，即可进行分段式收割，种子应呈八成红。

根据植株的自然特征，即茎叶、果实、种子及草层颜色的改变确定种子收割期的方法比较主观，需要具备确切鉴定草层状态的丰富经验。因此该法不太可靠，不宜经常使用，以免种子损失严重，使其品质变劣。

种子收获时损失的多少也和收获方法有关，用联合收割机收获时，一般损失较少。关于各种牧草在不同方法收获下适宜收获时期，以及该时期牧草植株、穗及荚果的特征和种子落粒的情况如表5－2所示。

表 5-2　　牧草种子收获适宜期及种子脱粒性

牧草种类	用联合收割机收获时	用简单机具收获时	种子的脱粒性
羊草	完熟期，花序呈黄褐色，长营养枝灰绿色	蜡熟期或部分完熟，花序黄色，长营养枝及生殖枝灰绿色	及时收获，种子脱落不多
披碱草	完熟期，花序呈紫色至杆黄色，上部及中部叶绿色，下部叶发黄	蜡熟，花序紫色	种子脱落性强，应及时在1~2天内收完
垂穗披碱草	完熟期，花序呈黄色或灰色，基部叶绿色，秆黄色	蜡熟至完熟初，花序褐色，秆淡黄色	种子脱落性强，应及时收获
老芒麦	完熟期	蜡熟期	种子强烈脱落
冰草	完熟初，植株除茎生叶外均呈穗黄色或黄褐色	蜡熟期，穗和秆黄色	较易脱落
野大麦草	蜡熟期，上部小穗变黄，其他呈淡紫色	蜡熟期，穗深紫色带黄色，秆黄色	种子成熟时，穗轴一节节地脱落
无芒雀麦	完熟期，花序向一个方向变形散开，种子坚硬，长营养枝绿色	蜡熟期，种子坚硬，紧压花序时部分种子脱落	种子脱落不多，成熟整齐
多年生黑麦草	种子蜡熟，主穗轴绿色，当打击花序时种子脱落强烈	种子部分蜡熟，当打击花序时，上部种子脱落	种子脱落性强，收获必须在1~2天内完成
草地羊茅	种子蜡熟末至完熟初，花序上部分的种子开始脱落	蜡熟初，种子不脱落	种子完熟后强烈脱落，应1~2天内收毕
鸭茅	完熟期，下中部叶片黄色，花序呈黄褐色	蜡熟期，中上部叶片尚为绿色时	过于成熟时易脱落
草地早熟禾	完熟期，成熟时，小穗在花序上卷成团，大田外貌淡灰色	蜡熟期，种子脱落较难，大田外貌淡褐色	及时收获种子脱落不多
苏丹草	主茎圆锥花序成熟时，花序及茎干燥；呈黄褐色；绝对不能使留种区受到霜冻	主茎圆锥袍序大部分成熟或蜡熟	种子较容易脱落

续表

扁穗雀麦	完熟期，生殖枝大部分或上部花序变黄色，下部部分叶片黄色，茎生叶及营养枝绿色	蜡熟期，花序黄色	种子脱落较严重
紫花苜蓿	90% ~95% 的荚果变成褐色	70% ~80% 的荚果变成褐色	不落粒
黄花苜蓿	60% ~75% 的荚果变成褐色	40% ~50% 的荚果变成褐色	不落粒
红豆草	70% ~75% 的荚果变褐色	50% ~60% 的荚果变褐色	不落粒
草木樨	植株下部荚果变成褐色或黑色时	植株下部荚果中种子蜡熟或完熟	种子成熟时间很长，植株下部分的种子首先成熟，种子强烈脱落
白三叶	90% ~95% 的头状总状花序变褐色，种子坚硬，正常黄色及紫色	70% ~80% 的总状花序呈褐色	及时收获，种子脱落不多

牧草种子田有的第一次刈割时收种子，而以其再生草刈割青、干草或放牧；到底以哪一次收割采收种子为好，这取决于多年生禾本科牧草的种子。应该在第一次刈割时采收种子，特别一些冬性或长寿命的下繁牧草不容许种子田第一次刈割青草、干草或放牧，在这种利用方式下将导致第二次刈割时生殖枝数减少，从而降低了种子产量。

豆科牧草中的紫花苜蓿及红三叶，在国内外均有从第二次刈割时采收种子的，这样可以获得产量较高、品质较好的种子。这是因为第二次再生的牧草不致徒长，发育正常。同时由于牧草开花结实处于夏秋季，天气条件较好，日照较短，有利于结实，而且也不易受虫害的危害。

适于第二次刈割时采收种子的地区，其生育期应不少于 180 天，第二次刈割和第一次刈割的间隔生育期天数不应少于 90 ~120 天；因为种子产量与第一次刈割的时间关系极大。

第一次刈割以蕾期较好，最迟不应晚于始花期，否则会影响下茬牧草种子产量。捷克的经验指出，第一次刈割如迟 1 周，则第二次采收种子的时间就要推迟 2 ~3 周。

（二）种子收获的方法

收获种子可以用联合收割机、马拉收割机或人工刈割。用联合收割机刈割，收获速度快，种子收获工作能在短期内完成，同时也可以省去普通方法收获时所必须的工序，如扎捆、运输、晒干、堆垛以及脱粒等。不仅节省了劳动力，而且种子的损失也较少。据报道，用马拉收获机收获草地羊茅种子时，其种子的损失量较用联合收割机收获时高 1.5 倍。

用联合收割机收获时，牧草的刈割高度为 20 ~40cm，这样可以少割下绿色的茎、叶及杂草，减少收获时的困难，降低种子湿度和减少杂草的混入。刈后的残茬可供放牧或再次刈作青、干草。

用联合收割机收获种子时，应在无雾、无露水、晴朗而干燥的时候进行，这样种子易于脱落，减少收获时的损失。用联合收割机收获时的行进速度每小时不应超过1.2 km。根据试验，如联合收割机的前进速度为每小时1.2 km，每公顷种子的损失为10.5kg，如果速度达到2.4km时，则损失可增高至81kg，为前者的7倍。

用马拉收割机收刈时，最好在清晨有雾时进行。据试验，鸡脚草种子在雾下收获时，每公顷种子的损失量为10.5kg，而至午后收获时，种子的损失量增至15kg。

用马拉收割机收获种子时，割倒后应立即搂集并捆成草束，尽快地从田间运走，不应在种子田摊晒和堆垛，以免造成损失和影响再生。用联合收割机收获时留下的秸秆和草糠也应及时收集运走，供作饲喂家畜的粗饲料。

人工收割禾本科牧草种子的方法是用手将种子拍打于容器内或用镰刀将植株齐地面割下，运至晒场晾晒数日后，用拖拉机牵引轻型镇压器或石磙碾压脱粒，数量少时用连枷敲打脱粒。种子田面积不大时，也可用镰刀将穗子割下晒干后脱粒。豆科牧草还可手工采摘其荚果。对脱落在地面上的种子可用扫帚扫起或用吸种机收集。

项目二　种子的贮藏与管理

任务1　种子干燥

【工作场景】

地点：生产实训基地

仪器与材料：新收获的牧草种子、鼓风机、干燥机、干燥剂、种子含水量测定仪。

工序1　自然干燥

1. 用马拉收割机或人工刈割后捆成草束，常将种子留在植株上自然干燥。在草束中干燥时，为了加快其干燥速度和不致产生霉烂，可将草束垛成人字行，架晒于晒场上。如不在草束中干燥时，可将其均匀摊开在晒场上，厚度约5～10cm，在阳光下干燥时，每日宜翻动数次，加速其干燥过程。在条件许可时，亦可采用作调制干草的木质或铁丝长架及幕式架进行干燥。牧草干燥至一定时间，即可进行脱粒。种子的湿度仍较高时，应进行曝晒或摊晾，以达到贮藏所要求的含水量。

2. 在晒场上晾晒的种子应摊成波浪式，其水分蒸发面大，干燥效果较平摊式为好。摊晒的种子，一般小粒种子厚度不超过5cm，中粒种子不超过10cm，大粒种子不宜超过15cm。摊晒时要勤翻动，使其上下层曝晒均匀，种子干燥也较快。在晒场附近没有场房时应搭上棚舍，以备夜间或下雨时堆放种子，第二天或雨后再行摊晒。（用联合收割机收获时，种子的湿度往往较高，应立即进行晒晾，晾晒场地以水泥晒场较好，因其场面结实，地下毛细管水不易上升，场面温度升高较快。）

【工作原理】

干燥是保藏种子的一项重要措施，种子收获后、贮藏前，降低其含水量以保证种子在贮藏期间品质不变的技术措施谓之种子干燥。种子含水量的高低对种子寿命、品质及安全贮藏都有很大影响。刚收获的种子含水量高，如不及时干燥，会很快霉烂、变质、发芽率降低。同时干燥可加速种子后熟，杀死有害微生物和害虫。因此，刚收获后的种子必须立即进行干燥处理，使其含水量降到规定的标准。种子干燥的基本原则：

1. 迅速排除种子中的上述各种水分，而又不致影响种子的品质。

2. 种子是一个有生命的有机体，种子干燥的速度，与空气中的相对湿度、温度和种子的性质、形状和大小有密切的关系。

工序2　人工干燥

在现代草业种子生产中，种子常采用人工干燥的方法，如通风干燥，干燥机干燥和加热干燥等。

1. 通风干燥： 将刚收获的牧草种子摊在平地上，种子厚度一般根据种子大、小粒来决定，然后使用鼓风机把种子扩散在空气中的水分及时地用风带走的原理来干燥种子。风速越大，干燥的速度越快。

2. 干燥剂干燥： 在密封条件下把干燥机和种子放在一起干燥。该法不需要提高温度，更不需要通风，非常安全，而且能把种子的含水率干燥到很低的水平。干燥剂有液体和固体两种，液体干燥剂有氯化锂，固体的有氧化硅胶、生石灰、氯化钙等。

3. 加热干燥： 首先把空气加热，以其为热湿的载体干燥种子。该法干燥速度快，工作效率高，不受自然气候条件的限制。但操作技术要求严格，稍有不慎就会使种子丧失生活力。

【加热干燥种子原理】

由于热空气把热量传递给种子，使种子内部的水分发生转移，并通过种皮蒸发出去。加热干燥法根据传热方式的不同，又分为对流干燥法、辐射干燥法、传导干燥法、微波干燥法等。常用的干燥机有滚筒式干燥机、成批循环式干燥机、塔式干燥机等。无论用何种干燥机，进行种子的干燥时，种子的出机温度应保持在30℃～40℃以内。如果种子含水量较高时，最好进行两次干燥，并采取先低后高的原则，使种子不致因干燥而降低其品质。对于带有芒、髯毛等流动性差的草种，应在干燥前进行去芒。

【结果展示】

在规定时间的实训结束后，对所干燥处理过的种子进行含水量测定并写一份实训报告。

任务2　种子的贮藏与清选

【工作场景】

地点： 生产实训基地

仪器与材料： 新收获的牧草种子、振动筛吸风装置、XXF2－100型吸风风离器、FL－14型谷壳分离器、KXF糖粞分离器、SG高速振动筛、SM平面回抖筛、GCP63×3－1型选糙平转筛、GCP100×3（R80）型选糙平转筛、圆筒初清筛等、QSZ型密度去石机、风动分选机、鄂GCI·100×3型重力谷糙分离机、PS－120型袋孑振动谷糙分离机。

工序1　种子清选

【工作原理】

这是以种子的空气动力学原理、粒形、粒度、比重、弹性、表面特征、导磁性、色泽等方面的特征为依据的。不同种子，杂质与废种子方面有所不同，因此可利用这些不同将各种种子与其他杂质分离出来。种子清选就是利用种子与混杂物物理特性的差异，利用专门的机械设备来完成的。

种子的清选和贮藏新收获的牧草种子，常含有一些杂质和不能做播种材料用的废种子。杂质是指土块、沙石、粪便、秸秆、杂草种子以及其他牧草种子和作物种子。废种子是指无种胚的种子，压碎，压扁的种子，发了芽的种子等。这些混杂物的存在，严重影响牧草种子的质量。为了提高种子的纯净度，保证种子的种用品质，有利于种子安全贮藏，在种子入库之前必须进行仔细的清选。

常用的清选方法有如下几种：

1. 风选

把种子摊晒在平地上，使用这些机械中的一个(振动筛吸风装置、XXF2－100 型吸风风离器、FL－14 型谷壳分离器、KXF 糖粞分离器等)，利用种子与混杂物之间或种子本身悬浮速度的差异，借助气流除杂或分级的方法来清选。按照气流的运动方向，风选形式可分为三种：

(1)垂直气流风选，水平气流风选和倾斜气流风选。垂直气流风选是利用种子间的悬浮速度的差异，选取一定的气流速度，使种子向上运动或向下运动，从而将两者分离。

(2)水平气流风选就是利用各种种子间具有不同飞行系数(是种子在水平气流中空气动力学性质的特征)的原理将其分离。

(3)倾斜气流风选也是利用不同飞行系数的种子被气流带动的距离远近不同将其分开。同样条件下，种子在倾斜气流中的飞行系数大于在水平气流中的飞行系数。因此，采用倾斜气流风选可以取得较水平气流风选较好的分离效果。

2. 筛选

利用被筛种子之间粒度(粒宽、厚度、长度)的差别，借助筛孔分离杂质、或将种子进行分级的方法。种子经筛选后，凡是留在筛面的未穿孔的种子称筛上物，穿过筛孔的种子称筛下物，通过一层筛面，可以得到两种种子。在筛选过程中，如要达到除杂或分级的目的，必须具备以下三个基本条件：筛下物必须与筛面接触；选择合理的筛孔形状和大小；保证筛选种子与筛面之间具有适宜的相对的运动速度。

筛面有栅筛、冲孔筛面和编织网等多种。筛孔的形状有圆形孔、方形孔、长形孔、三角孔等。筛孔的大小是限定种子过筛的尺度，因此应按照被筛种子粒度的大小来确定。

常用筛选机如 SG 高速振动筛、SM 平面回抖筛、GCP63×3－1 型选糙平转筛、GCP100×3(R80)型选糙平转筛、圆筒初清筛等。

3. 密度清选

密度清选主要是根据种子间密度、容重、摩擦系数以及悬浮速度等物理性质的不同，利用它们在运动过程中产生的自动分级，借助适当的工作面进行清选。根据所用介质的不同，密度清选可分为干式和湿式两类。

(1)湿式是以水为介质，利用种子间的密度和在水中沉降速度的不同进行清选。

(2)干式是以空气为介质，利用种子间的密度，表面摩擦系数及悬浮速度的不同，借助一定的运动形式的工作面进行清选。

对于大小、形状、表面特征相似的种子，其重量不同可用密度清选法分离；破损、发霉、虫蛀、皱庇种子、沙粒、土块，大小与优质种子相似，但密度较小，利用密度法清选，效果较好。

密度清选常用密度清选机进行。目前我国种子加工广泛使用的密度清选机有 QSZ 型密度去石机、风动分选机、鄂 GCI·100×3 型重力谷糙分离机、PS－120 型袋孑振动谷糙分离机。

4. 长度清选

这是利用种子间的长度差异进行分离，常用的长度分离设备为碟片精选机。

5. 表面特征清选

这是依靠牧草种子和混杂物表面特征的差异进行清选。该法常用的设备有倾斜布面清洗机和磁性分离机。

倾斜布面分离机靠一倾斜布面的向上运动将种子和混杂物分离，待清选种子从设在倾斜布面中央的进料口喂入，圆形或表面光滑的种子，可以从布面滑下或落下，表面粗糙或表型不规则的种子及杂物，因摩擦阻力大于其重力在布面上的分量，所以会随布面上升，从而达到分离的目的。布面清选机的布面常用粗帆布、亚麻布、绒布或橡胶塑料等制成。分离强度可通过喂入量、布面转动速度和倾斜角来调节。

利用磁力清除牧草种子中磁性金属杂质的方法称为磁选。当物料通过磁场时，由于种子为非导磁性物质，在磁场内能自由通过。其中的磁性金属杂质则被磁化，同磁场的异性磁极相互吸引而与种子分开。

以上所介绍的设备，都是利用种子与杂质间的主要的一种特性差异进行清选分离的。

目前，国内外正在发展由两种或两种以上不同原理的工作机构组合而成的组合清选设备。如筛选去石组合机、碟片滚筒组合机、筛选滚筒组合机、分级去石组合机等。其特点是结构紧凑、占地面积小，种子提升次数和建筑层数可相应减少，操作管理也比较集中，充分发挥了一机多用的作用。

【结果展示】

实训结束后以牧草种子收获方法与贮藏技术为要点写一份实训报告。

○○必备知识

一、种子贮藏

种子贮藏是种子生产的一个重要环节。牧草种子从收获到再次播种，由于农业生产极强的季节性和茬口与品种安排的规律性，一般都要经过一定的贮藏时期。

贮藏的目的是促使牧草种子在整个贮藏时期保持其收获与干燥后所具有的特性，即应保持其使用价值，特别是种子的发芽势、发芽率和种子活力，并防止机械混杂，保持品种纯度，防止虫、霉、鼠、雀危害，进一步提高种子的净度。因此，贮藏的正确与否及贮藏条件的好坏，都关系到种子的品质，影响到下一代牧草的生产。牧草种子生产、贮藏、销售单位都应十分重视这一工作。

二、种子寿命与贮藏

种子从生理成熟到生活力丧失的生活期限称为种子寿命。种子寿命既受种子本身的遗传基因控制，又与种子成熟度、饱满度、机械损伤程度有关。尤其是贮藏温度和湿度是影响贮藏寿命的重要外界因素。控制贮藏温度和湿度可以人为地延长或缩短种子寿命。种子在高温高湿条件下生命活动旺盛，寿命变短。严重时，由于呼吸作用增强，释放出热能和水分，能引起霉变和虫害，使种子完全丧失生活力。在低温低湿条件下，种子生命活动极微弱，寿命可大为延长，能比在一般条件下延长数倍至数十倍。一般种子含水量高于14%，能使种子寿命缩短，甚至发生霉变等意外事故，低于13%则比较安全。含水量如能稳定在6%～8%之间，则各种不利因素的影响几乎均可排除，最为安全。但含水量也不宜过低，低于4%～5%时对种子造成损害。

三、牧草种子的贮藏

根据贮藏设施和技术特点，可将种子贮藏分为常规贮藏、低温贮藏和其他贮藏三种基本类型。

1. 常规贮藏

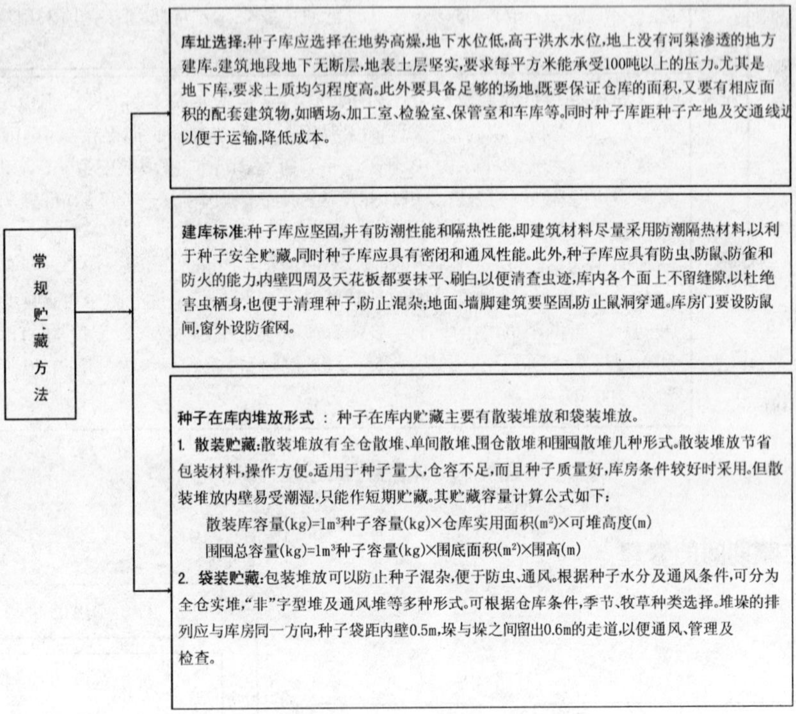

图5－2　牧草种子常规贮藏过程

2. 低温贮藏

低温贮藏是将种子置于一定低温的条件下贮藏，这一温度必须达到抑制微生物及害虫的活动，显著地减弱种子的呼吸强度，延长种子寿命，是一种较为理想的种子贮藏方法。取得低温的方法有自然低温和人工机械制冷两种。

自然低温贮藏种子可采用冬季低温贮藏和地下贮藏两种方法。

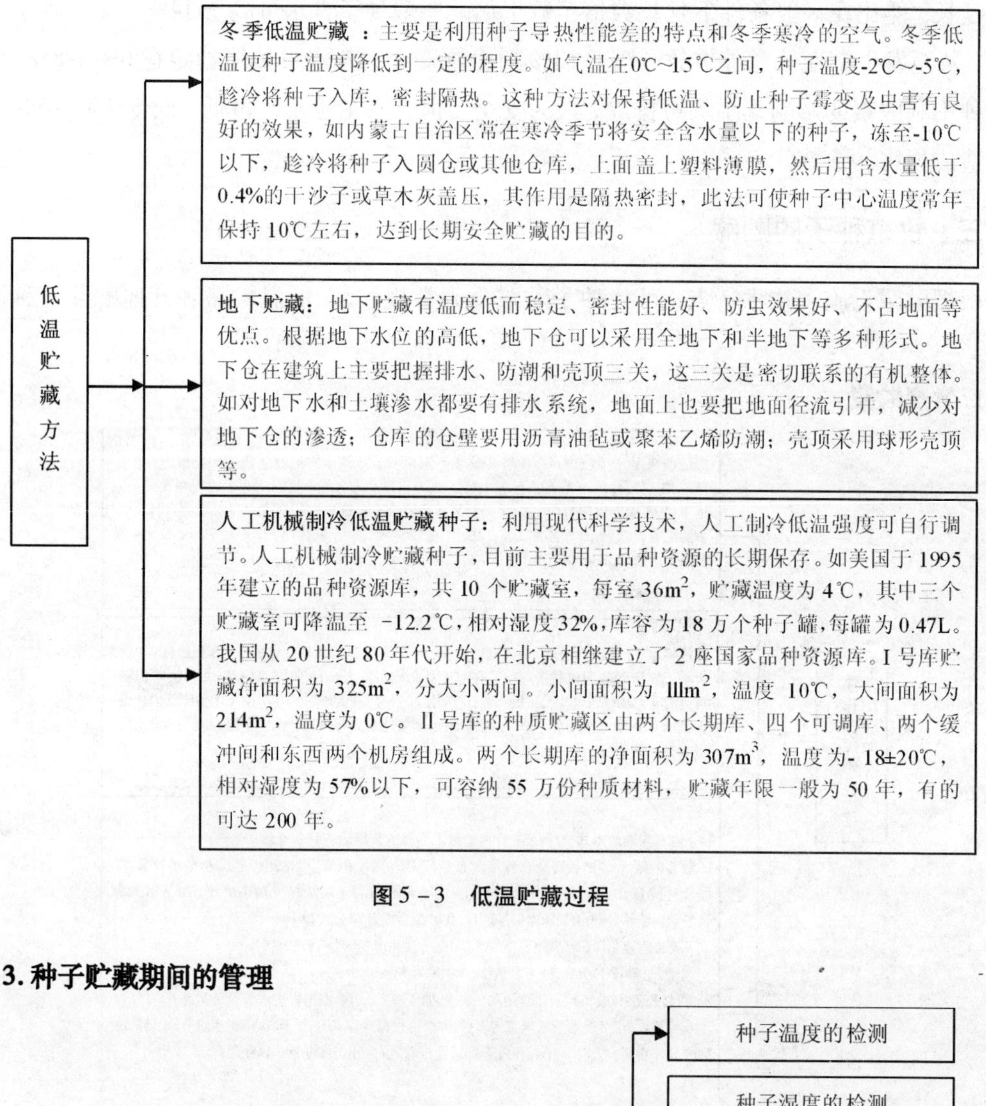

图5-3　低温贮藏过程

3. 种子贮藏期间的管理

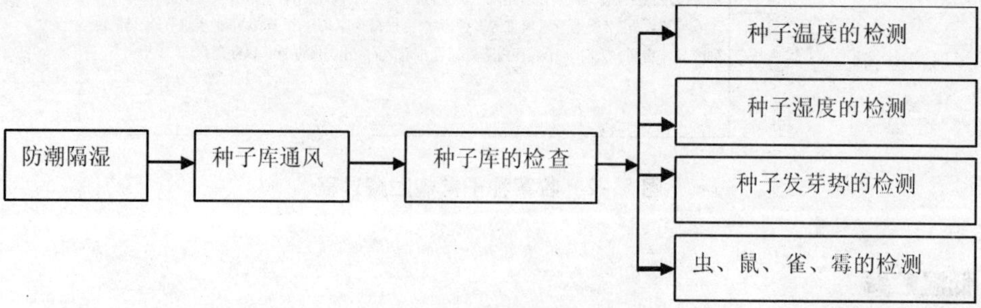

图5-4　种子贮藏期间工作过程

【注意事项】

种子在贮藏期间应多加管理，其任务是保持或降低种子含水量和种子温度，控制种子及种子堆内害虫及微生物的生命活动，注意防除鼠害。所以应注意以下问题。

1. 防潮隔湿。种子吸湿的途径主要有三个方面，即从空气中吸湿，地面返潮和漏进雨雪。因此防潮隔湿的工作应着重抓好这三个环节。

种子能不断从空气吸收和散发水汽，使种子内水汽压与空气中水汽压趋向平衡。空气湿度大种子很容易吸收湿，这种情况虽发生在种子堆的上层。但由于吸湿的机会多，接触面大，如不加注意，也会影响种子的安全贮藏。要防止种子从空气中吸湿，如密封性能好，在外界温度高时，应注意关闭门窗，防止湿气进入仓内。密闭时间要求长的，应该把门窗缝贴起来，增强密封效果。如密封性能差时，应用各种材料覆盖。

仓库漏水淋湿种子所造成的损失较大，特别是在雨季，要经常注意对仓库的检查，以便及时发现早维修。对于已被雨水淋湿的种子，要及时进行干燥处理。

2. 种子库通风。种子贮存在仓库里，应进行适时通风，通风的作用在于加速种子堆内的气体交换，利用低温或干燥的空气来降低种子堆内的温度和湿度，以提高种子贮藏的稳定性。

掌握库内湿度、温度。通过打开门窗及原设计的各种通风道口，让库内外空气自然对流即可达到通风的目的。也可以利用风机和风管组成的通风系统进行强制性的机械通风。

3. 种子库的检查。在种子贮藏期间，要定期对种子质量的变化和安全条件的维持状况进行检测，发现问题及时解决。温度、湿度、发芽率、病虫害的变化是种子贮藏安危的重要指标，也是检测工作的主要内容。

①种子温度的检测：种温检测要做到定期、定时、定层、定点，以便及时、全面掌握种子堆温度的变化情况。定期，根据季节、种子情况，决定测温时间的间隔；定时，每次检测各个种温应在同一时间；定层，即同一批种子的堆，要分上、中、下三层测温，上层距堆面0.5m，下层距地面0.5m；定点，固定的每层的四角及中央五点进行测定。散堆面大的可分段设点，并增加检测点，包装的按垛进行检查。温度测定的次数和周期，根据种子含水量和季节而定，如表5－3。

表5－3　　种温检测的周期（天）

种子含水量	夏季和秋季		冬季		春季		
	新收获的种子	已完成后熟的种子	0℃以上	0℃以下	低于5℃	5℃～10℃	10℃以上
15%以下	每天	3天	5～7天	15天	5－7天	5天	3天
15%以上	每天	每天	3天	7天	5天	3天	每天

②种子湿度的检测：检查种子水分的周期取决于种温的变化。种温在0℃以下时，每月检查一次；0℃以上时，每半月检查一次；20℃以上时，每10天检查一次。禾本科牧草种子种温在30℃以上，豆科牧草种温在25℃以上时，每天检测，水分检测点与温度检测点配合使用，检测出的数据，供种子堆立体分析使用，不得平均。

③种子发芽的检测：一般每季测一次，夏、冬季及药剂熏蒸前后都应增加一次测定，最后一次检测应在种子出库前10天进行。种子温度和湿度不稳定时，则根据情况增加检测次数。

④虫、鼠、雀、霉的检测：对仓虫，种温在15℃以下（1～3月），每月检查一次；种温在15℃～20℃（春、秋季），半个月检测一次；种温在20℃以上（4～10月），每周检查一次。危险部位应增加检测点数，除种子堆外，对墙壁、梁、柱、仓具等均须进行检查。鼠雀检测主要看粪便、查脚印，在过道、墙角等处地面撒石灰粉查脚印，库内外还要查鼠洞。霉变检查重点复查墙角堆角，表层下50cm外及柱脚等易返潮、结露和不通风的地方。检查方法是看色泽、闻气味、用脚踏印堆试其光滑程度，用手扇动看种子的散落性和有无结块等现象。

四、种子质量分级

依据牧草种子检验结果，对照国家标准局颁布的《中国主要栽培牧草种子质量分级标准》将不同质量的种子按等级分开，这是种子质量标准化的具体体现。种子质量分级不仅是衡量草种质量优劣，确定其利用价值的统一尺度，也是确保种子贮藏运输的安全，衡量生产加工、贮藏和管理部门工作优劣的标准。它又利于贯彻以质论价、优质优价政策，保障购销双方利益。在牧草种子入库前，在清选和晒种的基础上，按照种子质量分级标准认真进行检验，根据检验结果区分草种的优劣并划分为不同等级。

（一）种子质量分级的依据

从国际上和我国牧草种子分级的项目看，是根据与草业生产关系最密切的项目作为牧草种子质量分级的主要依据，一般包括净度、发芽率、种子水分和其他植物种子含量等项目。

（二）种子质量分级的标准和方法

国内种子分级标准和方法。1982 年中华人民共和国农业部决定，由有关科研单位和高等院校研究制定主要栽培牧草种子质量分级标准，1985 年经国家标准局批准，作为国家标准颁布执行。该标准把豆科、禾本科、菊科及藜科等主要栽培牧草种子按其种子质量分为三级。最高标准为一级，最低为三级。一级种子的各项指标较高，接近或超过国外水平，以利于国际间牧草种子的贸易与交流，并促使中国牧草种子质量不断提高。二级种子一般略低于国外标准，但符合中国中上等牧草种子的生产水平。三级种子各项指标要求较低，尽可能照顾到中国牧草种子生产的一般水平，但仍稍高于目前生产水平，促使在现有基础上有所提高。

我国牧草种子质量的分级是以种子的净度、发芽率、其他植物种子粒数及种子水分作为分级的主要依据。净度是种子种用价值的主要依据，不仅影响种子的质量和播种量，也影响贮藏种子的安全。分级标准规定：一级种子的净度豆科牧草不低于 80%～98%，禾本科牧草不低于 75%～98%；三级种子的净度豆科牧草不低于 70%～90%，禾本科牧草不低于 60%～90%；二级种子在一级和三级之间。

发芽率是决定种子质量优劣的重要指标之一，对决定播种量和安全贮藏有重要价值。一级种子的发芽率，豆科牧草不低于 60%～95%，禾本科牧草不低于 55%～95%；三级种子的发芽率豆科牧草不低于 40%～85%，禾本科牧草不低于 35%～85%；二级种子在一级与三级之间。其他种子指异作物种子或杂草种子，以每千克含有的粒数表示。一级种子每千克含其他种子数，豆科牧草不多于 50～1 000 粒，禾本科牧草不多于 200～2 000 粒；三级种子每千克所含其他种子数，豆科牧草不多于 200～4 000 粒，禾本科牧草不多于 500～5 000 粒；二级种子在一级种子与三级种子之间。以上三项指标，均按每一牧草种子而具体明确规定。种子水分也是反映种子质量的重要指标之一，是影响种子安全贮藏的重要因素，无论一级、二级还是三级种子，其水分指标都是相同的，豆科牧草种子的水分不高于 12%～13%，禾本科牧草不高于 11%～12%，饲用玉米种子水分不高于 14%。

五、牧草种子的包装和运输

（一）牧草种子包装

为了便于检查、贮藏、搬运和装卸，收获后经过干燥、清选和质量（净度、发芽率、生活力、水分)检验的牧草种子应进行包装。包装要避免散漏、受闷返潮、品种混杂和种子污染。

1. 包装材料。包装可用麻袋、棉布袋、纸袋、薄膜(塑料、金属箔)袋、金属板或纤维板筒、玻璃罐、纤维板箱或各种材料制成的容器。大批量牧草种子的包装容器可用较大的针织袋或多层纸袋、大纤维板筒、金属罐或纤维板箱(盒);贵重的牧草种子零售时或原种的包装容器一般是小纸袋、薄膜袋、压制的薄膜套、小纤维板盒或小金属罐。忌用不透气的塑料袋或装过农药、化肥、腌制品及油脂的袋子包装。能容纳种子并保护种子的包装袋要干燥、牢固、无破损、清洁(包括无虫、无异味种子及杂物)。

2. 包装方法。手工或自动、半自动装填机，把种子装入容器后，棉袋或麻袋多用手缚法或缝合法封口，如用聚乙烯和其他热塑料，通常将薄膜加压，并加热至93.2℃～204.4℃。经一定时间即可封固。非金属或玻璃的半硬质或硬质容器，常用胶进行封口，金属罐封口通常与食物加工中密封罐头的程序相同。

3. 包装定量。凡包装贮运的批量牧草种子要"包装定量"(表5－4)，一律使用标准袋，禾本科牧草种子每袋重量以25kg为宜;豆科牧草种子每袋重量以50kg为宜;其他科草种依种子容量大小而定。对于一些特别细小的草种，如猫尾草、小糠草、三叶草、沙打旺等以及特别珍贵的草种要在标准袋内加一层布袋，以防散漏。每袋种子的重量允许误差为±0.5%。不足定量的零散包，需在该标签上作出明显的标记。

表5－4　　主要牧草种子包装定量

草种名称	重量(k/袋)	标准袋(cm^2)
紫苜蓿、红三叶、沙打旺、小冠花、金花菜、白沙蒿、伏地肤、柱花草、紫云英、苏丹草、白三叶	50	60×90双层
山黧豆、胡枝子、红豆草、大翼豆、箭舌豌豆、毛苕子、小叶锦鸡儿、黄花草木樨、玉米、白花草木樨	50	60×90单层
草地早熟禾、狗尾草、猫尾草、小糠草	25	70×98双层
羊茅、冰草、无芒雀麦、鸡脚草、野大麦、披碱草、老芒麦、毛花雀稗、结缕草	25	70×98单层

4. 种子标签。牧草种子包装袋的内外都要有填写一致的种子标签，注明牧草种子名称(中名、学名)、质量级别、净重、生产单位、收获日期、经手人等。填写标签要准确无误，字迹清楚，易于辨认。袋内标签在缝口前放入，袋外标签拴在缝口线上。标签用耐磨的卡片纸或尼龙布印制，长10cm，宽5cm，分正反两面。拴线孔处为2～3层黏合，并加铝质"鸡眼"。

（二）牧草种子运输

1. 运输工具。牧草种子可用汽车、火车、轮船、飞机、拖拉机、马车等交通工具运输;所有运输工具必须清洁、干燥、无病虫害物，并有防风、防潮、防雨设备。

2. 装运。大批量种子运输，一般一车装运一个品种;两个品种以上的要严格分开装运，不得混装。少量多品种牧草种子运输，要有明显的品种隔离标志，以防混杂错乱。凡运输种子，应按每一个批次(同品种、同等级)附有一份"种子品质检验单"和一份"种子检疫证"以及发货明细表(表5－5)，交承运部门或承运人员随种子同行，货到后交接收单位，作为验收种子的凭据。

表 5－5　　**牧草种子运输发货明细表**

种子名称	数量	质量			运输工具	防护设备	发货单位	发货日期	发货人	收货单位
		净度	发芽率	水分						

3. 邮寄。邮寄种子必须持有“牧草种子检疫证书”，按邮局的统一规定和要求封装邮包，注明防潮、防湿、防热的字样。

【**注意事项**】

在运输期间如发生雨林、受潮等事故，应随时取出，及时晾晒。如果抛散混杂，要分开单独包装。

计 划 单

学习情境 5	牧草种子生产			学时	12
计划方式	以小组为单位，通过讨论共同制定计划				
序号				使用资源	备注
1					
2					
3					
4					
5					
6					
7					
8					
9					
10					
制定计划说明					
	班级		第　组	组长签字	
	教师签字			日期	
计划评价	评语：				

决策实施单

<table>
<tr><td colspan="2">学习情境5</td><td colspan="6">牧草种子生产</td></tr>
<tr><td colspan="8">讨论小组制定的计划书，做出决策</td></tr>
<tr><td rowspan="9">计划
对比</td><td>组号</td><td>工作流程
的正确性</td><td>知识运用
的科学性</td><td>步骤的
完整性</td><td>方案的
可行性</td><td>人员安排
的合理性</td><td>综合评价</td></tr>
<tr><td>1</td><td></td><td></td><td></td><td></td><td></td><td></td></tr>
<tr><td>2</td><td></td><td></td><td></td><td></td><td></td><td></td></tr>
<tr><td>3</td><td></td><td></td><td></td><td></td><td></td><td></td></tr>
<tr><td>4</td><td></td><td></td><td></td><td></td><td></td><td></td></tr>
<tr><td>5</td><td></td><td></td><td></td><td></td><td></td><td></td></tr>
<tr><td>6</td><td></td><td></td><td></td><td></td><td></td><td></td></tr>
<tr><td>7</td><td></td><td></td><td></td><td></td><td></td><td></td></tr>
<tr><td>8</td><td></td><td></td><td></td><td></td><td></td><td></td></tr>
<tr><td colspan="8">制定实施方案</td></tr>
<tr><td>序号</td><td colspan="5">实施步骤</td><td colspan="2">使用资源</td></tr>
<tr><td>1</td><td colspan="5"></td><td colspan="2"></td></tr>
<tr><td>2</td><td colspan="5"></td><td colspan="2"></td></tr>
<tr><td>3</td><td colspan="5"></td><td colspan="2"></td></tr>
<tr><td>4</td><td colspan="5"></td><td colspan="2"></td></tr>
<tr><td>5</td><td colspan="5"></td><td colspan="2"></td></tr>
<tr><td>6</td><td colspan="5"></td><td colspan="2"></td></tr>
<tr><td>7</td><td colspan="5"></td><td colspan="2"></td></tr>
<tr><td colspan="8">实施说明：</td></tr>
<tr><td colspan="2">班级</td><td colspan="2"></td><td>第　组</td><td>组长签字</td><td colspan="2"></td></tr>
<tr><td colspan="8">评语：</td></tr>
</table>

作业单

<table>
<tr><td>学习情境5</td><td colspan="7">牧草种子生产</td></tr>
<tr><td>作业完成方式</td><td colspan="7">课余时间独立完成</td></tr>
<tr><td>项目一</td><td colspan="7">牧草种子田的建立及农业技术特点</td></tr>
<tr><td>作业</td><td colspan="7">1. 种床的准备工作如何进行？播种材料如何准备？
2. 种子田与大田的播种与管理技术方面有什么区别？为什么？
3. 种子田尤其是豆科牧草种子田采取人工辅助授粉措施有哪些？有什么作用？</td></tr>
<tr><td>作业答案</td><td colspan="7">可另附纸张</td></tr>
<tr><td>项目二</td><td colspan="7">种子的贮藏与管理</td></tr>
<tr><td>作业</td><td colspan="7">1. 牧草种子干燥措施有哪些？如何操作？
2. 种子寿命与贮藏方法有关系吗？常规种子贮藏方法有哪些？
3. 牧草种子贮藏期间为什么要定期进行检验工作？主要检验内容有哪些？</td></tr>
<tr><td>作业答案</td><td colspan="7">可另附纸张</td></tr>
<tr><td rowspan="4">作业评价</td><td>班 级</td><td></td><td>第　组</td><td colspan="2">组长签字</td><td colspan="2"></td></tr>
<tr><td>学 号</td><td></td><td>姓 名</td><td colspan="4"></td></tr>
<tr><td>教师签字</td><td></td><td>教师评价</td><td></td><td colspan="2">日期</td><td></td></tr>
<tr><td colspan="7">评语：</td></tr>
</table>

效果检查单

学习情境5	牧草种子生产			
检查方式	以小组为单位，采用学生自查与教师检查相结合，成绩各占总分(100分)的50%			
序号	检查项目	检查标准	学生自查	教师检查
1	种床准备	正确说出种床准备过程与采取的隔离措施和作用。		
2	播种材料的准备	正确说出并演示不同牧草种子播种之前所采取的方法。		
3	播种技术	正确说出种子田的播种方法与大田播种的区别点。		
4	种子田的管理	正确说出种子田的管理技术要点。		
5	牧草种子收获与干燥	正确说出牧草种子收获和干燥过程与注意事项。		
6	种子贮藏与管理	正确说出种子贮藏与管理方法。		
7	种子质量分级	正确说出牧草种子质量分级标准。		
检查评价	班级		第　组	组长签字
	教师签字			日期
	评语：			

评价反馈单

学习情境5	牧草种子生产				
评价类型	项目	子项目	个人评价	组内评价	教师评价
专业能力（60%）	资讯（10%）	查找资料，自主学习（5%）			
		咨询问题回答（5%）			
	计划（5%）	计划制定的科学性（3%）			
		用具材料准备（2%）			
	实施（25%）	各项操作正确（10%）			
		各项操作的效果（12%）			
		仪器材料使用的规范（3%）			
	检查（5%）	全面性、准确性（3%）			
		出现问题的处理（2%）			
	结果（10%）	提交成品质量			
	作业（5%）	及时、保质完成作业			
社会能力（20%）	团结协作（10%）	小组成员合作良好（5%）			
		对小组的贡献（5%）			
	敬业、吃苦精神（10%）	学习纪律性（5%）			
		爱岗敬业和吃苦耐劳精神（5%）			
方法能力（20%）	计划能力（10%）	制定计划合理			
	决策能力（10%）	计划选择正确			
意见反馈					
请写出你对本学习情境教学的建议和意见					

评价评语	班级		姓名		学号		总评	
	教师签字		第　组		组长签字		日期	
	评语：							

第二部分

新疆牧草与饲料作物栽培技术实训

一、职业岗位职业工作过程描述

作为牧业技术管理人员，在牧草生产技术管理工作中，主要开展以下职业活动：

1. 制定（或根据）生产计划、预算生产成本；
2. 根据地域种植条件，科学选择种植前茬；
3. 指导播前土地准备工作，并选择（或推荐）优良栽培品种；
4. 指导、检查耕作、播种、间定苗及中耕等种植活动质量；
5. 根据作物田间长势，指导确定追肥、灌溉用量和适宜时间；
6. 识别常见病虫害，调查病虫害发病情况，指导牧民合理施药；
7. 在牧草生产中就土壤、耕作、种子质量、灌溉、施肥、病虫害、自然灾害等因素对牧草与饲料作物生长发育、产量、品质造成影响的原因进行分析，并能提出有效补救技术措施；
8. 总结生产经验，撰写栽培牧草与作物生产技术总结。

二、职业岗位能力要求

在掌握从事以上职业活动所必需的牧草与饲料作物栽培基础理论知识的前提下，还需要具备以下职业能力：

1. 牧民定居工作经历和工作经验，能与牧户进行有效沟通，有效落实草业生产技术；
2. 熟知主要牧草生长发育规律、高产栽培需要的环境条件、主栽品种特性，根据牧草生产计划，制定牧草高产栽培技术管理工作计划，及时按照技术指标要求落实并检查各项技术实施情况；
3. 掌握牧草生产各项牧草作业质量检查、生长发育指标测定技术，有效收集牧草生产信息，分析解决生产中技术问题；
4. 识别常见牧草与饲料作物病虫害，经调查预测及时进行防治。

学习情境6　新疆优质豆科牧草栽培技术要点

学习任务单

<table>
<tr><td>学习
情境6</td><td colspan="2">新疆优质豆科牧草栽培技术要点</td><td colspan="2">学时</td><td colspan="2">20</td></tr>
<tr><td colspan="7">布置任务</td></tr>
<tr><td>学习
目标</td><td colspan="6">1. 掌握优质牧草概念。
2. 掌握紫花苜蓿的概念、植物学和生物学特性。
3. 掌握紫花苜蓿的栽培技术要点。
4. 掌握草木樨的概念、植物学和生物学特性。
5. 掌握草木樨的栽培技术要点。
6. 掌握红豆草的概念、植物学和生物学特性。
7. 掌握红豆草的栽培技术要点。
8. 掌握百脉根的概念、植物学和生物学特性。
9. 掌握百脉根的栽培技术要点。
10. 掌握沙打旺的概念、植物学和生物学特性。
11. 掌握沙打旺的栽培技术要点。</td></tr>
<tr><td>任务
描述</td><td colspan="6">通过学习和查阅资料，掌握适合在新疆栽培的优质豆科牧草种类，栽培面积较广的紫花苜蓿、红豆草、草木犀、百脉根和沙打旺的基本概念、植物学和生物学特性、栽培技术要点。
具体任务：
1. 紫花苜蓿的播种前准备、播种、田间管理、收获与利用等技术要点和常见技术问题处理方法。
2. 草木樨的播种前准备、播种、田间管理、收获与利用等技术要点和常见技术问题处理方法。
3. 红豆的播种前准备、播种、田间管理、收获与利用等技术要点和常见技术问题处理方法。
4. 百脉根的播种前准备、播种、田间管理、收获与利用等技术要点和常见技术问题处理方法。
5. 沙打旺的播种前准备、播种、田间管理、收获与利用等技术要点和常见技术问题处理方法。</td></tr>
<tr><td>学时
分配</td><td>资讯3学时</td><td>计划3学时</td><td>决策0.5学时</td><td>实施12学时</td><td>考核1学时</td><td>评价0.5学时</td></tr>
</table>

续表

提供资料	1. 陈宝书，牧草饲料作物栽培学.北京：中国农业出版社，2001 年 2. 杨青，苜蓿生产与管理指南.北京：中国林业出版社，2003 年 3. 董宽虎，沈益，饲草生产学.北京：中国农业出版社,2003 年 4. 杜桂娟，草类植物资源与利用.北京：中国农业出版社,2010 年 5. 草原休牧轮牧禁牧舍饲养畜技术 300 问.北京：全国农业科技，2003 年 6. 朱进忠，草业科学实践教学指导书.北京：中国农业出版社,2009 年 7. 新疆牧民饲草现代种植技术与管理手册.新疆畜牧厅,2008 年
对学生要求	1. 由 3 ~4 人组成一个学习小组，完成本项目学习。 2. 课前以小组为单位，完成资讯问题答案的搜集与整理。 3. 严格遵守牧草栽培工学结合教室的规章制度。 4. 严格遵守实训单位的规章制度。
资讯方式	通过资讯问题和资讯引导，全国高职牧草栽培技术精品课网站、图书、新疆和阿勒泰生态环境相关杂志资料查询，课件、视频及模拟实验展示，指导老师咨询等形式完成。
资讯问题	1. 在新疆适合种植的优质牧草有哪些？它们的主要特点是什么？ 2. 如何选择紫花苜蓿品种？紫花苜蓿栽培技术要点有哪些？种植紫花苜蓿时应该注意哪些技术问题？ 3. 草木樨的主要优势是什么？适合什么样的生态条件栽培？栽培技术要点有哪些？ 4. 红豆草的主要特点是什么？适合什么样的生态条件栽培？栽培技术要点有哪些？ 5. 在新疆百脉根的栽培面积有多少？它的主要特点是什么？适合什么样的生态条件栽培？栽培技术要点有哪些？ 6. 沙打旺的主要特点是什么？适合什么样的生态条件栽培？栽培技术要点有哪些？ 7. 在新疆地区适合栽培的其他豆科牧草有哪些？
资讯引导	1. 在相关信息单中查询； 2. 新疆牧民饲草现代种植技术与管理手册； 3. 陈宝书，牧草饲料作物栽培学.北京：中国农业出版社，2001 年； 4. 在其他相关资料中查询。

新疆优质牧草栽培概念

新疆种植牧草历史悠久，近年来随着新疆农业产业结构的调整，退耕还草、牧民定居等“工程”的实施，牧草产业化的兴起，使得农区畜牧业得到迅速发展，牧草种植面积不断扩大。目前新疆种植的牧草主要有紫花苜蓿、百脉根、红豆草、草木樨、苏丹草、无芒雀麦、白三叶草、沙打旺、披碱草，补播天然草地的优良品种草地早熟禾、紫羊茅、木地肤和驼绒藜等。种植面积最大的是苜蓿，达到 192khm^2 左右；主要饲料作物有饲料玉米、饲料甜高粱、燕麦、大麦、菊芋草、马铃薯、胡萝卜和豌豆等。

项目一　新疆紫花苜蓿栽培技术

一、紫花苜蓿概述

紫花苜蓿的用途很广，它不仅是主要的饲用作物，而且也是很好的绿肥作物。截至目前，世界上还没有一种豆科牧草(其中也包括苜蓿属中的其他栽培种)在各个方面能胜过紫花苜蓿的。从饲用价值来说，它是各类家畜的上等饲料，不论青饲、放牧或是调制成干草、青贮，适口性都很好，营养丰富(其营养成分见表6－1)，目前苜蓿草产品如草粉、草颗粒、草块、草捆、草饼等被农区畜牧广泛利用。

表6－1　紫花苜蓿的营养成分

类别＼成分	水分(%)	粗蛋白质(g)	粗脂肪	粗纤维	无氮浸出物	灰分
青草	74.7	4.5	1.0	7.0	10.4	2.4
干草	8.6	14.9	2.3	28.3	37.3	8.6
青贮	46.6	10.0	2.50	14.2	22.0	5.3
干叶	6.6	22.5	3.4	12.7	41.2	13.6
茎杆	5.6	6.3	0.9	54.4	27.9	4.9

紫花苜蓿有“牧草之王”的美称，按其粗蛋白质含量折合，每公顷可产蛋白质2250kg以上，干物质消化率一般为60%(55%～64%)。1kg苜蓿干草约相当于0.5kg燕麦精饲料的总营养价值。苜蓿也是良好的土壤改良和水土保持作物，它富含根瘤，固定空气中的氮来提高土壤含氮总量，它的强大根系腐生分解的有机质可改善土壤理化性状，它的根际微生物群落有利于土壤营养物质的矿化和分解。在新疆，主要品种有:新疆大叶苜蓿、新牧1号和2号苜蓿、阿尔冈金、苜蓿皇后、“三得利”、WL－232等。这些苜蓿品种和栽培条件的不同产量也有所不同，一般每亩鲜草量800～1200 kg。

二、基本知识

(一)植物学特性

新疆大田栽培的苜蓿品种，属多年生豆科草本植物，根系发达，具有根瘤，主根很长，入土深可达6m以上;侧根较少，多斜向伸展(有的杂花苜蓿，侧根极为发达，在土中水平横向伸展)。

一般茎高30～140cm，直立或斜生匍匐，茎光滑或少毛。根颈发达，较强的发枝特性，随生长年限增加，单株根颈分枝大幅度增加，与此同时，根颈向土内收缩而下移。叶为羽状三出复叶，中间叶片较大，具短柄，小叶尖端有锯齿，中下部全缘。小叶的大小、形状随植株生长成熟而变化，以主茎7～10节的小叶叶片最大，是品种特征之一。到花期，小叶多为长椭圆形，基部较窄。

花为总状花序，花序从茎的6~15节的叶腋中发出，花序长4.5~17.5cm，有小花20~80个，花为蝶形花，花冠颜色多紫色、淡紫，少深紫、白色、黄色。荚果螺旋形，1~3转，幼嫩时为绿色，成熟时变为黑褐色，表面光滑，每荚含种子2~8粒。种子肾形，黄色，种子千粒重1.8~2.0g，见图6-1。

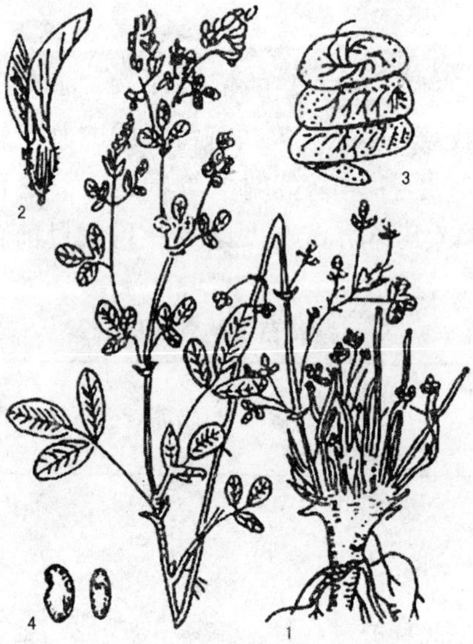

图6-1 紫花苜蓿

(二)生长发育特性

1.生育进程。栽培苜蓿多数品种属于长日照植物。苜蓿比棉花、玉米等大田作物耐弱光能力强。苜蓿4月初单播，4月25日~30日出苗，幼苗生长缓慢，苗期一般为30天，平均日长高5mm；分枝期至盛花期生长速度快，日长高可达2.2cm；盛花期至成熟生长速度逐渐变慢，整个生长期中只出现一个生长高峰。当年播种的生育期(以新疆大叶苜蓿为例)，4月下旬出苗，5月下旬分枝，6月底现蕾，7月上旬始花(20%)，7月下旬盛花(80%)，8月底成熟，出苗至成熟127天。二年生苜蓿，4月中旬返青，4月下旬分枝，5月中旬现蕾，6月上旬始花，6月中旬盛花，从返青到成熟103天。二年以上的苜蓿，主茎生长在整个生长季节出现两次高峰：第一次高峰在返青期，平均日长高可达3.6cm，返青后减慢，株高日增长小于2cm；分枝期开始至盛花期出现第二次高峰，平均日长高可达2.8cm，成熟期生长逐渐变慢，最后停止长高。

2.开花和授粉。紫花苜蓿为总状花序，一个花序上小花的多少，因花序在植株上着生的位置、花序形成的时间、品种和条件等因素而有所不同。通常主枝上形成的花序较侧枝上形成的多。开花时间长，一般开花延续40~60天。开花顺序与花序形成一致，即自下而上，自内向外，一个总状花序开花顺序也是自下而上，一朵花能开2~5天，一日内以9:00-12:00开花最多，13:00后显著减少。苜蓿是异花授粉作物，天然异交率为25%~75%，在隔离情况下强制自交，自交率可达14%~15%。开花最适温度为22℃~27℃，相对湿度为53%~75%。

3. 植株的寿命与生产力。紫花苜蓿和杂花苜蓿均为多年生豆科牧草，植株寿命很长，一般为20～30年，据在南疆调查，最长者可达100年。其产草量随栽培年限的增加和管理水平而有所不同。单播条件下，最高产草量一般是第二年、第三年或第四年，以后逐年下降。在有保护作物播种的条件下，最高产量在第三年。在北疆半农牧区旱作条件下，每年可收1～2茬草，平原灌溉农区每年可收2～3茬草，南疆平原农区一年可收3～4茬草。其生产力随栽培管理水平而异。在乌鲁木齐地区，年降雨量230～290mm，在有灌溉条件下，一年可收三茬草，第二年干草单产可达13.5～19.5t/hm^2，如果生长季节雨水充足或有良好的灌溉条件时，在新疆灌区每亩产鲜草量可达4000～6000 kg。所以在生产上苜蓿一般利用5年左右。

(三) 对环境条件的要求

1. 抗寒性强。苜蓿适于温暖半干燥气候，抗寒能力很强。在我国北方，冬季－20℃～－30℃的低温条件下，一般都能安全越冬。但抗寒能力因品种不同而异。紫苜蓿抗寒能力的大小与根中碳水化合物含量的多少关系很大。总糖量高的品种，抗寒能力也较强。就根冠入土深度而言，通常根冠入土深的品种抗寒能力强。

2. 抗旱性强。紫苜蓿的抗旱能力很强，主要原因是由于它的根系强大，入土深。但它的蒸腾系数较高，一般为800～900之间，需水较一般牧草多。尤其在孕蕾始花期需水最多，比禾本科牧草多两倍。紫苜蓿适合于在年降水量500～800mm的地区生长，可以不灌溉。

3. 适应性强。紫苜蓿对土壤要求不严，除太黏重的土壤或极瘠薄的沙土以及强酸或强碱的土壤外，都能生长。对它最适宜的土壤是沙质带黏性黑土、壤土和富含石灰质土壤。性喜中性或微碱性，最适宜的土壤pH值为7～9。紫苜蓿可以在含可溶性盐0.3%以下的土壤上生长。种植紫苜蓿也有降低土壤盐分的功效，在盐土上种植紫苜蓿2年，能使土壤可溶性盐分含量下降1/3。

4. 怕涝。紫苜蓿虽然喜水，但它最忌积水，过多的积水往往会造成植株大批死亡。地下水位过高对紫苜蓿生长不利，一般要求最少应在1m以下。

三、职业岗位能力训练

(一) 播前准备

1. 职业岗位工作。制定生产计划；做好备耕各项工作。

2. 工作程序及操作技术和质量要求。

工作环节	工作程序及操作技术和质量要求
(1) 土地准备	苜蓿属直根系，入土深，种植苜蓿的地必须深耕。苜蓿种子小，顶土能力差，播深了出苗困难，播浅了因土壤表层易失水而不能发芽。苜蓿幼苗生长特别缓慢，易受杂草危害，播前整地应精细，要求达到平整、耙碎、草净。若早春播种，头年需秋灌蓄水保墒。有条件情况下，在深翻时可施有机肥30～45t/hm^2、磷肥150～320kg/hm^2作底肥。

续表

(2)种子准备	(1)选择优良品种:选择抗逆性强、适应性广、抗寒能力强、草质优良、产草量高的优良品种。目前国外引进、自育及引进定名的优良品种有几十种,可以因地制宜进行选择。如新疆大叶苜蓿、新牧1号、新牧2号、苜蓿皇后、三得利、WL-232、阿尔冈金等。均是综合性状比较好的品种。 (2)种子检验:苜蓿陈种子硬实率低,发芽率高。新收获的苜蓿种子,硬实率较高,特别是杂花苜蓿品种,硬实率更高。所以播种前必须进行种子品质及用价的检验,即测定种子的净度、发芽率、硬实率及种子生活力等。这些指标达到规定标准方能采用。 (3)根瘤菌接种:苜蓿接种根瘤菌,有利于根系形成更多的根瘤固定空气中的游离氮素。苜蓿根瘤菌接种须选用适合的菌剂,一般要接种苜蓿根瘤菌,1 kg种子用5克菌剂,制成菌液洒在种子上,充分搅拌,使每粒种子都能沾上菌液,也可加适当细土使种子丸衣化,拌完及时播种,防止日晒。接种后的苜蓿产量可提高30%~50%,并可以明显改善苜蓿干草品质。所以第一次种苜蓿的地,一定要进行根瘤菌接种。

3. 常见技术问题处理。

(1)如何选购紫花苜蓿合格种子?购买后需要进行种子处理吗?

生产上应选用良种。按农业部牧草种子分级标准规定,苜蓿的净度应在90%以上,发芽率不低于85%;水分不高于12.0%,硬实率为10%~20%的种子;其他种子每千克最高粒数为2000。

苜蓿新收的种子或在不良条件下收获的种子硬实率高,可达25%~65%,随贮藏年限增加,硬实减少,种子发芽力可维持10年。硬实种子出苗晚,生长竞争力弱,冬季易受冻死亡。

如果购买的是新种子或硬实率达到30%以上,必须要对种子进行处理。

常用的种子处理措施:

①曝晒3~5天,发芽率可提高20%左右;②按一份种子加1.5~2倍的沙子混合,用石碾碾压20~30圈,或用碾米机处理;③用浓硫酸浸种3分钟左右,或用钼酸铵、万分之一的硼酸溶液浸种,浸种后立即用清水冲洗干净;④短期高温50℃~60℃处理15分钟到1个小时,亦可提高发芽率。

(2)如果没有商品根瘤菌时,可以采用哪些方法制作根瘤菌剂?

苜蓿播前应用根瘤菌接种,一般不提倡用杀菌剂处理来防止病害,因为这样不能提高产量。在没有商品根瘤菌的情况下,可以用干瘤法进行拌种:即在苜蓿开花盛期,选择健壮植株,将其根部轻轻挖出,用水洗净,再把植株地上部分切掉,然后放在不易被太阳照射的避风阴凉处,使其慢慢阴干待用。播前,将上述干根弄碎,进行播种。一般每两亩播种用的种子,用5~10株干根即可;也可用此干根加清水1.5~3倍,放在20℃~35℃的条件下,经常搅拌使其繁殖,约经10~15天后,即可用来伴种。接过菌种后的苜蓿种子,要在当天进行播种并避免日照。

(二)播种

1. 职业岗位工作。选择适宜播期播种,落实播种技术,检查、监督播种质量,实现“一播全苗”。

2. 工作程序及技术操作和质量要求。

工作环节	工作程序及操作技术和质量要求
(1)播种期与播种方式	苜蓿在新疆，可春播、夏播、秋播、临冬寄籽播种。春播，当土壤温度稳定不低于5℃时，即可播种。秋季最晚播种时间最好在0℃低温出现前一个月，也就是说秋播时南疆不迟于10月上旬，北疆不迟于9月中旬。 播种方法可撒播、条播。生产上常用春季条播和飞机撒播。进行撒播时先将整好的地用镇压器压实，撒上种籽然后轻耙或用镇压器镇压。撒播一般适于在降水比较充足的地区。
(2)播种量	(1)单播：条播播种量为15~18kg/hm²(收草)，播种深度2cm左右，土湿宜浅，土干宜深。条播行距30cm，均匀布种，播后镇压保墒。撒播播种量为20~25kg/hm²。土壤条件不好时可加大到25kg/hm²，要保证每平方米至少有425株幼苗。 采集种子田，播种量宜少，为7.5k/hgm²，一般采用45~60cm的宽行距条播。 (2)保护播种：能多收一茬作物，并有助于苜蓿生长。比较适宜的保护作物有小麦、大麦、燕麦、豌豆和胡麻，种植冬小麦地区可以与保护作物冬小麦同时播；春小麦地区在拔节时或浇第二水时撒播。播量通常按单播播量。 (3)混播：为了充分利用土壤水分，提高产草量，苜蓿宜与细茎披碱草、黑麦草、无芒雀麦等禾本科牧草混播。
(3)基肥	施用30000~37500kg/hm² 有机肥，300~450kg/hm² 过磷酸钙。

3. 常见技术问题处理。

(1)紫花苜蓿播后经常出现出苗不齐且缺苗断垄的现象，保苗率个别时候还不到50%，这是什么原因造成的?

苜蓿种子小，千粒重仅1.8~2.0g，顶土能力很弱。以下原因很容易造成苜蓿缺苗断垄，保苗率降低：

①新疆干旱少雨，蒸发量大，播深了出苗困难，播浅了因土壤表层易失水而不能发芽。

②苜蓿只能在轻盐碱地上生长，盐分含量超过3%即受盐碱危害，苜蓿种子不能发芽、出苗。

③种子硬实率超过30%，出苗率降低。

④夏季播种无保护作物或没有喷灌设施。

⑤地下害虫蛴螬危害幼根、幼茎，取食萌发的种子，造成缺苗断垄。

解决措施：

①有条件的地区，安装喷灌设施。

②尽量避免种植在严重的盐碱地上。为改良盐碱地，可采取与冬麦套播的方式作为绿肥翻压。

③尽量秋播。此时温度不断降低，土壤蒸发减少，种子不易失水。

④不论何时播种，尤其夏播，应与保护作物一起播，或采取套播或混播方式。

⑤春播苜蓿地，要深耕、冬灌，春季耙耱保墒，精细整地，保证种子能够吸收足够的水分。

⑥防治地下虫害蛴螬。A. 土壤处理：5%西维因粉剂22.5kg/hm² 加细土25~30kg，播前翻入土壤中；B. 3%甲基异硫磷22.5~30 kg/hm²，随种子撒播，或加土375kg沟施；C. 用50%

辛硫磷 15～22.5kg/ hm^2，加水 30～37.5kg，拌土 750kg 撒入田后耙地。

(2)为什么老苜蓿地不适合补播措施？

不要在出苗不好或者缺苗的苜蓿地里进行补种，因为老的根系分解时会释放出有毒物质阻止苜蓿种子萌发，即使种子会萌发，但胚根腐烂。

(三)田间管理

1. 职业岗位工作。根据生产技术管理计划要求，结合苜蓿长势，确定适宜田间管理技术措施，指导田间作业，检查作业质量。

2. 工作程序及技术操作和质量要求。

工作环节	工作程序及操作技术和质量要求
(1)播后至苗期管理。苜蓿主要杂草菟丝子 	(1)破除板结：在播后出苗前，出现板结时，可用短齿耙破除。在灌区可以采取轻度灌溉消灭板结，帮助幼苗出土。 (2)防除杂草：苜蓿幼苗生长缓慢，苗期长达 30 天左右，易受杂草危害，单播苜蓿须特别注意防除杂草。防除的方法：面积小，可用人工锄草，面积大，最好选用适合的除草剂消灭杂草。播后苗前用拉索(3～3.7L/hm^2)、都(1.8～2.41L/hm^2)、豆科威(9～121L/hm^2)乙草胺(1～1.51L/hm^2)等防除一年生禾本科杂草。苗后可用稳杀得(0.9～1.051L/hm^2)、盖草能(12.5%的乳油 0.6～0.91L/hm^2)等防除一年生和多年生禾本科杂草，也可用苯达松防除阔叶杂草(1.51L/hm^2)。通过轮作和把握好种子质量(不带菟丝子种子)来防除苜蓿田的恶性杂草——菟丝子。
(2)苗期至收获前管理	(1)灌溉：当苜蓿长到 3～5cm 时，如果叶色变深说明缺水情况开始出现，这时应进行灌溉。分枝期及蕾期是苜蓿需水的临界期，此时不能缺水受旱。 分枝期和蕾期及开花成熟期的田间持水量分别不能低于 45%。灌水次数，根据收草茬数，第一、二、三茬分别为 4 次、4 次、6 次，全期共 14 次。新疆对苜蓿灌溉不重视，是产草量低的主要原因。值得重视的是苜蓿收割以后及早灌水，以利下茬苜蓿生长。 (2)施肥：苜蓿在施用基肥的情况下，生育期间，重点是补给磷肥。施肥方法：一般在开春苜蓿开始返青时，撒施后耙地，或采用机械条施磷肥 150～300kg/hm^2。

3. 常见技术问题处理。

(1)苜蓿田中出现了恶性杂草——菟丝子，怎么办？

菟丝子是恶性寄生杂草，菟丝子将幼茎缠绕于大豆的茎上，常把植株成簇地盘绕起来，受害后苜蓿生长停滞、生育受阻，植株矮小，颜色发黄，极易凋萎。茎上被黄色的细藤缠绕着，这些丝茎将吸根伸入茎秆皮内，夺取养分和水分，最后使苜蓿植株变黄或枯死。田间发生后，由 1 株缠绕形成中心向四周扩展，苜蓿往往成片枯黄死亡。

防除菟丝了的措施：

①选用高质量苜蓿种子，种子中不能混有菟丝子种子。菟丝子种子很小，千粒重仅 1g 左右，通过筛选、风选皆可清除混杂在苜蓿种子中的菟丝子。不从有菟丝子区域购种，不在有菟丝子田间留种，切实做到以防种子传播。

②将种子摊在毛毡上(用木棍摊平)，然后将毛毡轻轻卷起将种子倒出。由于苜蓿种子光滑不易附着在毛毡上，而菟丝子种子表面粗糙易附着在毛毡上，再将其除掉。这样反复几次，直到清选干净为止。

③轮作换茬。菟丝子不能寄生于禾本科作物上，因此换植禾本科作物轮作3年以上，有水源灌溉条件最好与水稻实行水旱轮作1~2年，可消灭土壤里的菟丝子种子。

④土壤菟丝子种子在土表5cm以下不易萌发出土，秋深翻将土表的菟丝子种子进行深埋，使菟丝子种子难以发芽出土。

⑤肥料充分腐熟。家禽吃了含菟丝子的饲料后，其粪便仍带有菟丝子的种子，因此家禽粪便等有机肥料必须充分腐熟，方可施入田中。

⑥人工拔除。苜蓿出苗后要经常踏田勘查，发现有菟丝子缠绕，及时将该植株拔除出田，在拔除时需将清除的菟丝子残骸连同脱落在地面的断枝一并运出，远离苜蓿田，晒干后集中焚烧。拔除时一定要彻底，一丝不留，必要时可连拔2或3次，避免残茎继续扩展、蔓延。

⑦药剂防除。A. 土壤处理:48%地乐胺每公顷3750ml，或43%甲草胺每公顷3750ml，或72%都尔每亩150ml，或50%利谷隆每亩2250ml，兑水450~750kg均匀喷洒土壤表面，在苜蓿播前处理，处理后立即耙地混土，把药混入2~4cm土中，整好地再进行播种。墒情好，则不需要混土，在苜蓿播后苗前直接处理，将药喷洒于土表即可。B. 茎叶处理:41%农达400倍液，或10%草甘膦100倍液，或25%草胺磷100倍液，或48%地乐胺75倍液喷施被害植株。防除适期是菟丝子缠绕开始转株危害时，最迟缠绕不得超过3株。药只能喷在有菟丝子危害的寄主上，不得将药飘移或喷施于无菟丝子危害的苜蓿上，菟丝子的先端一定要喷到药。由于菟丝子具有自寄生、转株寄生、断枝再生习性，要每隔10~15天查看1次，以便及时防除。

(2)某个农民在苜蓿苗期喷过除草剂2,4－D丁酯后，苜蓿出现点片发黄萎蔫的现象，是怎么回事?

除草剂2,4－D丁脂是防除苜蓿地双子叶杂草最好的药剂，但紫花苜蓿对2,4－D丁脂也十分敏感，所以应在刈割后、出芽前使用。使用时一定要控制好药量即2000g/hm^2。

苗期喷过除草剂2,4－D丁脂后，苜蓿出现点片发黄萎蔫的现象，是农民使用时期不当或用量不当造成的。只有在刈割后、出芽前使用且严格控制好用量的条件下，才能不会伤害紫花苜蓿。

(四)病虫害防治

1. 职业岗位工作。按照紫花苜蓿病虫害发生规律，在不同生育时期识别调查发生情况，及时采取有效防治措施。

2. 工作程序及技术操作和质量要求。

病虫害	形态识别	防治方法
(1)蚜虫:  	苜蓿蚜虫一般一年发生20余代。蚜虫聚集在植株嫩茎、幼芽、顶端心叶和嫩叶、花器上,常发生于叶背,刺吸汁液。 叶表面多油腻状、变黄。严重时全株枯死。 	(1)与禾本科牧草、农作物轮作。 (2)5~7月瓢虫、草蛉、食虫蝽和蜘蛛等捕食性天敌总量为12.2~34.53头/m^2,在蚜虫大发生时,可控制蚜虫危害。 (3)苜蓿种子田采取化学防治: ①50%辛硫磷乳油2000倍液。②速克杀乳油2000倍液,30%灭虫多2 500倍液。③乐果或40%氧化乐果乳油2000倍液。
(2)苜蓿夜蛾:  	成虫体长15mm,前翅灰褐色,缘毛灰白色,沿外缘有7个明显黑点。翅中央有一块深色斑。老熟幼虫体长约40mm,头淡黄褐色或绿色,其上着生许多黑褐色小斑点。	化学防治:幼虫3龄前用21%灭杀毙乳油6000倍液,215%功夫乳油5000倍液,215%天王星乳油3000倍液。
(3)苜蓿籽蜂:  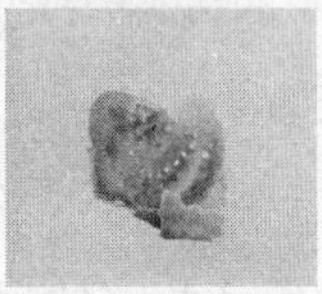	苜蓿籽蜂是危害苜蓿种子的昆虫,其蛹很少,常潜藏在苜蓿种子中,播前如发现应立即进行处理。	(1)播种之前防治方法:用15%~25%的盐水清选。将种子放入该浓度的盐水中,受害种子即漂浮在盐水表面,沉下的种子即为未受害种子,取出用清水反复冲洗干净,阴干后待播。 (2)种子入库防治方法:50℃热水浸种半小时。将入库的种子用二硫化碳熏蒸,每100 kg种子用药100~300g;也可用溴甲烷,每立方米有效浓度6~7g,可取得良好效果。
(4)苜蓿叶象甲:  	成虫:体长4.5~6.5mm。全身被覆黄褐色鳞片,头部黑色,喙细长且甚弯曲。前胸背有2条较宽的褐色条纹,中间夹有一条细的灰线。幼虫:头部黑色,初孵幼虫体乳白色,取食后,由草绿最后变为绿色。老熟幼虫体长8~9mm,背线和侧线为白色,背线两侧各有一条深绿色的纵纹。幼虫无足。成虫、幼虫均危害。	(1)第一茬早割,将收割的苜蓿及早运出田外,在阳光高温之下,可以晒死一部分卵和幼虫。 (2)化学防治:采用生物制剂,如BT乳剂1500倍液,赛丹1500倍液等喷雾。首先,在春季天敌还没有活动之前施药;其次,在第一茬苜蓿和最后茬苜蓿收割后施药一次。这样可以降低田间及越冬虫口,减少来年的危害。

续表

(5)白粉病： 	病株叶两面，茎、叶柄、荚果上出现白色蛛丝状霉层，起先小而呈圆形，后扩大汇合可以覆盖在部分或全部叶面，后期病斑呈白粉状，最终霉层为灰色或淡褐色。	化学防治：8月中旬进行药物防治，选用百里通、粉锈灵、苯来特、甲基托布津、锁病800～1000倍液喷雾。
(6)霜霉病： 	局部性症状，叶面出现不正形退绿斑，叶背面出现淡褐色霜层，病株基上部变粗，扭曲畸形，全株褪绿，叶片卷曲，苜蓿冬季死亡严重。	化学防治：发病前期，每隔7～10天喷1次甲霜灵－锰锌、64%杀毒矾等。
(7)锈病： 	锈病危害叶片、叶柄和茎。主要在叶下面先出现褪绿斑点，后变隆起圆形疱状病斑，初呈灰绿色，后期表皮破裂露出棕色粉末状的夏孢子堆。锈病使苜蓿叶片褪绿，皱缩并提前落叶；染有锈病的植株含有毒素，不仅影响适口性，而且会导致畜禽食用后中毒。	化学防治：用20%二苯基酸锡1.5～1.8 kg/hm^2 喷施；用代森锰锌0.20 kg/hm^2、氧化萎锈灵与百菌清混合剂0.40和0.80 kg/hm^2）、15%粉锈宁1000倍液喷雾，都可防治锈病。
(8)褐斑病： 	叶片上典型症状为病斑圆形或近圆形，直径0.5～1.0mm，通常情况下彼此不相互连接，浅褐色至深褐色，边缘锯齿状。病害后期叶面病斑中央变厚，出现直径1mm、浅褐色至浅黄色凸起的蜡状颗粒，成熟后凸起物向四周裂开，似不规则的碗状，即病原菌子实体——子囊盘，一般每个病斑上1个。病情严重时，病斑布满全叶，使叶片早期黄化或干枯皱缩脱落。	(1)选用抗病品种。新疆的新牧1号、新牧2号、阿勒泰杂花苜蓿、北疆苜蓿、新疆大叶等品种均为中抗品种。 (2)化学防治。在收割前30天可用15%的粉锈宁1000～1500倍液喷雾。

3.常见技术问题处理。

(1)紫花苜蓿使用化学药物防治后，能否马上放牧或刈割晒制干草？

紫花苜蓿喷农药后，半个月内不可放牧或刈割晒制干草。因为苜蓿草上农药半个月内仍然具有毒性，会毒害牲畜。

（五）收割与晒制

苜蓿草的收割时期，以初花期为宜，此时单位面积营养物质产量最多；盛花期收割虽然比初花期收割产草量高，但纤维素增多，草质变差。在一年中最后一茬草应在植株停止生长前30天结束收获，以利于植株的根和根颈积累营养物质，提高抗寒和越冬能力。

收割一般留茬高度4~5cm，最后一茬可留7~8cm，以利冬季积雪。苜蓿叶片的粗蛋白质含量比茎高出2.5~3.0倍，但因质脆，干后极易脱落，在收割、晾晒、打捆、拉运过程中应严防其脱落，一般割后先摊成行，半干后及时用耙耙成宽松的长卷，基本干后堆成堆，拉出地外堆垛。收割晒制好的干草最好在棚下堆垛存放。阴干的苜蓿，色青绿、有香气。每茬苜蓿收割后应及时拉出地外，以便及时耙地、除草、施肥、灌水，促使下一茬苜蓿快速生长。大面积生产，可用牧草收获机收获，收获效率高。收后苜蓿在田间排列整齐，摊晾均匀，3~4天后就可以用配套打捆机打捆，并拉运出地。

（六）苜蓿翻压

苜蓿根颈发达，其上着生许多不定芽，再生能力强，如果耕作不当，田间常产生再生苜蓿，影响后作物生长。所以苜蓿田耕翻中心工作是防止苜蓿再生植株产生。苜蓿田后茬安排冬小麦，应在6~7月在头茬苜蓿收获后进行；安排春播作物，可推迟到8、9月份进行。翻耕前，现用圆盘耙切地，切碎根颈，然后进行深耕。

项目二　草木樨栽培技术

一、概述

草木樨别名为白花草木樨，白花草木樨原产亚洲西部，现广泛分布于欧、亚、美、大洋洲，我国西北、东北、华北地区有悠久的栽培历史。草木樨是家畜重要的优良牧草之一。可以放牧，青刈，调制干草或青贮后饲喂。草木樨产草量高，春播当年每公顷产青草900kg，第二年可产30000~52500kg，种子产量也很高，每公顷产种子565~785kg，最高达2250 kg。草木樨具有丰富的营养物质，含粗蛋白质23.35%，与紫花苜蓿相似（见表6-2），营养期风干物质中含钙1.793%、磷0.23%。

表6-2　草木樨营养成分（%）

样品＼成分	水分	粗蛋白质	粗脂肪	粗纤维	无氮浸出物	灰分
叶	12.0	28.5	4.4	9.6	36.5	9.0
茎	3.7	8.8	2.2	48.8	31.0	5.5
全株	7.37	12.51	3.12	30.35	34.55	7.05

草木樨也是一种重要的绿肥作物，具有改良低产田，提高土壤肥力的功能。一般可使后作增产20%～30%，甚至1倍以上。种植2年草木樨后，遗留在30cm耕层土壤的干根量重达90kg，腐殖质的含量比种谷子、玉米等增加0.1%～0.2%，相当于一块地增加100～200kg腐殖质。并含有丰富的氮素，100kg干物质中，茎叶含有2.5kg氮素，根中含有1.5kg氮素，等于每公顷增加225～375kg氮素。因此，国内外广泛应用它作绿肥，翻压后种植小麦、玉米、甜菜等。为了提高其经济效益，多在播种当年收一茬饲草，将第二茬和第三茬翻压后绿肥，或第一年收草，第二年翻压绿肥。

草木樨具有显著的水土保持作用。由于它根群发达，茎叶茂盛，密覆地面，不仅减少了径流，而且还增强了土壤的渗透作用。草木樨还是优良的蜜源植物。花期长达50－60天，一亩地可形成一千万朵小花，蜜质优良，色白而甜，平均亩产蜂蜜10～13g，此外草木樨种子可以做醋，可酿成40°的白酒，出酒率8.5%～20%；种子还可以榨油，茎可剥麻，50kg秆能剥1.5～5kg麻。

二、基本知识

（一）植物学特性

草木樨为两年生草本植物，根长达2m以上，根上有很多根瘤。茎高1～4m，直立，无毛绒少有毛，圆柱形，中空。叶为羽状三出复叶，中间的一片小叶具短柄；小叶细长，椭圆形，矩圆形，扁卵圆形等，边缘有疏锯齿；托叶很小，锥形或条状披针形。花白色，总状花序，腋生；旗瓣较翼瓣稍长，翼瓣比龙骨瓣稍长或等长。荚果无毛，具有1～2粒种子，有坚硬的种皮，黄色至褐色。全株与种子均具有香草气味。千粒重2～2.5g（见图6－2）。

图6－2　草木樨

（二）生物学特性

草木樨的适应性很广，最适于在湿润和半干燥的气候条件下生长。抗旱性强，在年降水量400～500cm地区生长良好，300mm也可生长。分枝期株高20cm，当0～20cm土层含水量降至5.8%时仍可正常生长。需水量低于紫花苜蓿，其蒸腾系数平均为570～720，而苜蓿为615～844，较苜蓿更抗旱。它具有较强的耐寒能力，一般在日平均地温稳定在3.1℃～6.5℃即开始萌动，第一片真叶可耐－4℃的短期低温，至－8℃时才会冻死，可在海拔2400m，－24℃的高山地带安全越冬。它的成株有时耐－30℃以下的低温，受冻害往往发生在早春返青以后。草木樨播后5～7天可以发芽，苗期地上部生长极为缓慢，而地下部分生长很快。一般第一年不结实，第二年根颈越冬长出枝条形成株丛。草木樨在播种当年生长缓慢，仅能刈割1次，第二年再生迅速，能刈割3次。草木樨茎枝较粗并稍有苦味，早霜后，苦味减轻，各种家畜均喜采食，特别是牛、羊吃后增膘快。草木樨草地上放牧反刍家畜时不会引起臌胀病，但不宜多食。

根据草木樨生长期的长短可分为三个类型：早熟型，生育期80～100天；中熟型100～120天；晚熟型120～135天。早熟型株高1.2～2m，晚熟型株高3～3.5m，产草量高于早熟性，中熟性介于早、晚型之间。

草木樨为长日照、自花授粉植物，在连续光照下，生活当年就能开花结实，否则不能开花。草木樨从孕蕾到开花需3 ~7天，而每朵花的延续时间2 ~6天。一天内，开花时间从上午到下午14 ~15时开得最多。整个花序开花延续时间8 ~14天。当温湿度适宜时，开花延续时间较长。

(三)对环境条件的要求

它对土壤要求不严，在肥沃的、排水良好的黏土和黏壤土上产量最高，且在沙壤土、重黏土和灰色淋溶土上种植也可获得成功。它耐瘠薄，但不宜酸性土壤，特别喜富石灰质中性或微碱性土壤，适应pH7 ~9，在含氯0.2% ~0.3%或含盐0.56的土壤上也能生长，耐碱性很强，可在不适合粮食作物生长的盐性“白碱”土壤上种植。它比其他豆科牧草耐碱盐，甚至超过禾本科牧草。因此可用来改良柱状碱土。它往往在路沟边水分充足的地方长得好。如果不刈割和放牧，它会自行播种繁殖。

三、职业岗位能力训练

(一)播前准备

1. 职业岗位工作。制定生产计划;做好备耕各项工作。

2. 工作程序及操作技术和质量要求。

工作环节	工作程序及操作技术和质量要求
(1)土地准备	草木樨种子细小，而且种皮较厚，需要精心整地，深翻施肥，清除杂草，及时耙耱。在撂荒地和山坡上播种，不必翻地只要把表土耙松即可播种;最好沿等高线开沟播种，或交叉播种。在陡坡地或土质松软时，可在早春抢墒播后，耙1 ~2遍，或赶羊群踩一遍地也能出苗，但播量要大些。
(2)种子准备 	(1)种子检验:草木樨种子硬实率高，播种前要进行硬实处理。为了保证高产，播种前必须进行种子品质及用价的检验，即测定种子的净度、发芽率、硬实率及种子生活力等。这些指标达到规定标准方能采用。 (2)根瘤菌接种:播前用根瘤菌拌种，可提高产量30% ~50%。

3. 常见技术问题处理。

(1)如何选购草木樨合格种子？购买后需要进行种子处理吗?

生产上应选用良种。按农业部牧草种子分级标准规定，草木樨的净度应在85%以上，发芽率不低于80%；水分不高于12.0%，硬实率为10% ~20%的种子;其他种子每千克最高粒数为2000。

草木樨种子硬实率很高，一般达到40% ~60%。用未经处理的种子播种，当年出苗率只有20% ~30%，苗数不够，而且出苗不齐，在以后数年内还会陆续萌芽而成为下一茬作物的杂草。

种子处理方法:①播前除晒种外还冷冻低温处理。②少量种子可用手工搓伤种皮，大量种子则用碾米机碾毛种皮。③用1% ~2%氯化钠溶液浸种2小时提高出苗率17% ~30%，并减少25% ~47%的幼苗死亡。

（二）播种

1. 职业岗位工作。选择适宜播期播种，落实播种技术，检查、监督播种质量，实现“一播全苗”。

2. 工作程序及技术操作和质量要求。

工作环节	工作程序及操作技术和质量要求
(1)播种期与播种方式	播种时期：草木樨春、夏、临冬，一年四季均可播种，一般以春播为主。 早春解冻后趁墒下种，易于抓苗，可使根系充分发育，不仅保证安全越冬而且当年产量高，若秋季雨水多，可在11月初、立冬前后地冻前寄籽播种，来春出苗。在春旱多风地区，以6月上、中旬降雨量多时播种为宜。 春油菜与草木樨混播（收油菜后填闲生长）效果也很好。夏播是在玉米、棉花等中耕作物开沟时结合用机械撒播（卸去开沟器）。 播种方式：草木樨为条播，撒播，穴播均可。一般条播为主，行距20 ~30cm（收草）；采种行距30 ~60cm，播种深度2 ~3 cm。干旱地区播深3cm。
(2)播种量	牧草绿肥的密度常常比生产种子者大2 ~3倍。一般单播播种量为每亩用1 ~1.5kg；小麦套种（机播）时用经处理后的种子15kg/hm^2，如撒播，用种量需增加到22.5kg/hm^2。干旱寒冷地区，由于保苗困难，播量要大些。
(3)基肥	播前施用20000 ~30000kg/hm^{2}有机肥，另外磷、钾肥同时施用，对其增产有显著作用。

3. 常见技术问题处理。

1. 草木樨与其他作物以套、混播、保护播种比单播的优势什么？

①草木樨与小麦等间作套种，可提高后作产量20% ~70%以上；

②草木樨与羊草混播时，平均每公顷产干草3616.5 kg，是单种草木樨产量的1.2倍，是单播羊草每公顷产草量的7.2倍，效果良好；

③玉米与草木樨2∶1、4∶2间种轮作养奶牛比单种玉米养奶牛经济效益平均增长8.03%；

④生产中采用大麦、小麦、燕麦、苏丹草等保护播种，一方面能抑制杂草，同时可多收一茬庄稼，增加经济效益。

2. 常用的播种方法是什么？

多先播种作物，当它们出苗长出2 ~4片叶子时再播草木樨，也可在春秋季同时播种。

（三）田间管理

1. 职业岗位工作。根据生产技术管理计划要求，确定适宜田间管理技术措施，指导田间作业，检查作业质量。

2. 工作程序及技术操作和质量要求。

工作环节	工作程序及操作技术和质量要求
(1)播后至苗期管理	(1)草木樨单播时: ①破除板结:在播后出苗前,出现板结时,可用短齿耙破除。在灌区可以采取轻度灌溉消灭板结,帮助幼苗出土。 ②防除杂草:草木樨第一年地上部生长缓慢,特别在幼苗期主要生长地下部分。田间管理的关键是防除杂草。一般苗高10~20 cm时进行除草。 (2)新疆草木樨多与其他作物套种,田间管理分为与主作物共生和填闲生长两个时期: ①与主作物共生时期。这时期基本上是以主作物的需要为出发点,照顾草木樨的全苗,即施肥、灌水、防治病虫等措施基本按主作物的需要进行。 ②填闲生长时期。这时草木樨进入单独生长阶段,田管核心是促使它快速生长,以充分利用有限的生长期及夏、秋洪水资源。
(2)苗期至收获前管理	(1)草木樨单播时: 除了防除杂草外,在分枝期,秋后刈割后以及第二年再生草刈割后要追施磷、钾肥各150kg/hm^2,及时灌溉。 (2)与其他作物套种时: ①割麦时一定要注意留茬高度。 ②须加速清田、灌水,使之尽快恢复生长。以后再每隔15~20天灌水一次,共灌水3次左右,绿肥即可丰收。 ③灌头水时追肥施尿素75~100kg/hm^2,促其快速发育生长,提高经济效益。

3. 常见技术问题处理。

草木樨与小麦套种时,小麦收后出现草木樨死亡现象,由什么原因造成?

①麦收后草木樨失去荫蔽,突然暴露在烈日下,再加上收麦时的践踏,草木樨很容易死苗。

②麦收后牛羊践踏啃食剩下的枝叶,妨碍草木樨的萌发生长,甚至导致死亡。

解决措施:

①割麦时的留茬高度应不低于25cm,让草木樨留下的茎杆有3~4节,以便每株能生出3个左右的一级分枝,实现繁茂生长。

②麦收后严禁牛羊践踏啃食剩下的枝叶。

(四)刈割

促进草木樨再生,必须适时刈割,最适宜的刈割时期在开花前。在此时期刈割不仅有利于再生,而且牧草品质好。过早刈割产量低,过迟刈割则茎秆迅速木质化,且香豆素含量增加,饲料价值与适口性下降。根据试验,秋季在最后一次刈割以秋分后刈割最为适宜,越冬芽萌发少,减少越冬死亡率。刈割时注意留重茬高度,应保持2~3个茎节,刈割高度10~15 cm为宜。

(五)种子收获

采种用的草木樨,播种当年不要刈割,否则会影响第二年的种子产量。它的花是陆续开放,结实参差不齐,成熟不一致。当下部荚果65%~70%由深黄变成暗绿时可收获,并在阴天或早晨有露水时进行。

项目三　红豆草栽培技术

一、概述

红豆草又叫驴食豆。红豆草属植物共有140余种，大多是野生种，分布在欧洲、亚洲和北非等地区。在新疆也有一些野生红豆草的分布。红豆草不仅产量高，而且营养丰富，据分析花蕾期粗蛋白含量可达20.7%，粗脂肪2.11%，粗纤维只有16.14%。从干物质的消化率来看，普通红豆草高于紫苜蓿，低于白三叶和红三叶。其干物质的消化率在开花至结荚期一直保持在75%以上，进入成熟期之后消化率才降至65%以下。由于红豆草营养丰富，适口性好，各类家畜喜食，而且反刍家畜采食了鲜草不得膨胀病这一有价值的特性，优于其他豆科牧草，有"牧草皇后"之称。红豆草产量较高，一年刈割2~4次，每公顷青草30000~52500 kg，种子产量每公顷825~900 kg。适宜建立人工刈草地或改良退化草地，直接放牧或生产调制干草。除此之外，它还是一种很好的蜜源植物。它比紫花苜蓿开花早15~20天，开花期长，每年开花2~3次，许多昆虫都喜欢在红豆草上采蜜，一朵花一昼夜可提供0.2~0.48mg蜂蜜，每公顷红豆草能产蜜液202.5kg。蜂蜜气味芳香，质地浓稠，淡棕色，透明，不易凝成糖粒。

二、基本知识

(一)植物学特征

红豆草为多年生草本，根系强大，主根入土深达3~4m，粗大侧根少，细的侧根多。茎多，约25~30个，细，高70~150 cm，直立。奇数羽状复叶，小叶6~14对;小叶卵形—长圆形到椭圆形，长15~35 mm，宽5~7 mm。总状花序，卵形，基部扩大，开花期4~9 cm长，开花后延长。花冠紫红色至粉红色，较大，长12~13 mm。旗瓣长于龙骨瓣。荚果长6~8 mm，半卵形，黄褐色，表面具凸起网状脉纹，被短毛，鸡冠状突起上具短齿，短齿长1 mm。荚果成熟时,不开裂，壳重为荚果重的25%~35%，每荚含种子1粒。种子肾形，绿褐色，千粒重13~16g;带荚种子重18~21g，硬实率4%~20%(见图6-3)。

图6-3　红豆草

(二)生物学特性

红豆草属多年生牧草，寿命可维持7~9年。红豆草播种后条件适宜，约6~7天即可出苗，从返青到开花结籽历经50~60天，春季返青时间通常比紫花苜蓿约早1周，比红三叶约早2周。

红豆草属于严格的异花授粉植物，自花不实。播种后第二年起开花，一般花期长达1~2个月之久。一个花序开花持续时间一般为10天左右，最长可达13天，开花后3~7天开放最盛。红豆草的开花不是同一时期进行，在一个茎上的各个花序的花也不是在同一时期，当下部花序开始开花或花谢，最上部还继续形成花序。这就导致种子成熟很不一致。

（三）对环境条件的要求

红豆草喜欢温暖干燥性气候条件，抗旱性强于苜蓿，在干旱半荒漠地区降雨量少，但是只要有灌溉条件仍可达到高产稳定。红豆草对土壤要求不严，但不耐水淹及排水不良的土壤，最适宜生长在富含石灰质土壤上；能在干燥瘠薄的沙土、砾土等土壤良好生长；在酸性和沙质黏土上缺苗严重，结实率降低。红豆草的生态分布区与紫花苜蓿接近，在苜蓿象甲危害严重地区，可成为苜蓿最好的替换者。

三、职业岗位能力训练

（一）播前准备

1. 职业岗位工作。制定生产计划；做好备耕各项工作。

2. 工作程序及操作技术和质量要求。

工作环节	工作程序及操作技术和质量要求
（1）土地准备	红豆草根系发达，入土很深，要创造疏松的耕土层。红豆草选地不严，除重盐碱地、低洼涝地外均可种植。最好是地势平坦，土层深厚，多有机质的地。高产田和采种田都应选好地种植。正确选地和整地，是红豆草增产的基础。在播种的前一年，前作物收获后及时深耕。实行秋耕或早春耕，草荒地则可伏耕，以便消灭杂草和蓄积更多的水分。新疆各地春旱较重，不管何时耕翻，翻后都要及时耙地和压地，以免跑墒，并借以接受更多的降水。
（2）种子准备 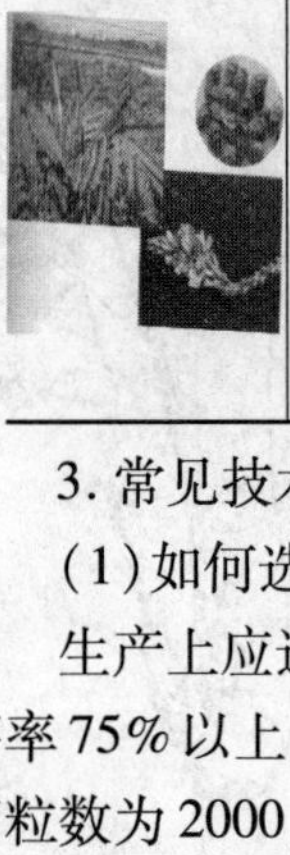	（1）种子检验：红豆草陈种子硬实率低，发芽率高。为了保证高产，播种前必须进行种子品质及用价的检验，即测定种子的净度、发芽率、硬实率及种子生活力等。这些指标达到规定标准方能采用。 （2）根瘤菌接种：红豆草接种根瘤菌能促进旺盛生长，延长利用年限，提高产量。可用专制红豆菌剂接种，也可用捣碎的根瘤带土拌种。红豆草对钼元素最为敏感。播前用0.05%的钼酸铵处理种子，不仅提高产量，还减少茎的比例，从而增加蛋白质含量。

3. 常见技术问题处理。

（1）如何选购红豆草合格种子？购买后需要进行种子处理吗？

生产上应选用良种。按农业部牧草种子分级标准规定，红豆草的净度应在90%以上，发芽率75%以上；水分不高于13.0%，硬实率为不超过10%～20%的种子；其他种子每千克最高粒数为2000。

（2）红豆草种子中约有10%～20%的硬实。常用红豆草种子处理方法是：①红豆草种子中秕粒较多，又常混有荚壳、碎屑、沙石等物，播前要清除杂质。②播前可用磨米机碾磨一遍，但硬实率低于10%的种子也可直接播种。③可用专制红豆菌剂接种，也可用捣碎的根瘤带土拌种。④播前用0.05%的钼酸铵处理种子，不仅提高产量，还减少茎的比例，从而增加蛋白质含量。

（二）播种

1. 职业岗位工作。选择适宜播期播种，落实播种技术，检查、监督播种质量，实现“一播全苗”。

2. 工作程序及技术操作和质量要求。

工作环节	工作程序及操作技术和质量要求
(1)播种期与播种方式	红豆草多采取春播，于4月中、下旬或5月上旬播种。播种过早，小苗遇晚霜易受冻害而死亡。也可夏播，于6月中、下旬播种。夏播宜早不宜晚，否则小苗细弱，降低越冬率。干旱地区春播不易出苗，可在5月雨后抢墒播种。南疆可秋播，但不应迟于8月，以利于幼苗安全越冬。 红豆草以单播为主，单播产量高，也便于管理，但调制较难。高产田和采种田宜进行单播，大面积永久草地则宜与禾本科草混播。混播能相互促进，都生长良好。也可和紫花苜蓿混播，用作干旱和半干旱地区的短期轮作牧草。在坡度为35度~36度的冲刷坡地上，红豆草与冰草混播，效果也好。
(2)播种量	(1)单播：条播播种量为4590~90kg/hm^2(收草)，沙质土壤播深3~4 cm；黏壤土为2.5~3 cm；较黏重的土壤应更浅。条播行距收草30~40 cm，均匀布种，播后镇压保墒。干旱地区45~60kg/hm^2，湿润和灌溉地区75~90kg/hm^2。 (2)采种田，播种量宜少，为30kg/hm^2，一般采用30~50cm的宽行距条播。根据种子品质、土壤肥力和地下害虫情况等酌情增减。 (3)混播：与禾本科草混播时红豆草的播量可减少，但仍需占主导地位，以防竞争退化。
(3)基肥	播前以有机肥作底肥，苗期适当施用氮肥，可以提高草量和品质。基肥用量范围为37500~52500 kg/hm^2。

3. 常见技术问题处理。

红豆草种子产量低，这是什么原因造成的?

红豆草属于严格的异花授粉植物，自花不实。即使通过人为条件控制自花授粉结籽，其后代生活力也会显著减退。

解决措施：

①为了提高种子田的授粉和结实率，在红豆草开花期，把蜂箱运往草地四周，不仅能提高红豆草的种子产量和品质，也可采到优质蜂蜜。但在配置蜂箱时，蜂箱距草地一定不要超过1.5~2.0 km，这是因为随着草地远离蜂箱，蜜蜂在红豆草地上采蜜的次数会明显减少。

②在红豆草开花期进行根外追肥，除提高种子产量外，也能加速种子成熟进程，减少落粒。用150~200 mg/kg的锰、硼、铁根外追肥，不仅使种子产量提高，而且种子千粒重和发芽率都有明显提高。

(三)田间管理

1. 职业岗位工作。根据生产技术管理计划要求、结合红豆草长势，确定适宜田间管理技术措施，指导田间作业，检查作业质量。

2. 工作程序及技术操作和质量要求。

工作环节	工作程序及操作技术和质量要求
(1)播后至苗期管理	(1)破除板结:在播后出苗前，出现板结时，可用短齿耙破除。在灌区可以采取轻度灌溉消灭板结，帮助幼苗出土。 (2)防除杂草:红豆草从出苗到封垄的40~50天，恰为杂草盛发期，必须及时中耕除草。要从苗齐开始，每隔15~20天就中耕除草一次，同时疏苗，打成单株。大垄条播每次中耕除草之后，都要相应锄地一次。封垄以后再拔1~2次大草。早春返青前和每次收割后，根据杂草发生情况，及时中耕除草一次。
(2)苗期至收获前管理	(1)灌溉:当红豆草长到3~5cm时，如果叶色变深说明缺水情况开始出现，这时应进行灌溉。分枝期及蕾期是苜蓿需水的临界期，此时不能缺水受旱。红豆草虽然抗旱，但对水分反应很敏感，灌溉一次时，每公顷青草产量26.25吨，灌水两次时为33.75吨，因此年降水量350㎜以下地区，有条件者最好进行灌溉。 (2)施肥:红豆草在生育期间，追施尿素;可施入氮60kg/hm^2，磷90kg/hm^2，钾60kg/hm^2，一半在播种期播种时施入，一半在草地生长第二年施入，效果非常好。用150~200㎎/kg的锰、硼、铁根外追肥，不仅使种子产量提高，而且种子千粒重和发芽率都有明显提高。

(四)杂草防除

红豆草从出苗到封垄的40~50天，恰为杂草盛发期，必须及时中耕除草。要从苗齐开始，每隔15~20天就中耕除草一次，同时疏苗，打成单株。大垄条播每次中耕除草之后，都要相应锄地一次。封垄以后再拔1~2次大草。早春返青前和每次收割后，根据杂草发生情况，及时中耕除草一次。

(五)收获

红豆草一般一年收割三次较为合适，收割可以影响第二年的产量和红豆草的寿命。齐地面收割亩产草量最高，留茬高度对再生草的产量无明显影响。青饲应在现蕾期至始花期收割;晒制干草可在盛花期收割，留茬高度以5~7㎝为宜。红豆草种子落粒性强，一般在花序下中部荚果变褐时即可采收，亩产种子60~70 kg。

项目四　百脉根栽培技术

一、概述

百脉根别名为五叶草，百脉根是豆科百脉根属植物，全世界百脉根属约有100种，依其生活型可分为一年生和多年生两大类群。百脉根分布广，新疆有野生种。百脉根的蛋白质含量在16%~18%之间，是苜蓿的1.4倍，百脉根干草的干物质中维生素B_1和B_2的含量多，干草含16种氨基酸，含量最为丰富，可以作为精饲料单独使用。百脉根茎细叶多，产草量高，一般每公顷鲜草22500～45000 kg，高者可达60000～75000 kg。刈割后，再生缓慢，一般每年刈割2～3次。百脉根的种子产量每公顷约225～525 kg。百脉根茎叶柔软细嫩多汁，适口性好，各类家畜均喜食。可刈割青饲，可调制青干草，加工草粉和混合饲料，还可用作放牧。用于青饲或放牧时，其青绿期长，在阿勒泰可达到7个月，可以延长青饲草供应、利用增加畜产品，含皂素低，不会引起家畜膨胀病，耐牧性比苜蓿和红三叶强。

百脉根是一种利用年限较长的豆科牧草，有自然更新复壮的能力，老株主根虽腐烂，又能产生新芽独立成为新的植株，不断更新，可与禾本科牧草混播，建立永久性刈牧兼用草地。种子有落地自生、自行繁衍习性，可用来补播天然草地，可使草地经久不衰，提高产量和质量。此外，百脉根根系发达，侧根着生众多根瘤，根茬地翻耕后能增加土壤有机质和氮素，改土肥田效果好，对后作增产作用大，常与禾谷类粮草料及油料、经济作物轮作倒茬利用。百脉根花色艳丽，可用作观赏植物和蜜源植物栽种。1996年月开始在阿勒泰市2817项目区内试验，试验证明百脉根是多年生优良豆科牧草之一，具有其他豆科牧草不可代替的独特优点，对自然资源合理配置，提高种草养畜能力具有重要作用，值得大力推广。

二、基本知识

(一)植物学特性

百脉根为多年生草本，主根粗壮，侧根发达，主要分布于30～60 cm土层内。根冠粗大，直径达8～15cm，茎丛生，无明显主茎，属半上繁草，株高60～90cm，斜升或直立。枝条粗2.5～4cm。分枝数达70～200个，掌状三出叶，小叶卵形或倒卵形，长1～2cm，宽0.7～1.2cm。伞形花序，小花4～8朵，位于长花梗顶端，花色淡黄至深黄，小花有短柄或近无柄。每荚含种子10～15粒，荚果细圆而长，角状，聚于长柄的顶端散开，状如鸟足，种子肾形，呈黑色、橄榄色或墨绿色，千粒重1～1.2g(见图6－4)。

图6－4　百脉根

(二)生物学特性

百脉根性喜温暖湿润气候，根系发达，入土深，有较强的耐旱力，在0～5cm土层含水率降到6.3%，5～10cm土壤含水率降到11%的情况下不出现明显旱象。其耐旱性强于红三叶而弱于紫苜蓿，适宜的年降雨量为210～1910mm，最适年降雨量为550mm～900mm，因此，它是年降水量400 mm以上的退化草上补播改良的最佳草种。对土壤要求不严，在弱酸性和弱碱性、湿润或干燥、沙性或黏性、肥沃或瘠薄地均能生长。百脉根耐牧，再生力中等，病虫害少。据阿勒泰市草原站的试验数据显示，百脉根在弱碱性土壤上，被水淹15天以上不死亡，而苜蓿、沙打旺、草木犀被水淹6～7天即会先后死亡；种植3～4年的苜蓿虫害十分严重，而种植6年的大面积百脉根未见虫害发生。

适应的土壤pH为4.5～8.2，平均为6.4，结瘤的最适pH为6～6.5。

在新疆地区，百脉根3月下旬即可返青，4～5月分枝，5～6月现蕾，6～7月开花，6月下旬结荚，8～9月成熟，全生育期108～117天。百脉根为无限花序。开花的顺序，先从主枝上部长出的花序开，然后植株一次分枝上的花序再开，而一次分枝上又以第三叶腋的花序先开。一个花序的开花顺序为，先中间而后才是两侧。一个含有4朵花的花序，在25℃～29℃的气温条件下，全部开放需3天。一朵花从现蕾到开放需7～10天，而从开放到凋萎约需15天。

（三）对环境条件的要求

百脉根对土壤要求不严，在沙壤土，黏壤土，瘠薄地，排水不良的低湿地，微酸性或微碱性土壤均可种植。种子细小，幼苗活力不如苜蓿，出土能力差，苗期生长缓慢，要求精细整地，才能保证全苗。在上年前作收获后即应伏耕、秋耕、灭茬除草。旱作地秋季耙耱保墒蓄水，冬季镇压保墒，灌区要进行冬灌泡地，冬春耙耱镇压保墒。翌年播种前进行浅耕整地，达到土块细碎，地面平整。

三、职业岗位能力训练

（一）播前准备

1. 职业岗位工作。制定生产计划；做好备耕各项工作。

2. 工作程序及操作技术和质量要求。

工作环节	工作程序及操作技术和质量要求
（1）土地准备	百脉根主根粗壮，侧根发达，要创造疏松的耕土层。百脉根对土壤要求不严，在沙壤土，黏壤土，瘠薄地，排水不良的低湿地，微酸性或微碱性土壤均可种植。种子细小，幼苗活力不如苜蓿，出土能力差，苗期生长缓慢，要求精细整地，才能保证全苗。在上年前作收获后即应伏耕、秋耕、灭茬除草。旱作地秋季耙耱保墒蓄水，冬季镇压保墒，灌区要进行冬灌泡地，冬春耙耱镇压保墒。翌年播种前进行浅耕整地，达到土块细碎，地面平整。
（2）种子准备 	（1）种子检验：百脉根种子种子细小，硬实率高，播种前进行硬实处理。为了保证高产，播种前必须进行种子品质及用价的检验，即测定种子的净度、发芽率、硬实率及种子生活力等。这些指标达到规定标准方能采用。 （2）根瘤菌接种：百脉根要求专性根瘤菌，播前进行根瘤菌接种有利于增产。据报道，其种子用丸衣化接种较不接种的结瘤率增加100%，株高增加12.8%，单株鲜重增加6.8%，分枝数增加20%。

3. 常见技术问题处理。

（1）如何选购百脉根合格种子？

生产上应选用良种。按农业部牧草种子分级标准规定，百脉根的净度应在85%以上，发芽率不低于90%；水分不高于12.0%，硬实率为10%～20%的种子。

（2）百脉根购买后需要进行种子处理吗？

百脉根种子硬实率较高，种子20%以上硬实时，要进行种子处理。

种子处理方法：①用机械法擦伤种皮；②用温水浸泡24小时，晾干再播；③用浓硫酸浸泡20～30分钟，用清水冲洗干净，晾干再播。

（二）播种

1. 职业岗位工作。选择适宜播期播种，落实播种技术，检查、监督播种质量，实现“一播全苗”。

2. 工作程序及技术操作和质量要求。

工作环节	工作程序及操作技术和质量要求
（1）播种期与播种方式	在新疆可以春播，也可以夏播和秋播，秋播不应迟于8月下旬，要使幼苗有1个月以上的生长期，以利越冬。补播改良天然草地的可以在入冬前播种，不宜迟播种，否则幼苗易冻死。 播种方式：可以单播，也可以混播；单播时，可以采用条播、散播方式。
（2）播种量	播种量因利用目的而定： （1）单播：收草地条播，每亩0.5～0.6 kg，行距20～30 cm；撒播0.7～0.8 kg。播种深度1～2 cm。 （2）种子田条播，每亩0.4～0.5 kg，行距30～40 cm。 （3）混播：建立永久性混播人工草地时，常用适宜混播组合草种有草地早熟禾、无芒雀麦、鸡脚草、多年生黑麦草、高牛尾草等。混播比例，百脉根占40%～50%为宜。
（3）基肥	百脉根播种后，利用年限较长，耗肥量较大，要结合秋耕深翻一次施足底肥，每亩施有机肥1500～2500 kg，标准过磷酸钙25～50 kg。过磷酸钙须事先与有机肥混合，洒水使其湿润，堆积腐熟发酵20～30天再施用。播前结合深耕，每亩施硝酸铵5～10 kg，促进幼苗生长。

3. 常见技术问题处理。

百脉根播后经常出现出苗不齐且缺苗断垄的现象，保苗率个别时候还不到40%，这是什么原因造成的？

百脉根种子小，千粒重仅1～1.2g。顶土能力很弱。以下原因很容易造成百脉根缺苗断垄，保苗率降低：

①新疆干旱少雨，蒸发量大，播深了出苗困难，播浅了因土壤表层易失水而不能发芽。

②百脉根种子硬实率较高，在生产上没有进行种子处理而直接播种。

③百脉根种子太小，出苗缓慢、幼苗脆弱，缺乏竞争能力，苗期管理不合理。

解决措施：

①有条件的地区，安装喷灌设施。

②不管是单播还是混播，播种之前必须对种子进行处理。

③要秋耕、灭茬除草、精细整地，才能保证全苗。

（三）田间管理

1. 职业岗位工作。根据百脉根生产技术管理计划要求，确定适宜田间管理技术措施，指导田间作业，检查作业质量。

2. 工作程序及技术操作和质量要求。

工作环节	工作程序及操作技术和质量要求
(1)播后至苗期管理	(1)破除板结:在播后出苗前，出现板结时，可用短齿耙破除。在灌区可以采取轻度灌溉消灭板结，帮助幼苗出土。 (2)防除杂草:幼苗生长缓慢，易受杂草危害，要及时中耕，松土锄草，严禁放牧践踏毁坏幼苗。防除的方法:面积小，可用人工锄草；面积大，最好选用适合的除草剂消灭杂草。
(2)苗期至收获前管理	草地建植之后，也不能放牧利用过重，或在灌水、降雨后放牧，要控制刈割高度和放牧强度以保持6～8cm残茬，是其再生性良好的关键。每次放牧利用后，要间隔半月，以恢复再生。每次放牧或刈割后，灌区要结合灌水追肥，旱地要利用降雨追肥。每亩施过磷酸钙10～15 kg，磷二铵或硝酸铵4～5 kg。刈割留茬5～8 cm，放牧留茬10～15 cm。

3. 常见技术问题处理。

百脉根的种子产量低，如何提高种子产量？

①百脉根花期长，种子成熟不尽一致，成熟后易裂荚落粒，在70%的果荚变为黑褐色时，即可刈割收种，有条件可随熟随收，人工晾干才能提高种子产量。

②在百脉根开花期，把蜂箱运往草地四周，不仅能提高百脉根的种子产量和品质，也可采到优质蜂蜜。

(四)收获利用

人工草地用于刈割利用的适宜期为初花期至盛花期，用于放牧利用开始期为分枝期至孕蕾期，或草层高度达20 cm时适度放牧，切忌重牧或降雨、灌水后放牧。根茬地肥效很高，常与禾谷类粮草作物和经济作物轮作倒茬利用。

项目五　沙打旺栽培技术

一、概述

沙打旺为黄芪属多年生豆科植物，沙打旺为我国特有牧草，栽培历史达数10年乃至上百年，20世纪70年代随着沙打旺大面积飞播成功，逐步向北方各省区推广，是北方改造荒山荒坡进行飞播的主要草种。沙打旺经济价值很高，具有良好的饲用价值，尽管其茎叶含有三硝基丙酸而有些苦涩味，但其营养成分丰富而齐全，几乎接近紫花苜蓿，与其他饲料混合饲喂，各种家畜均可采食，尤以骆驼喜食。一般公顷鲜草产量达30～120t，种子产量225～450kg。沙打旺是非常好的水土保持植物，建植快而容易，根系发达，枝叶繁茂，覆盖度大，在水土流失的荒坡、沟沿或林间种植，有蓄水、固土、减缓径流的作用，根上着生褐色根瘤，是改造沙漠的先锋植物。另外，沙打旺生长快，根多叶茂，株体含氮磷钾丰富，可作为绿肥兼用牧草；而且沙打旺花期长，花冠色浓美丽，是很好的蜜源植物。

二、基本知识

(一)植物学特性

沙打旺为短寿命多年生草本植物(见图6-5),主根粗长,入土1~2m,侧根发达,根幅达1.5~2.0m,根系主要分布在15~30cm土层中。全株密被丁字毛。茎直立或近直立,绿色,高1.3~2.3m,具10~30个分枝。奇数羽状复叶,着生小叶7~23枚,小叶长椭圆形,长20~35 mm,宽5~15mm。总状花序,多数腋生,少数顶生,总花梗很长,每个花序有小花17~79朵,花冠蓝紫色或紫红色。荚果矩形或长椭圆形,顶端具下弯的喙,分2室,内含种子10余粒;种子心脏形,黑褐色,千粒重1.5~2.4g。

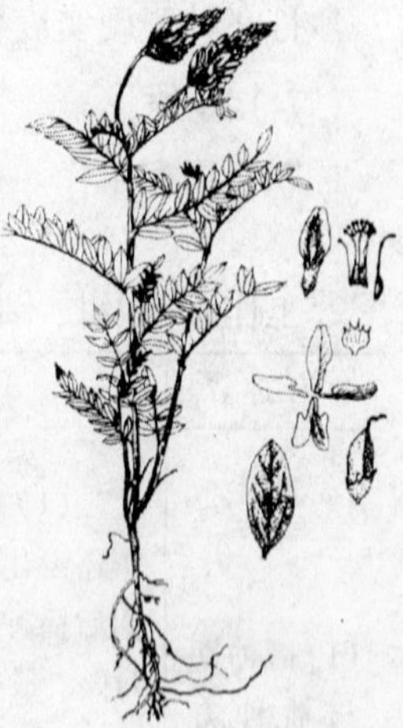

图6-5　沙打旺

(二)生物学特性

沙打旺只要播种当年抓住苗,其适应性是很强的。沙打旺分枝多,生长第二年即可覆盖大地,从而减少地表蒸发和水土流失,达到绿化裸地和美化环境的目的。沙打旺性喜温暖的气候条件,具有很强的抗逆性,所以适应范围很广,耐寒、抗旱、耐瘠薄、耐盐碱,可以在含盐量为0.3%~0.4%的土壤正常生长,同时还能够改良盐碱地,种过沙打旺的地方,不仅有机物质提高1倍多,而且全盐含量下降1/3。沙打旺种子萌发的最低温度为3℃~5℃,最适生长温度为20℃~31℃,在新疆基本不存在越冬问题,越冬芽至少可耐-30℃低温。在年降水量不足150 mm的地方,紫花苜蓿和草木樨都不能正常生长的情况下,沙打旺仍能良好生长,但以年降水300~400mm的地区种植沙打旺为宜。

(三)对环境条件的要求

播种的头一年要进行秋深翻,有条件的地区应进行秋灌和施足底肥,并于早春播前及时进行细耙保墒。

三、职业岗位能力训练

(一)播前准备

1. 职业岗位工作。制定生产计划;做好备耕各项工作。

2. 工作程序及操作技术和质量要求。

工作环节	工作程序及操作技术和质量要求
(1)土地准备	沙打旺种子比苜蓿种子还要细小,顶土能力和幼苗生活力弱,精耕细耙、整平土壤对控制播深和出苗非常重要,播后镇压效果更好。有条件情况下,在深翻时可施有机肥30~45t/hm^2。
(2)种子准备 	(1)种子检验:为了保证高产,播种前必须进行种子品质及用价的检验,即测定种子的净度、发芽率、硬实率及种子生活力等。这些指标达到规定标准方能采用。

3. 常见技术问题处理。

如何选购沙打旺合格种子?购买后需要进行种子处理吗?

生产上应选用良种。按农业部牧草种子分级标准规定，沙打旺的净度应在85.0%以上，发芽率不低于80.0%；水分不高于14.0%，其他种子每千克最高粒数2000。

沙打旺种子硬实度低，吸水力强，出苗仅需要3~4天，所以无需种子处理措施。

(二)播种

1.职业岗位工作。选择适宜播期播种，落实播种技术，检查、监督播种质量，实现"一播全苗"。

2.工作程序及技术操作和质量要求。

工作环节	工作程序及操作技术和质量要求
(1)播种期与播种方式	(1)播种时期:早春、雨季、初秋均可播种。春旱严重地区"顶凌"播种(即早春土壤还没化透之时;春季风沙大、土壤墒情不好而夏季蒸发量不太大地区，可借用洪水或雨后播种，也可以秋播或雪上播种。无论何时播种，关键在于土壤含水量不低于11%，最好为15%~20%。 (2)播种方式:可条播、散播和飞机播种。在肥沃的农田进行春播时，可与一年生豆类作物混播，可起保苗和防治杂草的作用，又可一年两收，增加效益。 单播:行距为30~45 cm(收草)，45~60 cm(收种)，沙打旺种子细小，播种深度为1~2 cm,雪上播种可不盖土。
(2)播种量	收草地播种量3.75~7.50 kg/hm^2，保证田间植株密度45000~60000 株 k/hm^2;收种子地播量1.50~2.25 kg/hm^2，保证田间植株密度,27000~31500 株 k/hm^2;飞播时播量为2.25~3.0 kg/hm^2。
(3)基肥	有条件情况下，在深翻时可施有机肥30~45t/hm^2，有利于提高产草量。

3.常见技术问题处理。

在生产上为什么会选择沙打旺做飞播材料，优势在哪里?

主要优势:

①飞机播种用种量少，速度快，成本低，飞播一架次可播种333 hm^2 左右；②飞播散种均匀，平均每平方米落种140~180粒，按10%成苗计算，每平方米可至少保苗10株以上，实际上每平方米有1~3株即可达到预期效果;③沙打旺种子细小，落地后经风吹容易浅覆土，且遇雨水容易萌发出苗，飞播后立即赶牛羊群踩踏一遍，以达到覆土镇压的目的;④沙打旺分枝多，生长第二年即可覆盖大地，从而减少地表蒸发和水土流失，达到绿化裸地和美化环境的目的。

(三)田间管理

1.职业岗位工作。根据生产技术管理计划要求，确定适宜田间管理技术措施，指导田间作业，检查作业质量。

2.工作程序及技术操作和质量要求。

工作环节	工作程序及操作技术和质量要求
(1)播后至苗期管理	(1)破除板结:在播后出苗前,出现板结时,可用短齿耙破除。在出苗之前保证土壤含水量不低于11%,最好为15%~20%的条件。 (2)防除杂草:虽然沙打旺出苗快,但幼苗生长缓慢,易受杂草危害,要及时中耕,松土锄草,严禁放牧践踏毁坏幼苗。防除的方法:面积小,可用人工锄草;面积大,最好选用适合的除草剂消灭杂草。
(2)苗期至收获前管理	第二年早春返青前和每次刈割后要进行中耕除草一次,沙打旺极易患病虫害,如黄萎病、茎炭疽病、叶炭疽病、黑斑病、根腐病、白粉病及黑潜蝇和沙打旺实蜂,菟丝子的寄生对沙打旺的危害也非常严重,为此对病株应及时拔除,或用相应灭菌剂和杀虫剂进行灭除。沙打旺不耐涝,所以每当水分过多时要及时排水。有条件的地方,早春或刈割之后,结合施肥进行灌水,可显著提高产量。

3.常见技术问题处理。

沙打旺田中出现了恶性杂草——菟丝子和病虫害,怎么办?

播种之前进行种子清理,提前收获,人工拔除或施用相应灭菌剂和杀虫剂进行灭除,还可采取轮作换茬等措施。具体防止方法参考苜蓿的方案。

(四)收获与利用

沙打旺首次刈割应不晚于现蕾期,因沙打旺花后茎叶急剧木质化,将严重影响适口性和消化率。在不采种的情况下,一年可割2~3次,留茬5~10 cm。收种:当下部荚果变褐色时,即可及时收割,以防裂荚。沙打旺适口性不如苜蓿,有点苦味。所以饲喂时要掺合其他饲草混合饲喂效果好。

计划单

<table>
<tr><td>学习情境6</td><td colspan="3">新疆优质豆科牧草栽培技术要点</td><td>学时</td><td>20</td></tr>
<tr><td>计划方式</td><td colspan="5">以小组为单位,通过讨论共同制定计划</td></tr>
<tr><td>序号</td><td colspan="3"></td><td>使用资源</td><td>备注</td></tr>
<tr><td>1</td><td colspan="3"></td><td></td><td></td></tr>
<tr><td>2</td><td colspan="3"></td><td></td><td></td></tr>
<tr><td>3</td><td colspan="3"></td><td></td><td></td></tr>
<tr><td>4</td><td colspan="3"></td><td></td><td></td></tr>
<tr><td>5</td><td colspan="3"></td><td></td><td></td></tr>
<tr><td>6</td><td colspan="3"></td><td></td><td></td></tr>
<tr><td>7</td><td colspan="3"></td><td></td><td></td></tr>
<tr><td>8</td><td colspan="3"></td><td></td><td></td></tr>
<tr><td>9</td><td colspan="3"></td><td></td><td></td></tr>
<tr><td>10</td><td colspan="3"></td><td></td><td></td></tr>
<tr><td>制定计划说明</td><td colspan="5"></td></tr>
<tr><td rowspan="3">计划评价</td><td>班级</td><td></td><td>第　组</td><td>组长签字</td><td></td></tr>
<tr><td>教师签字</td><td colspan="2"></td><td>日期</td><td></td></tr>
<tr><td colspan="5">评语:</td></tr>
</table>

决 策 实 施 单

<table>
<tr><td colspan="2">学习情境6</td><td colspan="6">新疆优质豆科牧草栽培技术要点</td></tr>
<tr><td colspan="8">讨论小组制定的计划书，做出决策</td></tr>
<tr><td rowspan="9">计划
对比</td><td>组号</td><td>工作流程
的正确性</td><td>知识运用
的科学性</td><td>步骤的
完整性</td><td>方案的
可行性</td><td>人员安排
的合理性</td><td>综合评价</td></tr>
<tr><td>1</td><td></td><td></td><td></td><td></td><td></td><td></td></tr>
<tr><td>2</td><td></td><td></td><td></td><td></td><td></td><td></td></tr>
<tr><td>3</td><td></td><td></td><td></td><td></td><td></td><td></td></tr>
<tr><td>4</td><td></td><td></td><td></td><td></td><td></td><td></td></tr>
<tr><td>5</td><td></td><td></td><td></td><td></td><td></td><td></td></tr>
<tr><td>6</td><td></td><td></td><td></td><td></td><td></td><td></td></tr>
<tr><td>7</td><td></td><td></td><td></td><td></td><td></td><td></td></tr>
<tr><td>8</td><td></td><td></td><td></td><td></td><td></td><td></td></tr>
</table>

<table>
<tr><td colspan="3">制定实施方案</td></tr>
<tr><td>序号</td><td>实施步骤</td><td>使用资源</td></tr>
<tr><td>1</td><td></td><td></td></tr>
<tr><td>2</td><td></td><td></td></tr>
<tr><td>3</td><td></td><td></td></tr>
<tr><td>4</td><td></td><td></td></tr>
<tr><td>5</td><td></td><td></td></tr>
<tr><td>6</td><td></td><td></td></tr>
<tr><td>7</td><td></td><td></td></tr>
<tr><td colspan="3">实施说明：</td></tr>
</table>

<table>
<tr><td>班 级</td><td></td><td>第　组</td><td>组长签字</td><td></td></tr>
<tr><td colspan="5">评语：</td></tr>
</table>

作业单

<table>
<tr><td>学习情境6</td><td colspan="6">新疆优质豆科牧草栽培技术要点</td></tr>
<tr><td>作业完成方式</td><td colspan="6">课余时间独立完成</td></tr>
<tr><td>项目一</td><td colspan="6">新疆紫花苜蓿栽培技术</td></tr>
<tr><td>作业</td><td colspan="6">1. 新疆主要栽培的紫花苜蓿品种特性，栽培技术要点如何？
2. 参阅相关资料学习掌握苜蓿主要病虫害发病指数、危害率调查技术。
3. 制定紫花苜蓿高产 4500 kg/hm^2 的栽培技术要点。</td></tr>
<tr><td>作业答案</td><td colspan="6">可另附纸张</td></tr>
<tr><td>项目二</td><td colspan="6">草木樨的栽培技术</td></tr>
<tr><td>作业</td><td colspan="6">1. 制定改良碱性农田的种植牧草方案与栽培技术计划。
2. 草木樨相对紫花苜蓿的优点是什么？</td></tr>
<tr><td>作业答案</td><td colspan="6">可另附纸张</td></tr>
<tr><td>项目三</td><td colspan="6">红豆草栽培技术</td></tr>
<tr><td>作业</td><td colspan="6">1. 红豆草的栽培技术与防治病虫害技术要点是什么？
2. 制定提高红豆草产量的栽培技术计划。</td></tr>
<tr><td>作业答案</td><td colspan="6">可另附纸张</td></tr>
<tr><td>项目四</td><td colspan="6">百脉根栽培技术</td></tr>
<tr><td>作业</td><td colspan="6">1. 制定提高百脉根产量的栽培技术要点。
2. 撰写百脉根施肥，病虫害防治方法。</td></tr>
<tr><td>作业答案</td><td colspan="6">可另附纸张</td></tr>
<tr><td>项目五</td><td colspan="6">沙打旺的栽培技术</td></tr>
<tr><td>作业</td><td colspan="6">1. 沙打旺在新疆栽培面积有多少？制定提高沙打旺产量的栽培技术计划。
2. 撰写沙打旺施肥，病虫害防治方法。</td></tr>
<tr><td>作业答案</td><td colspan="6">可另附纸张</td></tr>
<tr><td rowspan="4">作业评价</td><td>班 级</td><td></td><td>第　组</td><td colspan="2">组长签字</td><td></td></tr>
<tr><td>学 号</td><td></td><td>姓 名</td><td colspan="3"></td></tr>
<tr><td>教师签字</td><td></td><td>教师评价</td><td></td><td>日期</td><td></td></tr>
<tr><td colspan="6">评语：</td></tr>
</table>

效果检查单

学习情境6	新疆优质豆科牧草栽培技术要点				
检查方式	以小组为单位，采用学生自查与教师检查相结合，成绩各占总分(100分)的50%				
序号	检查项目	检查标准		学生自查	教师检查
1	紫花苜蓿栽培技术	能正确地说出基本概念、植物学与生物学特点、栽培技术要点和会制作提高产量的方案。			
2	草木樨栽培技术	能正确地说出基本概念、植物学与生物学特点、栽培技术要点和会制作套间播计划。			
3	红豆草栽培技术	能正确地说出基本概念、植物学与生物学特点、栽培技术要点和会制作提高产量的方案。			
4	百脉根栽培技术	能正确地说出基本概念、植物学与生物学特点、栽培技术要点和会制作提高产量的方案。			
5	沙打旺栽培技术	能正确地说出基本概念、植物学与生物学特点、栽培技术要点和会制作提高产量的方案。			
6					
7					
	班级		第　组	组长签字	
	教师签字			日期	
检查评价	评语：				

评价反馈单

<table>
<tr><td>学习情境6</td><td colspan="5">新疆优质豆科牧草栽培技术要点</td></tr>
<tr><td>评价类型</td><td>项目</td><td>子项目</td><td>个人评价</td><td>组内评价</td><td>教师评价</td></tr>
<tr><td rowspan="12">专业能力
(60%)</td><td rowspan="2">资讯(10%)</td><td>查找资料，自主学习(5%)</td><td></td><td></td><td></td></tr>
<tr><td>咨询问题回答(5%)</td><td></td><td></td><td></td></tr>
<tr><td rowspan="2">计划(5%)</td><td>计划制定的科学性(3%)</td><td></td><td></td><td></td></tr>
<tr><td>用具材料准备(2%)</td><td></td><td></td><td></td></tr>
<tr><td rowspan="3">实施(25%)</td><td>各项操作正确(10%)</td><td></td><td></td><td></td></tr>
<tr><td>各项操作的效果(12%)</td><td></td><td></td><td></td></tr>
<tr><td>仪器材料使用的规范(3%)</td><td></td><td></td><td></td></tr>
<tr><td rowspan="2">检查(5%)</td><td>全面性、准确性(3%)</td><td></td><td></td><td></td></tr>
<tr><td>出现问题的处理(2%)</td><td></td><td></td><td></td></tr>
<tr><td>结果(10%)</td><td>提交成品质量</td><td></td><td></td><td></td></tr>
<tr><td>作业(5%)</td><td>及时、保质完成作业</td><td></td><td></td><td></td></tr>
<tr style="display:none"></tr>
<tr><td rowspan="4">社会能力
(20%)</td><td rowspan="2">团结协作
(10%)</td><td>小组成员合作良好(5%)</td><td></td><td></td><td></td></tr>
<tr><td>对小组的贡献(5%)</td><td></td><td></td><td></td></tr>
<tr><td rowspan="2">敬业、吃苦
精神(10%)</td><td>学习纪律性(5%)</td><td></td><td></td><td></td></tr>
<tr><td>爱岗敬业和吃苦耐劳精神(5%)</td><td></td><td></td><td></td></tr>
<tr><td rowspan="2">方法能力
(20%)</td><td>计划能力
(10%)</td><td>制定计划合理</td><td></td><td></td><td></td></tr>
<tr><td>决策能力
(10%)</td><td>计划选择正确</td><td></td><td></td><td></td></tr>
<tr><td colspan="6">意见反馈</td></tr>
<tr><td colspan="6">请写出你对本学习情境教学的建议和意见</td></tr>
</table>

<table>
<tr><td rowspan="3">评价
评语</td><td>班 级</td><td></td><td>姓 名</td><td></td><td>学 号</td><td></td><td>总 评</td><td></td></tr>
<tr><td>教师签字</td><td></td><td>第　组</td><td></td><td>组长签字</td><td></td><td>日期</td><td></td></tr>
<tr><td colspan="8">评语：</td></tr>
</table>

学习情境7　新疆优质禾本科牧草栽培技术要点

学习任务单

<table>
<tr><td>学习
情境7</td><td colspan="2">新疆优质禾本科牧草
栽培技术要点</td><td>学时</td><td>24</td></tr>
<tr><td colspan="5">布置任务</td></tr>
<tr><td>学习
目标</td><td colspan="4">1. 掌握无芒雀麦的概念、植物学和生物学特性。
2. 掌握无芒雀麦的栽培技术要点。
3. 掌握苏丹草的概念、植物学和生物学特性。
4. 掌握苏丹草的栽培技术要点。
5. 掌握老芒麦的概念、植物学和生物学特性。
6. 掌握老芒麦的栽培技术要点。
7. 掌握披碱草的概念、植物学和生物学特性。
8. 掌握披碱草的栽培技术要点。
9. 掌握冰草的概念、植物学和生物学特性。
10. 掌握冰草的栽培技术要点。
11. 掌握鸭茅的概念、植物学和生物学特性。
12. 掌握鸭茅的栽培技术要点。
13. 掌握早熟禾的概念、植物学和生物学特性。
14. 掌握早熟禾的栽培技术要点。</td></tr>
<tr><td>任务
描述</td><td colspan="4">学习和查阅资料，掌握适合在新疆栽培的优质禾本科牧草种类、具有栽培价值的无芒雀麦、苏丹草、老芒麦、披碱草、冰草、鸭茅和早熟禾的基本概念、植物学和生物学特性、栽培技术要点。
具体任务：
1. 无芒雀麦的播种前准备、播种、田间管理、收获与利用等技术要点和常见技术问题处理方法。
2. 苏丹草的播种前准备、播种、田间管理、收获与利用等技术要点和常见技术问题处理方法。
3. 老芒麦的播种前准备、播种、田间管理、收获与利用等技术要点和常见技术问题处理方法。
4. 披碱草的播种前准备、播种、田间管理、收获与利用等技术要点和常见技术问题处理方法。
5. 冰草的播种前准备、播种、田间管理、收获与利用等技术要点和常见技术问题处理方法。
6. 鸭茅的播种前准备、播种、田间管理、收获与利用等技术要点和常见技术问题处理方法。
7. 早熟禾的播种前准备、播种、田间管理、收获与利用等技术要点和常见技术问题处理方法。</td></tr>
</table>

续表

学时分配	资讯4学时	计划4学时	决策0.5学时	实施14学时	考核1学时	评价0.5学时
提供资料	1. 陈宝书，牧草饲料作物栽培学. 北京：中国农业出版社，2001年 2. 杨青，苜蓿生产与管理指南. 北京：中国林业出版社，2003年 3. 董宽虎，沈益，饲草生产学. 北京：中国农业出版社，2003年 4. 杜桂娟，草类植物资源与利用. 北京：中国农业出版社，2010年 5. 草原休牧轮牧禁牧舍饲养畜技术300问. 北京：全国农业科技，2003年 6. 朱进忠，草业科学实践教学指导书. 北京：中国农业出版社，2009年 7. 新疆牧民饲草现代种植技术与管理手册. 新疆畜牧厅，2008年					
对学生要求	1. 由3～4人组成一个学习小组，完成本项目学习。 2. 课前以小组为单位，完成资讯问题答案的搜集与整理。 3. 严格遵守牧草栽培工学结合教室的规章制度。 4. 严格遵守实训单位的规章制度。					
资讯方式	通过资讯问题和资讯引导，全国高职牧草栽培技术精品课网站、图书、新疆和阿勒泰生态环境相关杂志资料查询，课件、视频及模拟实验展示，指导老师咨询等形式完成。					
资讯问题	1. 在新疆适合种植的优质禾本科牧草有哪些？它们的主要特点是什么？ 2. 无芒雀麦栽培技术要点有哪些？种植无芒雀麦时应该注意哪些技术问题？ 3. 苏丹草的主要特点是什么？适合什么样的生态条件栽培？栽培技术要点有哪些？ 4. 老芒麦的主要特点是什么？适合什么样的生态条件栽培？栽培技术要点有哪些？ 5. 披碱草的主要特点是什么？适合什么样的生态条件栽培？栽培技术要点有哪些？ 6. 冰草的主要特点是什么？适合什么样的态条件栽培？栽培技术要点有哪些？ 7. 鸭茅的主要特点是什么？适合什么样的态条件栽培？栽培技术要点有哪些？ 8. 早熟禾的主要特点是什么？适合什么样的生态条件栽培？栽培技术要点有哪些？					
资讯引导	1. 在相关信息单中查询； 2. 新疆牧民饲草现代种植技术与管理手册； 3. 陈宝书，牧草饲料作物栽培学. 北京：中国农业出版社，2001年； 4. 在其他相关资料中查询。					

项目一　无芒雀麦栽培技术

一、概述

无芒雀麦别名为光雀麦。无芒雀麦原产于欧洲，我国东北、内蒙古和新疆等地方都有野生种，是适合北方地区种植栽培的主要禾本科牧草之一。

无芒雀麦的营养价值很高，叶多茎少，适口性好，草质柔软，为各种家畜所喜食。除了放牧外，还可以调制成干草和青贮。据分析，其含粗蛋白质12.93%，粗脂肪3.28%，粗纤维35.0%，无氮浸出物41.24%，粗灰分7.55%。无芒雀麦分蘖能力强，产量高，也可与红三叶等豆科牧草混播，建立人工草地。一年可刈割1～2次制作干草，再生草作放牧用，利用率较高。每公顷干草4500～7500 kg，每公顷种子产量600～750 kg。

二、基本知识

（一）植物学特性

无芒雀麦具较短的地下茎，多分布在距离地面10 cm的土层中，茎直立、圆形、粗壮光滑，高90～120 cm，最高可达140 cm以上。叶片色泽淡绿，长而宽，一般5～6枚，表面光滑，叶缘具短刺毛；叶鞘圆筒形，闭合、光滑，但幼小时密闭耳毛，长度常超过上节的上部。圆锥花序，每花序约有30个小穗，穗枝梗为雀麦中最短者，一般很少超过3～6 cm，轮生，穗轴每节上只轮生2～8个，每枝梗上着生1～2个小穗，开花时枝梗张开，种子成熟时收缩；小穗披针形，有花4～8个朵；外稃无芒或有短芒，如有短芒，芒从外稃顶端二齿间伸出。

图7－1 无芒雀麦

种子披针形，暗褐色，千粒重2.44～3.74 g，每1 kg种子约有40万粒（见图7－1）。

（二）生物学特性

无芒雀麦是长寿牧草，地下部分生长很快，据观察，在播种当年到分蘖期时，它的根系入土深度已达120 cm，入冬前可达200 cm。无芒雀麦播种后10～12天即可出苗，35～40天开始分蘖。播种当年只能抽穗不能结籽。生活的第二年，无芒雀麦的根产量（0～50 cm）为每亩900 kg左右。无芒雀麦成年植株返青后50～60天即可开始抽穗开花，花期延续15～20天，以开始开放的头3～6天开花最多，随后逐渐下降。

据记载，它的寿命可长达25～50年。在生产实践中，一般无芒雀麦生活第六七年生产力较高。在管理水平较好的情况下，可以维持10年左右的稳定产量。

（三）对环境条件的要求

无芒雀麦对气候条件的适应性很强，特别适于寒冷干燥气候。而不适于在高温高湿地区。一般年降水量为400～500 mm的地区，生长较为合适。无芒雀麦对土地要求不严，退化草地，退耕牧地，山坡草地，边旁隙地，林间草地等均可种植。

三、职业岗位能力训练

（一）播前准备

1. 职业岗位工作。制定生产计划；做好备耕各项工作。

2. 工作程序及操作技术和质量要求。

工作环节	工作程序及操作技术和质量要求
(1)土地准备	无芒雀麦根系入土深，播种当年地上生长缓慢而地下部分生长很快，因此必须深耕。播前整地，施肥保墒减少杂草。无芒雀麦需氮较多，播前施足底肥，可施厩肥 22500 ~ 37500 kg/hm^2 作底肥，播种时施种肥(硫酸铵)75 kg/hm^2。如与豆科牧草混播，在酸性土壤上可施用石灰。
(2)种子准备 	种子检验:为了达到优质高产目的，播种前必须进行种子品质及用价的检验，即测定种子的净度、发芽率及种子生活力等。这些指标达到规定标准方能采用。

3. 常见技术问题处理。

如何选购无芒雀麦合格种子？购买后需要进行种子处理吗？

生产上应选用良种。良种的标准是纯度不低于 95.0%；净度不低于 75.0%；发芽率不低于 80%；水分不高于 11.0%；其他种子每千克最高粒数为 4000。

购买后进行种子用价的检验非常重要，刚收的种子发芽率低，贮藏于第二年的种子发芽率最高，贮藏于第五年以后，种子发芽率降低到 40%，6 ~ 7 年以后完全丧失发芽能力，所以播种之前需要对购买的种子进行种子用价的检测。

(二)播种

1. 职业岗位工作。选择适宜播期播种，落实播种技术，检查、监督播种质量，实现“一播全苗”。

2. 工作程序及技术操作和质量要求。

工作环节	工作程序及操作技术和质量要求
(1)播种期与播种方式	新疆地区春、夏、秋均可播种，最好在 5 ~ 7 月播种。 播种方式:可以单播，也可以混播;单播时，可以采用条播、散播方式。无芒雀麦和豆科牧草混播时，可以 1∶1 或 2∶2 隔行间种，或 1∶1 混种。无芒雀麦竞争力强，混播时很快压倒豆科牧草，所以要适当增加豆科牧草的播种量。
(2)播种量	单播时，播种量为 22.5 ~ 30.0 kg/hm^2(收草)，种子田可减少到 15.0 ~ 22.5 kg/hm^2，撒播播种量可增至 45.0 kg/hm^2 左右。 播深为 2 ~ 4 cm，黏性土壤上为 2 ~ 3 cm，沙性土壤为 3 ~ 4 cm，春季干旱多风的地区水分蒸发较快，覆土深度可增至 4 ~ 5 cm。通常条播为宜，行距 15 ~ 30 cm(收草)，收种子，行距 45 cm，播种后镇压，最好用新鲜种子播种。与紫花苜蓿混播时，播种量为无芒雀麦 15.0 ~ 22.5 kg/hm^2，紫花苜蓿 7.5 kg/hm^2。
(3)基肥	无芒雀麦需氮较多，播前施厩肥 22500 ~ 37500 kg/hm^2 作底肥，播种时施种肥(硫酸铵)75 kg/hm^2。

3. 常见技术问题处理。

无芒雀麦播种后为什么经常出现缺苗现象？

①购买的种子贮藏时间长，丧失种子发芽能力；

②土壤因干旱、风沙大、气温低等原因降低了土壤保墒性，种子没法发芽；

③无芒雀麦出苗非常慢，易受杂草危害。

解决措施：

①播种之前进行种子发芽试验，确定购买的种子在生产上能不能用。

②正确地选择播种时期，注意土壤保墒情况，保证出苗率。

③播种之前防除杂草，减少杂草危害。

(三)田间管理

1. 职业岗位工作。根据生产技术管理计划要求，确定适宜田间管理技术措施，指导田间作业，检查作业质量。

2. 工作程序及技术操作和质量要求。

工作环节	工作程序及操作技术和质量要
(1)播后至苗期管理	(1)破除板结：在播后出苗前，出现板结时，可用短齿耙破除。在灌区可以采取轻度灌溉消灭板结，帮助幼苗出土。 (2)防除杂草：幼苗生长缓慢，易受杂草危害，要及时中耕，松土锄草，避免践踏毁坏幼苗。 (3)当根茎积累盘结，待第4~5年时，则需要耙地松土，切破草皮，复壮草层，改善土壤的通透状况，以提高青草产量，增加种子产量。
(2)苗期至收获前管理 	无芒雀麦需氮甚多，必须充分施用氮肥，尤以单播时为甚。生长期和每次刈割后追施氮肥150~225kg/hm^2，同时还要适当施用磷、钾肥。追肥后随即灌水。

3. 常见技术问题处理。

(1)为什么无芒雀麦比其他禾本科牧草更适合与苜蓿混播？

无芒雀麦比其他禾本科牧草出苗和生长时间较晚，因而使苜蓿得到充分发育机会；另外无芒雀麦需氮多，单播3~4年后生长渐衰，与苜蓿混播，土壤中遗留的大量氮素，可保证无芒雀麦维持几年的旺盛生长。

(2)为什么种植无芒雀麦3年以后出现产量下降现象？

无芒雀麦是长寿上繁牧草，具有蔓生发达的地下茎，3~4年后地下茎结成硬块的草皮，使土壤通透性变差，有机物质分解慢，有碍生长发育，导致产草量骤减。

解决措施：

早春用圆盘耙耙地松土，划破草皮，改善土壤透水、透气状况，以促进新茎的生长。耙地复壮不但能提高产草量和产籽量，还能延长草地利用年限。

(四)病虫害防治

1. 职业岗位工作。按照无芒雀麦病虫害发生规律，在不同生育时期识别调查发生情况，及时采取有效防治措施。

2. 工作程序及技术操作和质量要求。

病虫害与杂草	形态识别	防治方法
(1)无芒雀麦易感染麦角病	种子中常带有麦角病的菌核(形同细长米粒状的黑褐色硬块)。	播种前必须彻底清除，以防传播蔓延，做法是充分碾磨，使其脱打至成单粒，去除杂质后播种。
(2)防止杂草	无芒雀麦苗期生长较慢，易受杂草危害，生长后期再受高大杂草的危害。	无芒雀麦单播地用2,4－D除草，效果良好，通常要在分蘖期至拔节期间，及时中耕除草1～2次，后期再拔一遍高大杂草。

3. 常见技术问题处理。

无芒雀麦是长寿牧草，播种当年生长缓慢，应注意中耕除草，一般单播时采用2,4－D除草,效果良好，与苜蓿混播时以苜蓿病虫害防治为主。

(五)收获与利用

无芒雀麦利用年限长，品质好，产草量高，可以放牧，也可收草。收获时以开花期为好。当年产量略低，只可收割1～2次，次年以后可收割2～3次或更多次。播种当年种子产量低，质量差，一般不采种。第二年或第三年生长旺盛，种子产量高，适合于采收种子。收获种子的时间以穗色变黄、种子晚熟时最好。无芒雀麦是良好的放牧型饲草，放牧利用最好从播种的第二年或第三年开始，因为此时已结成草皮，具有较强的耐牧性。

项目二　苏丹草栽培技术

一、概述

苏丹草别名为野高粱,属于栽培价值较高的一年生禾本科牧草。苏丹草株高茎细，再生性强，产草量高，饲用价值高。它可以青饲，青贮，调制干草，放牧，籽实可作精料，适口性良好，其茎秆较玉米、高粱细，质地柔软，是各种家畜的优良青绿多汁饲料，为各类家畜喜食。特别是蛋白质含量高于其他任何一种禾本科牧草，尤其是磷、钾的含量较丰富。此外，苏丹草也是池塘养鱼的优质青饲料之一，有“养鱼青饲料之王”的美称。在施肥和水分好的条件下，可以收割多次，每公顷干草可达7500 kg以上，每公顷产种子750kg左右。

苏丹草含有丰富的营养物质。其营养期粗脂肪和无氮浸出物较高，抽穗期的粗蛋白质含量较高，粗蛋白质中各类氨基酸含量也很丰富，见表7－1。

苏丹草含有丰富的胡萝卜素，其含量随生育期的推移而下降，如在1kg干物质中胡萝卜素的含量:分蘖期为443.9mg，拔节期为262.6mg，开花期为288.5mg。

表7－1 苏丹草的化学成分(%)

	水分	粗蛋白质	粗脂肪	粗纤维	无氮浸出物	粗灰分
营养期	10.92	5.80	2.60	28.01	44.62	8.05
抽穗期	10.00	6.34	1.43	34.12	39.20	8.91
成熟期	16.23	4.68	1.42	34.18	35.38	7.94

二、基本知识

(一)植物学特性

苏丹草为一年生草本植物，根系发达，入土深达2m以上，水平分布75cm，根系约60%～70%分布在耕作层。近地面茎节常产生具有吸收能力的不定根。茎高2～3cm，依茎的高度不同，苏丹草有矮型(茎高150cm以下)，中型(150～225cm)和高型(225cm以上)之分。分蘖多达20～100个。

叶呈条形，长45～60cm，宽4～4.5cm，每一茎上有叶7～8片，表面光滑，边缘稍粗糙，主脉较明显，上面白色，背面绿色。无叶耳，叶片膜质。圆锥花序长15～80cm，花序类型因品种不同而有很大差别，可分为强烈周散型、周散型、半紧密型、紧密型、下垂型等6种。每枚梗节2小穗，其中一个无柄，结实;另一个为有柄小穗，雄性不结实。顶生小穗常3枚，中央的具柄，两侧的无柄。成熟时无柄小穗连同穗轴节间和有柄小穗一齐脱落。对称先端具1～2cm膝曲的芒。颖果侧部圆形，略呈扁平形，颖果紧密着生于颖内，为区别高粱的一般特征。颜色为黄褐色以至红褐色。千粒重10～15g，每公斤含种子12万余粒(图7－2)。

图7－2 苏丹草

(二)生物学特性

苏丹草性喜温暖，不耐寒，喜光，不耐阴，光照不足不仅分蘖减少，产量降低，而且品质不良。种子发芽最低温度为8℃～10℃，最适温度为20℃～30℃。在条件适宜下，播后4～5天即可萌发，7～8天全苗，苗期对低温很敏感，当气温下降至2℃～3℃时即遭受冻害。生育期100～120天，从播种至出苗11～12天，至抽穗70～91天，至成熟100～120天。

苏丹草进入分蘖期后，在整个生育期间能不断形成分蘖，一般出苗后1个月可产生5个侧枝，抽穗初期为8个，开花期可达13～15个，当营养面积大、水肥充足时，其分蘖能力显著增加，高时可达100个以上。苏丹草具有强大的根系，且长50cm以下，所占比例极大。苏丹草生长初期根系生长迅速，当地上部分高20cm，根系入土深即达50cm，但根系充分发育在开花期以后，如果开花后的根长为100%时，那么分蘖初期为53%，抽穗期为16%，根系入土深度可达2.5～3m。

苏丹草出苗80～90天后开始开花，首先是圆锥花序顶端最上边2～3朵花完全开放，然后逐渐向下，最后开放的是穗轴基部枝梗下边的花。苏丹草为异花授粉植物，种子成熟极不一致，往往在同一圆锥花序下面小花还在开放，而最上部的小穗已处于乳熟期。气温对其结实性有很大影响，当气温在0℃以下时，未授粉的小花被冻死，而处于乳熟期的种子发芽率降低，后熟期延长。

苏丹草具有良好的再生性，这是构成其多刈割性和丰产性的重要原因。刈割后再生枝条可由分蘖节、基部第一茎节以及生长点未被破坏的枝条等三个部位产生，但约占全部再生枝条的80%以上由分蘖节形成，其余是由茎基部第一茎节处形成的。在温暖地区可获得2~3次再生草。苏丹草的刈割高度与再生能力有直接关系，一般留茬高度以7~8cm为宜，留茬过低影响再生。

（三）对环境条件的要求

苏丹草对土壤要求不严，只要排水畅通，在沙壤土、重黏土、弱酸性和轻度盐渍土上（可溶性氯化钠在0.2%~0.3%）均可种植，而以在肥沃的黑钙土、暗栗钙土上生长最好。在过于湿润、排水不良或过酸、过碱的土壤上生长不良。

三、职业岗位能力训练

（一）播前准备

1. 职业岗位工作。制定生产计划；做好备耕各项工作。

2. 工作程序及操作技术和质量要求。

工作环节	工作程序及操作技术和质量要求
（1）土地准备	苏丹草根系发达，入土深达2m以上，根系约60%~70%分布在耕作层，所以创造疏松的耕土层，要求耕深不少于20cm。苏丹草的良好前茬是豆类、麦类和薯类作物。有机肥每公顷施15000~22500 kg，结合耕地翻入土中。
（2）种子准备 	种子检验：播种前要进行种子品质及用价的检验，即测定种子的净度、发芽率、种子生活力等，这些指标达到规定标准方能采用。苏丹草喜肥，播种前10~15天，晒种4~5天可以提高发芽率；也可采用种子催芽。

3. 常见技术问题处理。

如何选购苏丹草合格种子？购买后需要进行种子处理吗？

生产上应选用良种。良种的标准是纯度不低于95.0%；净度不低于90.0%；发芽率不低于80%；水分不高于11.0%；其他种子每千克最高粒数为4000。

苏丹草播种之前要进行种子处理。选取粒大、饱满的种子，并在播种之前进行晒种，打破休眠，提高发芽率。

解决措施：

在新疆春季比较干旱、寒冷地区，为确保种子成熟，可采用催芽播种技术，即在播种前一周，用温水处理种子6~12天，然后在20℃~30℃的地方积成堆，盖上塑料布，保持湿润，直到半数以上种子微露嫩芽时即可播种。

（二）播种

1. 职业岗位工作。选择适宜播期播种，落实播种技术，检查、监督播种质量，实现“一播全苗”。

2. 工作程序及技术操作和质量要求。

工作环节	工作程序及操作技术和质量要求
(1)播种期与播种方式	苏丹草性喜温暖，不耐寒，喜光，不耐阴，所以最适合的播种时期是春播，一般在土壤温度稳定在10℃～12℃时播种。播种越早，产量越高。 播种方式：苏丹草可单播，但最好与豆科植物进行混播。苏丹草多采用条播，水肥较好时，可以采用窄行播种行距20～30cm(收草)，干旱地区宜宽行条播35～40cm(收草)，收种用的行距为45～60cm。播种深度4～6cm，表土干燥时宜深，并要进行镇压，以利出苗。
(2)播种量	苏丹草水肥条件好或灌溉地，可窄行条播，播种量为22.5～30.0 kg/hm^2，较干旱地区播种量为22.5 kg/hm^2；收种用的播种15～22.5 kg/hm^2。播后要及时镇压，以确保种子萌发。
(3)基肥	通常以有机肥作基肥，施用15000～22500 kg/hm^2，结合翻地 。

3. 常见技术问题处理。

(1)苏丹草不适合什么样的环境条件栽培？应该注意哪些问题？

①苏丹草为短日照植物，生育期要求积温2200℃～3000℃，种子萌发温度不低于12℃，生长最低温度15℃以上，如果栽培地区满足不了温度必要条件，不能栽培。

②虽然苏丹草对土壤要求不严，但在过于湿润、排水不良或过酸、过碱的土壤上生长不良。

(2)苏丹草适不适合其他作物轮作？适不适合混播？

①苏丹草是很多作物的不良前作，是因为苏丹草生长期需要消耗大量的营养物质和水分，每公顷生产干草9000 kg时，可从土壤中摄取225 kg氮，所以不适合轮作。因此苏丹草收获后应种植一年生豆科牧草或休闲。

②苏丹草可与一年生豆科作物混播，如与毛苕子、箭舌豌豆、豇豆等混播，以提高草的品质和产量。

(3)苏丹草种子田为什么必须采取隔离措施？

苏丹草是风媒花，和高粱的亲缘关系较近，极易与高粱和饲料甜高粱杂交，所以种子田应和饲料甜高粱田间隔400～500m以上。

(三)田间管理

1. 职业岗位工作。根据生产技术管理计划要求，确定适宜田间管理技术措施，指导田间作业，检查作业质量。

2. 工作程序及技术操作和质量要求。

工作环节	工作程序及操作技术和质量要求
(1)播后至苗期管理	(1)破除板结：在播后出苗前，出现板结时，可用短齿耙破除。在灌区可以采取轻度灌溉消灭板结，帮助幼苗出土。 (2)防除杂草：苏丹草幼苗细弱，不耐杂草，出苗后要及时中耕除草。每隔10～15天中耕除草一次。

续表

(2)苗期至收获前管理 	在拔节—开花期及每次刈割之后，要施速氮肥300～375 kg/hm²，并结合灌水和松土。

3.常见技术问题处理。

(1)为什么说苏丹草苗期的管理很重要？

苏丹草幼苗细弱，不耐杂草，出苗后要及时中耕除草，以后生长加快，封垄后不怕杂草抑制。所以要每隔10～15天中耕除草一次。

解决的措施：

①常用的除草农药是单播的苏丹草地，苗期用0.5%的2，4－D类除草剂液喷雾除草2～3次，可以消灭阔叶杂草。

②防治杂草同时还要耙松土壤，消除板结、保蓄土壤水分也是必要的措施之一。

③使用化学除草剂除草后至少20～30天以内不放牧利用，以免中毒。

(2)苏丹草常受到什么样的病虫害？预防措施如何？

苏丹草易遭螟虫、蚜虫等危害。作青饲料时，若有蚜虫危害，应立即收割利用；留种田要注意及时防治。

(四)收获及利用

苏丹草的品质与刈割时期有关系吗？

苏丹草的品质与刈割时期有很大关系，调制干草以抽穗期刈割为最佳，过迟会降低适口性；青饲苏丹草最好的利用时期为孕穗期。这时，其营养价值、利用率和适口性都高，青贮用可推迟到乳熟期。如果与混播的豆科牧草一起青贮，可以获得品质优良的青贮料。苏丹草调制干草，在抽穗期收割，留茬7～10cm。在一般栽培条件下，苏丹草鲜草每公顷产60000～90000 kg。放牧利用时，最好不要在其幼苗期放牧，应在其株高50～60cm时开始放牧，这样可避免由于根系没扎深而被连根拔起。

项目三　老芒麦栽培技术

一、概述

老芒麦别名为西伯利亚披碱草、垂穗大麦草等。我国老芒麦野生种主要分布于东北、华北、西北及青海等地区，是草甸草原和草甸群落中的主要成员之一。老芒麦在披碱草属中属于饲用价值最大的一种牧草，这与其叶量丰富有关，鲜草产量中约有40%～50%为叶子，再生草中达60%～80%以上。花前刈割草质柔软，各类家畜均喜食，尤以马和牦牛更喜食。

适时刈割可调制成上等干草，也适于青饲和放牧。老芒麦一般寿命10年左右，在栽培条件下可维持4年高产，第二、三、四年产草量相当于春播当年的5.0、6.5、3.0倍，年产干草3000～6000 kg/hm^2，种子750～2250kg/hm^2。

二、基本知识

(一)植物学特性

老芒麦为疏丛型多年生禾草，须根密集发达，入土较深。株高70～150cm，具3～6节，叶片粗糙扁平，狭长条形，无叶耳，叶舌短而膜质，上部叶鞘短于节间，下部叶鞘长于节间。穗状花序疏松而弯曲下垂，长12～20cm，每节2枚小穗、4～5朵小花。颖狭披针形，粗糙，外稃顶端具长芒，稍展开或向外反曲。颖果长扁平圆形，千粒重3.5～4.9 g(见图7－3)。

图7－3　老麦芒

(二)生物学特性

老芒麦为旱中生植物，在年降水量400mm～600mm的地区可旱作栽培，但在干旱地区种植则要有灌溉条件。耐寒性很强，能耐－40℃低温，可在青海、内蒙古、黑龙江、新疆等地安全越冬。从返青至种子成熟，需≥10℃积温700℃～800℃。在水温适宜时，老芒麦播后7～10天即可出苗，春播当年可抽穗、开花，甚至结实。翌年返青较早，从返青至种子成熟需120～140天。老芒麦分蘖能力强，春播当年可达5～11个，分蘖节位于表土层3～4cm处。播种当年以营养枝占优势，几乎达总枝条数的3/4;第二年后以生殖枝占绝对优势，达2/3。老芒麦再生性稍差，水肥条件好时可年刈割2次，再生草产量占总产量的20%。

(三)对环境条件的要求

老芒麦为旱中生植物，对土壤要求不严，在瘠薄、弱酸、微碱或富含腐殖质的土壤上均可良好生长，也能在一般盐渍化土壤或下湿盐碱滩上生长。需≥10℃积温700℃～800℃。在水温适宜时，老芒麦播后7～10天即可出苗，春播当年可抽穗、开花，甚至结实。

三、职业岗位能力训练

(一)播前准备

1.职业岗位工作。制定生产计划;做好备耕各项工作。

2.工作程序及操作技术和质量要求。

工作环节	工作程序及操作技术和质量要求
(1)土地准备	种植老芒麦的地块，秋季深耕，施足基肥，每公顷可施22500kg厩肥和225kg碳酸氢铵。播前必须耙耱和镇压。

续表

(2)种子准备 	种子检验：播种前要进行种子品质及用价的检验，即测定种子的净度、发芽率、种子生活力等。这些指标达到规定标准方能采用。老芒麦种子有长芒，播前需要去芒，否则交错成团，不易分开，播种不匀。

3. 常见技术问题处理。

(1)如何选购老芒麦合格种子？

生产上应选用良种。良种的标准是纯度不低于85.0%；净度不低于75.0%；发芽率不低于75.0%；水分不高于11.0 %；其他种子每千克最高粒数为4000。

(2)购买后需要进行种子处理吗？

老芒麦种子具有长芒，流动性较差，影响播种操作，所以播前应采取去芒措施 。

(二)播种

1. 职业岗位工作。选择适宜播期播种，落实播种技术，检查、监督播种质量，实现"一播全苗"。

2. 工作程序及技术操作和质量要求。

工作环节	工作程序及操作技术和质量要求
(1)播种期与播种方式	新疆地区春、夏、秋均可播种，但应该注意的是当地温度和土壤湿润度条件。如有灌溉条件或春墒较好的地方，可春播；无灌溉条件的干旱地方，以夏、秋季播种为宜；在生长季短的地方，可采用秋末冬初寄籽播种。老芒麦单播后最后种植豆科牧草或一年生豆类作物，可与山野豌豆、沙打旺、紫花苜蓿等豆科牧草混播。 播种方式：条播行距20～30cm，覆土厚度2～3cm。
(2)播种量	单播播量收草为22.5～30.0kg/hm^2，收种为15.0～22.5 kg/hm^2。
(3)基肥	通常以有机肥作基肥，施用22500 kg/hm^2 和225kg碳酸氢铵结合翻地 。

3. 常见技术问题处理。

老芒麦草地的产量随着利用年限的延长逐渐下降，是什么原因造成？采取的措施是什么？

主要的原因：

①老芒麦为短期多年生牧草，一般寿命10年左右，老芒麦草地在生活第三年后，大部分根系老化或死亡，影响分蘖能力；

②老芒麦虽然耐寒性很强，但耐旱性比较弱，所以年降水量低于400mm的地方，不灌溉生长不好、产量低。

解决的技术措施：

①老芒麦在栽培条件下可维持4年高产，随后不断下降，因此利用第三年开始采取松耙、追肥和灌溉等措施，以更新复壮草群，维持产量。

②在年降水量400～600mm的地区可旱作栽培，但在降水量低于400mm干旱地区种植必须要灌溉，否则影响生长和产草量。

(三)田间管理

1. 职业岗位工作。根据生产技术管理计划要求，确定适宜田间管理技术措施，指导田间作业，检查作业质量。

2. 工作程序及技术操作和质量要求。

工作环节	工作程序及操作技术和质量要求
(1)播后至苗期管理	(1)破除板结:在播后出苗前，出现板结时，可用短齿耙破除。在灌区可以采取轻度灌溉消灭板结，帮助幼苗出土。 (2)防除杂草:老芒麦苗期生长慢，易受杂草侵害，应注意中耕除草，在分蘖、拔节期灌溉能大幅度提高产草量。
(2)苗期至收获前管理	有灌溉条件时，应在拔节期和每次刈割后浇水。老芒麦再生性稍差，可采取松耙、追肥和灌溉等措施提高产量。

3. 常见技术问题处理。

1. 为什么说老芒麦种子产量比较低？什么时候采集种子最合适？

老芒麦属于种子成熟后极易脱落的牧草，如果要整个种子成熟后采集大部分种子脱落会损失种子，所以种子产量下降，因此采种应在穗状花序下部种子成熟时，也就说当60%～75%的种子成熟时，就应及时收获。

2. 老芒麦在新疆如何利用比较合适？

老芒麦属上繁草，适于刈割利用，宜在抽穗期至始花期进行，可青饲或调制成干草。虽然老芒麦水肥条件好时可年刈割2次利用，但老芒麦再生性稍差，再生草产量比较低，占总产量的20%，不适合刈割2次，所以每年仅刈割1次，再生草放牧利用比较合适。

(四)收获利用

老芒麦属上繁草，适合刈割利用，宜在抽穗期至开花期刈割，可青饲或制成干草，在良好的水肥条件下，老芒麦每年可以收割2次，但在北疆大部分地区，每年仅收割一次，再生草常用来放牧。种子成熟后易脱落，当60%～75%的种子成熟时，就应及时收获。收割后不宜立即堆垛，以防止霉烂。

项目四　披碱草栽培技术

一、概述

披碱草别名为碱草、直穗大麦草、青穗大麦草等。披碱草野生种主要分布于北寒温带，我国分布于东北、华北和西南地区。新疆有野生分布，常作为伴生种分布于草甸草原、典型草原和高山草原地带。其栽培历史不到百年，我国20世纪50～60年代开始引种驯化。

披碱草的草质不如老芒麦，叶量少，仅为地上部总重量的1/4左右，且茎秆粗硬，尤以开花后更差，故在抽穗至开花始期前刈割为宜。披碱草有效利用年限2～4年，以第一、二年最高，第三、四年略有下降，第五年急剧下降，仅相当于第二年产量的1/4。在有灌溉条件下干草产量4800～9750 kg/hm^2，种子产量13500～30000 kg/hm^2；旱地栽培条件下干草产量2700～3750 kg/hm^2，种子产量945～1980 kg/hm^2，旱地条件下为855 kg/hm^2。

表7-2　　披碱草属重要牧草（抽穗期）营养成分

草种	干物质（%）	占绝对干物质（%）					钙（%）	磷（%）
		粗蛋白质	粗脂肪	粗纤维	无氮浸出物	粗灰分		
老芒麦	92.46	13.38	2.41	33.98	38.77	11.46	0.93	0.28
披碱草	91.09	11.05	2.17	39.08	42.00	5.70	0.38	0.21
肥披碱草	91.59	10.27	2.45	35.69	44.81	6.78	0.45	0.15
垂穗披碱草	91.68	19.28	2.70	30.04	37.79	10.19	0.43	0.29
圆柱披碱草	93.00	8.96	1.83	33.45	46.79	8.97		
麦宾草	92.29	14.79	1.87	37.64	35.22	10.48	0.47	0.33

二、基本知识

（一）植物学特性

披碱草为多年生疏丛型禾草（见图7-4），须根入土达100cm，80%以上的根集中在0～20cm土层中。茎直立，株高70～160cm，分蘖力强，达30～50个。叶片狭长披针形，叶鞘仅下部封闭，叶舌截平。穗状花序直立，紧密，穗轴宿存，除顶端和基部的穗节为1小穗外，其余各穗节均为2小穗。每小穗3～6朵小花，内外颖近等长，外稃芒长1.2～2.8cm。颖果长椭圆形，褐色，千粒重2.8～4.5g。

图7-4　披碱草

（二）生物学特性

披碱草比老芒麦适应能力强，表现在抗旱、抗寒、耐盐碱、耐瘠薄和抗风沙方面，是我国披碱草属中分布最广、最为习见的一个种。在年降水量250mm～300mm无灌溉条件的地方生长良好，成株后可在土壤含水量为5%的情况下正常生长。能耐冬季-40℃低温，只要有2～3片叶就可安全越冬。

由返青至种子成熟需100～120天，≥10℃需700℃～900℃。披碱草种子后熟期极短，仅40～60天，故春播前一年秋收的种子，无需进行种子处理。其种子寿命短，一般室温条件下仅保存2～3年。春播7～8天萌发，约50天进入三叶期，此时地下根系的入土深度是地上株高的3倍。播种当年只开花不结实，第二年返青后60～65天进入拔节，再过13～15天进入抽穗，抽穗后7～10天进入开花，花后20～25天种子成熟。随着栽培年限的延长，披碱草的生育期逐年缩短，第二、三、四、五年分别为124、124、116、114天。

(三)对环境条件的要求

披碱草适应性强，对土地要求不严，可在贫瘠、含碱较高的土壤上正常生长，能耐 pH 为 6~8.7 的碱性土。就因为抗风沙、耐盐碱等特点，属于适合干旱、半干旱草原、荒漠地区栽培的先锋牧草。

三、职业岗位能力训练

(一)播前准备

1. 职业岗位工作。制定生产计划;做好备耕各项工作。

2. 工作程序及操作技术和质量要求。

工作环节	工作程序及操作技术和质量要求
(1)土地准备	披碱草土壤保墒性好时成活力非常高。播种前采用两次锄地或耙地，消灭杂草，对保苗有重要作用。播种期施 22500 kg/hm^2 有机肥作底肥。
(2)种子准备	种子检验:播种前要进行种子用价的检验，即测定种子的净度、发芽率、种子生活力等。这些指标达到规定标准方能采用。 披碱草种子芒稍长，播前需要去芒，否则交错成团，不易分开，播种不匀。

3. 常见技术问题处理。

(1)如何选购披碱草合格种子?

生产上应选用良种。良种的标准是净度不低于 80.0%;发芽率不低于 80.0%;水分不高于 11.0 %;其他种子每千克最高粒数为 4000。

(2)购买后需要进行种子处理吗?

披碱草种子具有长芒，流动性较差，影响播种操作，所以播前应采取去芒措施 。

(二)播种

1. 职业岗位工作。选择适宜播期播种，落实播种技术，检查、监督播种质量，实现“一播全苗”。

2. 工作程序及技术操作和质量要求。

工作环节	工作程序及操作技术和质量要求
(1)播种期与播种方式	披碱草在新疆等寒冷地区适宜春播和夏播。在旱地栽培条件下，雨季播种(7~8月)是抓全苗的关键措施，播种不宜太迟，否则越冬有困难。 播种方式:条播为主行距行距 15~30cm，覆土厚度 2~3cm。除了单播以外，可与无芒雀麦、苇状羊茅等禾本科牧草混播，也可与沙打旺、草木樨等豆科牧草混播。在水肥条件较好的地方可进行保护播种，春播可与油菜、养麦等混种;夏播可与谷子混种。
(2)播种量	单播播量收草为 22.5~34.5kg/hm^2 。
(3)基肥	通常以有机肥作基肥，施用 22500 kg/hm^2。

3. 常见技术问题处理。

(1)披碱草播种之后出现缺苗现象是什么原因造成的? 缺苗时采取什么样的技术措施?

①披碱草种子寿命短，一般室温条件下仅保存 2~3 年，如果购买的种子保存时间长降低

发芽率或丧失生活力，所以出现缺苗现象。

②披碱草虽然抗旱性很强，但是播种时土壤墒差，种子没法萌发，会出现缺苗现象，所以播种前应精细整地，必须保证土细、肥均、土壤墒情良好，这样才能保证抓全苗。

(三)田间管理

1. 职业岗位工作。根据生产技术管理计划要求，确定适宜田间管理技术措施，指导田间作业，检查作业质量。

2. 工作程序及技术操作和质量要求。

工作环节	工作程序及操作技术和质量要求
(1)播后至苗期管理	(1)破除板结：在播后出苗前，出现板结时，可用短齿耙破除。 (2)防除杂草：披碱草苗期生长慢，易受杂草侵害，苗期及时采取中耕松土除草，利于保苗和分蘖。
(2)苗期至收获前管理	除了中耕除草外，在拔节至抽穗最好结合施肥灌水1～2次，可显著增产。

3. 常见技术问题处理。

(1)灭生性除草剂在什么时候使用合适?

灭生性除草剂是无选择性的，见绿就杀，如草甘膦等。使用时间应在播种之前对草田杂草的消灭使用，不能出苗后使用，否则全部灭亡。

(2)种植披碱草在苗期防止杂草时应该注意什么?

注意以下事项：

①使用化学除草剂时，选择晴天无风，气温度高、低湿度的天气。

②要检查喷雾器安全性，使用之前倒清水检查喷雾器的管子和喷头完好情况。

③选好除草剂，一般禾本科牧草中防除阔叶杂草(灰藜、田旋花、大蓟、布娘蒿、蒲公英、蓼等)用“2，4D丁酯”和“二甲四氯”、“阔叶散”等。使用任何化学除草剂时严格按照使用说明书进行操作。

④喷过除草剂的牧草30～40天后家畜才能取食，以免中毒。

(五)收获利用

披碱草适合刈割利用，宜在抽穗期至开花期刈割，可青饲或制成干草。披碱草再生性差，一年可刈割1次，再生草可用来放牧，且果后营养期长，一直可利用到秋末。摊碱草落粒性强，采种要及时，以蜡熟期收获为宜。

项目五　冰草栽培技术

一、概述

冰草属牧草为多年生旱生植物，广泛分布在温带草原和荒漠草原区。在新疆山地草原和荒漠草带均有野生种分布。补播撂荒地和退化草场有重要价值。我国冰草属牧草有三种，即扁穗冰草、沙生冰草和西伯利亚冰草。

冰草是一种牧、刈兼用的优良牧草，由于草质柔软，适口性好，营养价值高，幼嫩时各种家畜非常喜食。在干旱草原把它作为催肥牧草，但开花后适口性和营养成分均有降低。不论青饲、放牧，干草均为各类家畜喜食，尤其是返青早并生长快，枯黄晚，青绿期长，为牲畜提供早春和晚秋放牧利用，具有重要意义，并为干旱、半干旱地区建立人工、半人工草地有着重要地位。在干旱条件下，每公顷产鲜草3750～7500kg，水肥条件优良时每公顷为15000kg，折合干草每公顷3750kg，种子产量每公顷为300～750kg。野生冰草在小麦田中属于杂草。

表7－3　　冰草的营养成分表(%)

生长期	水分	占风干物质						
		粗蛋白	粗脂肪	粗纤维	无氮浸出物	粗灰分	钙	磷
营养期	9.71	20.23	4.79	23.35	34.15	7.77	0.59	0.44
抽穗期	11.50	16.93	3.64	27.65	33.84	6.44	0.44	0.37
开花期	9.65	9.65	4.31	32.71	37.58	6.10	0.41	0.44
干枯期	10.31	3.74	2.16			6.35	0.87	0.87

二、基本知识

(一)植物学特性

冰草是多年生禾本科牧草，须根发达，密生。外具沙套，疏丛型，茎秆直立，基部膝状弯曲，高40～70 cm，共2～3节。叶披针形，长7～15 cm，宽0.4～0.7 cm，边缘内卷。叶背较光滑，叶面密生茸毛，叶鞘短于节间且紧抱茎，叶舌不明显，穗状花序直立。长3～6.5 cm，呈短形或两端微窄，小穗无柄，每小穗含4～7朵花，外稃有毛，顶端常具短芒，内稃与外稃等长，千粒重2g左右(见图7－5)。

图7－5　冰草

(二)生物学特性

冰草是一种长寿命的多年生禾本科牧草，一般可生活10～15年或更长，生产中一般利用年限为6～8年。冰草具有高度的抗旱性和抗寒性，适合在干燥和寒冷地区种植，在新疆地区安全越冬，在年降雨量250～500 mm，积温2500℃～3500℃的地区可良好生长，是目前我国栽培上最耐干旱的禾本科牧草之一。

冰草根系发达，尤其是当年发育比地上部分快，据观察，播种当年地上部株高53.9 cm，而根系入土深136 cm。冰草分蘖力很强，很快形成丛状，种子自然落地，可以自生。冰草第二年返青早，生长发育整齐，从返青到种子成熟约需110天左右，绿色期可达200天以上。冰草不耐热，在夏季干热时停止生长，进入休眠，秋凉又开始生长，所以春秋雨季为其生长季节。

冰草是异花授粉植物，靠风力传粉，自花授粉大部分不孕。冰草开花适宜温度为20℃～30℃，一个花序开放3～4天，在温度不足或阴雨时开花延长10～20天，相对湿度过大则停止开花，雨天、阴天均不开花。冰草授粉后8～10天达乳熟期，20～25天达蜡熟期，27～30天达完熟期。在炎热、干燥的天气下，种子成熟较快，凉爽、多雨时种子成熟期延长。

(三)对环境条件的要求

冰草根系发达，对土壤的要求也不严，耐减性较强，但不耐淹，也不耐酸性土壤，一般黑钙土、栗钙土、沙壤土均能生长。冰草种子在2℃～3℃的低温下能发芽，发芽最适合温度为15℃～25℃。早春播种后1个月齐苗，夏播时8～10天即可齐苗。

三、职业岗位能力训练

(一)播前准备

1. 职业岗位工作。制定生产计划；做好备耕各项工作。

2. 工作程序及操作技术和质量要求。

工作环节	工作程序及操作技术和质量要求
(1)土地准备	冰草种子较大，纯净度高，发芽较好，出苗整齐，但播前要精细整地，充分粉碎土块，要反复耕糖，若播种机开沟入土深浅不一致，会造成缺苗断垄，影响播种质量。结合翻地施入有机肥30000 kg/hm²，硫氨75 kg/hm²。
(2)种子准备 	种子检验：播种前要进行种子品质及用价的检验，即测定种子的净度、发芽率、种子生活力等。这些指标达到规定标准方能采用。

3. 常见技术问题处理。

(1)如何选购冰草合格种子？购买后需要进行种子处理吗？

生产上应选用良种。冰草良种的标准是净度不低于70.0%；发芽率不低于70.0%；水分不高于11.0 %；其他种子每千克最高粒数为5000。

冰草种子较大，纯净度高，发芽较好，清选容易，在播种机中易流动，出苗整齐，所以不需要种子处理措施。

(2)新垦荒地播前需采取什么样的措施？

对新垦荒地播上冰草前要耙碎草皮，地面整平。新垦荒地最好种过1～2年作物后，待土壤熟化，再播种冰草则易成功。

(二)播种

1. 职业岗位工作。选择适宜播期播种，落实播种技术，检查、监督播种质量，实现“一播全苗”。

2. 工作程序及技术操作和质量要求。

工作环节	工作程序及操作技术和质量要求
(1)播种期与播种方式	冰草春、夏、秋均可播种。在新疆多为春播，在春季少雨多风，土壤墒情较差的地区夏播为宜，夏季降雨后抢墒播种。秋播也可以，但宜早不宜迟，特别在较寒冷地区影响其安全越冬。 播种方式:条播为主，行距20~30cm，覆土厚度3~4cm。除了单播以外，也可与豆科牧草或禾谷类进行间混套种。
(2)播种量	单播播量收草为15.0~22.5kg/hm^2，收种适当减少。
(3)基肥	通常以有机肥作基肥，施用22500 kg/hm^2 和225kg碳酸氢铵结合翻地。

3.常见技术问题处理。

虽然冰草具有高度的抗旱性和抗寒性能力，但不耐热，在夏季干热时停止生长，进入休眠，秋凉又开始生长，所以春秋雨季为其生长季节，因此注意土壤保墒，及时灌溉有利于生长发育。

(三)田间管理

1.职业岗位工作。根据生产技术管理计划要求，确定适宜田间管理技术措施，指导田间作业，检查作业质量。

2.工作程序及技术操作和质量要求。

工作环节	工作程序及操作技术和质量要求
(1)播后至苗期管理	(1)破除板结:在播后出苗前，出现板结时，可用短齿耙破除。在灌区可以采取轻度灌溉消灭板结，帮助幼苗出土。每年早春和秋季进行松土，浅耙地，可改善土壤通气，可有利于生长和保墒畜水，促进冰草的生长和更新。 (2)防除杂草:播种当年生长缓慢，如田间杂草滋生，要加强中耕除草，除草可用人工除草或化学除草剂2，4-D丁酯，每公顷用量750~1125g，兑水525kg，晴天无风时用喷雾器均匀喷洒，可防除灰绿、马先蒿、委陵菜、紫草、野胡萝卜等杂草。
(2)苗期至收获前管理	冰草虽然抗旱耐瘠薄能力强，但在干旱地区或干旱年代，有条件时追施氮肥，适时灌溉，则可提高产草量和产籽量。所以有灌溉条件的地方在生育期内灌1~2次水，拔节、孕穗及每次收割后再追施尿素150 kg/hm^2，可显著提高产量。

3.常见技术问题处理。

防除杂草时应该注意哪些问题?

使用化学除草剂对用量、兑水量、稀释浓度、气候温度、空气湿度、使用时的风向和风力，杂草生长期、牧草生长期都有较严格使用标准。

注意以下事项:

①使用化学除草剂时，选择晴天无风，气温度高、低湿度的天气。

②要检查喷雾器安全性，使用之前倒清水检查喷雾器的管子和喷头完好情况。

③防除杂草时应该注意农药的稀释问题，一般多用消灭阔叶杂草的化学除草剂2，4-D丁酯，每公顷用量为750~1125g，兑清水525kg。过稀药效降低，过浓浪费药物和影响牧草的生长。

④喷过除草剂的牧草30～40天后家畜才能取食，以免中毒。

冰草根系发达，尤其是当年发育比地上部分快，冰草分蘖力很强，很快形成丛状，所以出现营养缺乏现象，拔节、孕穗及每次收割后再追施尿素150 kg/hm^2，有利于生长发育。

(四)收获利用

冰草宜于始花期收割。收种于蜡熟末期进行，以防落粒。冰草可以在春季或秋季放牧利用，也可以刈牧兼用。

项目六　鸭茅栽培技术

一、概念

鸭茅别名为鸡脚草、果园草。鸭茅草原产于欧洲、北非及亚洲温带地区，现在全世界温带地区均有分布。鸭茅在我国野生种分布于新疆天山山脉的森林边缘地带。鸭茅栽培历史较长，目前，青海、甘肃、新疆、江苏等省(区)均有栽培。该草是世界上著名的优良牧草之一。

鸭茅是一个既适于大田轮作，又适于饲料轮作的优良牧草，既可作青饲、干草，也可作放牧饲草。作为刈割用，此草产量较高，播种当年刈割1次，每公顷产鲜草15000 kg，而第二、三年可刈割2～3次，每公顷产鲜草45000 kg以上;生长在肥沃土壤条件下，每公顷产鲜草可达52500～60000 kg左右。此草叶量丰富，在窄行播种时，其茎叶比为:茎占10%～58%，叶占42%～90%，其原因是此草草丛中含有大量的营养枝条。

鸭茅所含营养成分随其成熟度而下降。据研究，营养生长期内鸭茅饲用价值接近苜蓿，盛花以后的饲用价值只有苜蓿的一半。就矿物质而言，第一次收割的草含钾、铜、铁较多;再生草含磷、钙、镁较多。作为刈割干草，其收获期应不迟于抽穗盛期，若迟至开花期刈割，产草量虽可提高20%～25%，但茎叶粗老，品质下降。抽穗期刈割的干草，其蛋白质含量为11.25%，开花期刈割时，下降至9.26%。

表7－4　鸭茅的营养成分表(%)

分析样品	生育期	占绝对干物质						
		粗蛋白	粗脂肪	粗纤维	无氮浸出物	粗灰分	钙	磷
鲜草	营养期	18.4	5.0	23.4	41.8	11.4		
鲜草	分蘖期	17.1	4.8	24.2	42.2	11.7	0.47	0.31
鲜草	抽穗期	12.7	4.7	29.5	45.1	8.0		
鲜草	开花期	8.53	3.28	35.08	45.24	7.87	0.07	0.06
干草	营养期	9.66	3.63	27.01	51.18	8.52	0.19	0.17

鸭茅的再生草不仅产量高，营养物质含量也很丰富。如第1次刈割的每100 kg干物质中，可消化蛋白质为4.2kg，第2次刈割的为5.1kg。

鸭茅作为放牧利用，由于其营养枝丰富，草质柔软，适口性良好，各种家畜极喜食。但此草耐践踏能力较差，放牧时间不能太长，放牧不宜频繁。此草春季返青较早，生长迅速，秋季较长一段时间内常保持绿色，因而放牧利用季节亦较长。

鸭茅在土壤中能积累大量根系残余物，对水土保持，改良土壤结构，提高土壤肥力有良好的作用。其耐荫蔽，常栽培果园间隙地，对于提高果园土壤肥力，防除杂草滋生，有效地利用土地，实行林牧结合均有着重要意义。

二、基本知识

（一）植物学特性

鸭茅属多年生草本，根系发达。疏丛型，须根系，密布于10～30cm的土层内。茎直立，光滑，基部扁平，株高80～110cm。叶片蓝绿色，幼叶成折叠状，基部叶片密集，上部叶较小，无叶耳，叶舌明显，膜质，叶鞘封闭，压扁成龙骨状。圆锥花序，长8～15cm，小穗着生在穗轴一侧，密集成球状，形似鸡足；小穗有花3～5朵，绿色或稍带紫色，异花授粉。颖披针形，不等长，先端渐尖，长4～5（6.5）mm，具1～3脉；外稃背部突起成龙骨状，与小穗等长，顶端具长约1mm的短芒。种子较小，千粒重1.0g左右（图7－6）。

图7－6　鸭茅

（二）生物学特性

鸭茅的种子小而轻。种子成熟后有长约三四个月的后熟时期，用新收获的种子播种出苗不齐且拖延时间甚长；种子的发芽力可保持2～3年，贮存8～12年后，发芽力即丧失。种子在10℃萌发，变温（18℃～10℃及30℃）可促进其后熟，提高种子的发芽率，通常播后1周即可全苗。

鸭茅在播种当年发育较弱，通常不能开花结实，第二年生长良好，干草及种子产量均较高，第三年充分发育，第四年后开始下降，但在良好条件下，在混播草丛中可保存8～9年，多者达15年，可作为建立较长期利用草地的成员。

生活第二年及以后年份，4月底返青，春季生长迅速，从返青至种子成熟约70～75天，一般6月中旬开花，7月上旬种子即可成熟。依品种不同，可分为早熟和晚熟两类，二者生育期，一般相差5～10天。鸭茅的抗寒能力及越冬性差，对低温反应敏感，6℃时即停止生长，冬季无雪覆盖的寒冷地区均不易安全越冬。

鸭茅在生活的第一年能形成6～7个侧枝，至生活的第二年，侧枝数显著增加，为春季及夏秋时期的分蘖型牧草，侧枝形成的能力依草丛年龄、播种密度及生境条件而转移，一般生活的第三年，侧枝形成的能力最强，稀种时较密播时形成的侧枝多，施用氮肥或堆肥可使侧枝增加1倍。

鸭茅耐阴，在果树或高杆作物下生长良好，因此又称果园草。鸭茅适于大田轮作，又适于饲料轮作，与高光效牧草或作物间作套种，可充分利用光照增加单位面积产量。鸭茅刈割后再生能力特别强，鸭茅刈割后再生草生长速度较弯穗鹅冠草与多年生黑麦草为快，第二次刈割时其鲜草产量为第一次产量的89%。鸭茅再生性较强，主要是由于它的再生特点决定的。

鸭茅属长日照植物，湿润、肥沃的生境有利于此草生长，但不耐长期浸淹，其浸淹时间不能超过28天，对地下水反应敏感，地下水深50～60cm时，可促进其生长。因此，在沼泽地及其湿润生境栽种时，要求疏干至50～90cm。

（三）对环境条件的要求

鸭茅喜温和潮润气候，最适生长温度为10℃～31℃。昼夜温差过大对鸭茅不适，以昼温22℃、夜温12℃最好。鸭茅对土壤要求不严格，在泥炭土及沙壤土上均能生长，而以黏土或黏壤土最为适宜，但不耐盐渍化，在pH4.7～5.5的酸性土壤上生长亦尚好。

三、职业岗位能力训练

（一）播前准备

1. 职业岗位工作。制定生产计划；做好备耕各项工作。

2. 工作程序及操作技术和质量要求。

工作环节	工作程序及操作技术和质量要求
（1）土地准备	鸭茅种子细小，顶土力弱。因此，播种前应精细整地。在秋耕、耙地的基础上，第二年播种前还须耙地，必须保证土细、肥均、土壤墒情良好，这样才能保证抓全苗。播种期施22500 kg/hm^2 有机肥作底肥。
（2）种子准备 	种子检验：播种前要进行种子品质及用价的检验，即测定种子的净度、发芽率、种子生活力等。这些指标达到规定标准方能采用。

3. 常见技术问题处理。

（1）如何选购鸭茅合格种子？

生产上应选用良种。良种的标准是净度不低于75.0%；发芽率不低于75.0%；水分不高于11.0 %；其他种子每千克最高粒数为3000。

（2）购买后需要进行种子处理吗？有时为什么出现缺苗现象？

①鸭茅种子不需要特意采取种子处理措施。

②鸭茅的种子小而轻，种子成熟后有长约三四个月的后熟时期，所以新种子播种出苗不齐。因此，新收获的种子不要急着播种。

③鸭茅种子的发芽力最高保存2～4年，以后逐渐下降，贮存8～12年后，发芽力即丧失，所以播种之前需进行发芽力的检测。

④鸭茅种子较小，千粒重1.0g左右，顶土能力很弱。如果播种之前不保证土细、肥均、土壤墒情良好等技术措施，很难保证抓全苗。

⑤鸭茅虽然对土壤要求不严格，但严重的盐碱地上其出苗和生长都受到影响。

（二）播种

1. 职业岗位工作。选择适宜播期播种，落实播种技术，检查、监督播种质量，实现“一播全苗”。

2. 工作程序及技术操作和质量要求。

工作环节	工作程序及操作技术和质量要求
(1)播种期与播种方式	鸭茅春、秋均可播种。春播以3月下旬为宜，秋播不迟于9月下旬，播种不宜太迟，否则越冬有困难。一般秋播产量高。 播种方式：条播为主行距15～30cm，覆土厚度2～3cm。除了单播以外，也可与苜蓿、红三叶、白三叶、多年生黑麦草等混播，混播时撒播、条播均可。
(2)播种量	单播播量收草为7.5～15.0kg/hm²；灌溉区用种8.25～10.5 kg/hm²，旱作用种11.25～12.0 kg/hm²。
(3)基肥	通常以有机肥作基肥，施用22500 kg/hm²。

3. 常见技术问题处理。

鸭茅需肥量较大，尤其对氮肥敏感，那么施用氮肥越多越好吗？施氮肥时应该注意什么问题？

①鸭茅对改良土壤结构，防止杂草滋生，提高土壤肥力等方面有良好作用。鸭茅是生长期间需肥量最多的牧草之一，产量较高，但单位面积消耗也较多，在一定限度内牧草产量与施氮量成正比关系。据试验，氮量为570 kg/hm^{2}时，鸭茅干草产量最高，达1.2吨，施氮肥超过600 kg/hm^{2}时，不仅减低产量，且减少植株数量。

②种子田播种时要稀播，氮肥不宜施用过多。

③氮肥种类和性质不仅影响牧草的产量的成分，也影响适口性，因而影响牧草的消耗量和家畜的生产性能。据试验，羊对施硝酸铵的第一、二茬收割的鸭茅干草较喜食，施尿素肥的则适口性很差。至于以后的再生草采食量，则不因氮肥种类、性质的不同而有明显的差异。

(三)田间管理

1. 职业岗位工作。根据生产技术管理计划要求，确定适宜田间管理技术措施，指导田间作业，检查作业质量。

2. 工作程序及技术操作和质量要求。

工作环节	工作程序及操作技术和质量要求
(1)播后至苗期管理	(1)破除板结：在播后出苗前，出现板结时，可用短齿耙破除。在灌区可以采取轻度灌溉消灭板结，帮助幼苗出土。 (2)防除杂草与施肥：预防杂草的重要手段是播前精细整地，鸭茅苗期生长弱，需要防除杂草，以便减少竞争。苗期追施一定量的氮肥可促进幼苗的生长。一般施氮量为570 kg/hm²。
(2)苗期至收获前管理	分蘖后用幼畜轻牧，可在一定程度上控制杂草的危害。在土壤水分过多的地方应注意排水，因为鸭茅不耐水淹。在未繁茂成片时，应注意中耕除草。使用化学除草剂2，4－D丁酯的效果较好。

3. 常见技术问题处理。

种植鸭茅草地苗期防除杂草时应该注意什么？

鸭茅幼苗生长缓慢，生活力弱，苗期一定要中耕除草。使用化学除草剂对用量、兑水量、稀释浓度、气候温度、空气湿度、使用时的风向和风力，杂草生长期、牧草生长期都有较严格使用标准。

注意以下事项：

①使用化学除草剂时，选择晴天无风，气温度高、低湿度的天气。

②要检查喷雾器安全性，使用之前倒清水检查喷雾器的管子和喷头完好情况。

③防除杂草时应该注意农药的稀释问题，一般多用消灭阔叶杂草的化学除草剂2，4－D丁酯，每公顷用量为750～1125g，兑清水525kg，过稀药效降低，过浓浪费药物和影响牧草的生长。

（四）病虫害防治

1.职业岗位工作。按照鸭茅病虫害发生规律，在不同生育时期识别调查发生情况，及时采取有效防治措施。

2.工作程序及技术操作和质量要求。

病虫害与杂草	形态识别	防治方法
（1）条锈病	危害部位是叶和叶鞘，危害症状与杆锈相似，主要表现是变色，粉状物，锈病主要以夏孢子堆在鸭茅秋苗上越冬，次年春季在草场重复侵染。	对于放牧草地，收割或适牧；对于种子繁殖场，收割化学防治相结合，施用25%的羟锈宁或25%的粉锈宁。
（2）防除杂草	鸭茅苗期生长较慢，易受杂草危害，及时采取措施除草。	鸭茅单播地用2,4－D除草，效果良好。分蘖后用幼畜轻牧，可在一定程度上控制杂草的危害。

3.常见技术问题处理。

鸭茅草地上如果出现病虫害危害现象怎么办？

①播种期病虫害预防的重要手段是播前精细整地，以利防除杂草。

②鸭茅主要的病害是条锈病，危害部位是叶和叶鞘，如果危害面积小采用人工拔除病株、放牧和刈割等措施；如果大面积采用收割和化学防治相结合。

（五）收获利用

收割以孕穗期为宜，此时茎叶柔嫩，延迟会影响草的质量和产量，一年可收割2～3次。收割时留茬5～6㎝，以利再生。出苗或返青到生长高峰期平均为120天。鸭茅落籽性强，6月中旬成熟后，当花梗变黄应及时采收，种子落粒性强，应在种子蜡熟期及时采收，每公顷产种子约300～450kg。出苗或返青到收草最长生长期平均70天。

项目七　早熟禾栽培技术

一、概念

草地早熟禾别名为六月禾、兰草、草原莓系。在我国分布于东北地区、新疆、青海、西藏、四川、江西等省区，自然分布在冷湿生境，常成为山地草甸的建群种，或为其他草甸性草原群落的伴生种。我国逐渐栽培推广，近年来随着草坪业的迅速发展，草地早熟禾成为我国北方重要的草坪草种，主要用于建植运动场、高尔夫球场、路旁草坪、铺水坝地等。

草地早熟禾是家畜重要的放牧牧草。茎叶柔软，适口性好，幼嫩而富于营养，放牧时马、牛、羊、驴、骡、兔都喜食。对于马其是最喜食和完全营养价值的牧草。在种子成熟期前马、牛、羊喜食；成熟后期，茎秆下部变粗硬，适口性降低，牛、羊仍喜食上部茎叶。第二年以后也可以青刈或调制干草。每公顷产干草 3.75~5.25t。

草地早熟禾，从早春到晚秋可以放牧，营养价值较高（表 7-5）。其干草还含有丰富的维生素，每千克含胡萝卜素 373.3mg，核黄素 11.0mg。灰分中各种矿物质元素丰富，如钙、氯、铁、镁、磷、钾、钠、硫依次占干样的 0.45%、0.62%、0.03%、0.21%、0. 30%，1.87%、0.11% 和 0.13%，每千克青干草中含铜 9.9mg，含锰 5.6mg。同时，草地早熟禾青干草营养成分的消化率也比较高。以绵羊为例，其粗纤维的消化率为 67%，粗脂肪为 50%，无氮浸出物为 64%，蛋白质为 58%。它的消化能、代谢能和总消化养分也较高，对牛来说，分别为每千克 11.68mg、9.58MJ 和 63%。

草地早熟禾也是温带地区广泛利用的优质冷地型草坪草，国内外用于庭园草坪、球场草坪占有很大的优势。其发达的根茎、强大的分蘖力和青绿期长等良好的性状，可以迅速形成草丛密、草层整齐的绿色草坪覆盖面，有美化环境、保水固土的作用。

表 7-5　草地早熟禾营养的成分（%）（《中国饲用植物志》第一卷，中国农业出版社）

分析类别	生长期	水分	占风干物质						
			粗蛋白	粗脂肪	粗纤维	无氮浸出物	粗灰分	钙	磷
干草	开花期		8.03	2.45	40.82	42.25	6.07	0.44	0. 20
干草	开花期	7.8	10.08	4.30	45.60	25.10	6.44		
干草	开花期		11.71	4.67	28.31	28.31	6.94		

二、基本知识

（一）植物学特性

多年生根茎型草类，须根系，秆直立，高达 30~60cm，具 2~3 节。叶线型，扁平，内卷，叶鞘光滑或粗糙，质软叶舌膜质，圆锥花序卵圆形开展，先端稍下垂，长 10~20cm，分枝向上或散开；小穗密生顶端，长 3~6mm，小枝上着生 2~4 个小穗。小穗卵圆形，含小花 3~5 朵。内稃较短于外稃，颖为纺锤形，具三棱；种子千粒重 0.37kg，每千克种子 1 600 万粒左右（图 7-7）。

图 7-7　草地早熟禾

（二）生物学特性

草地早熟禾幼苗细弱，播种条件适宜时先长出一条种子根，10 天左右产生次生根，再经 50~60 天产生根茎。根茎由母株的茎节伸出，向外延长达数米，根茎着生须根和芽。须根极多，细如毛发，垂直或斜入土层达 1m 深以上。芽白色，细如针状，横向穿行。

在一个生育期内，一株的半径可达0.75～1.0m。老植株除有大量新生芽体外，还有细小的潜伏芽和休眠芽。由于根茎芽多，因而再生力很强，破坏地上部分或切断根茎，都能继续生长发育。早熟禾分蘖能力很强，分蘖节离地面3cm以上，一般可分蘖40～65个，最多可达120个。播种当年生长缓慢，仅有个别植株抽穗开花，第二年加快生长，开花结实，第三、四年生长最繁茂，以后因地下茎形成草皮，通透性变差，生长渐趋衰弱。

早熟禾在温度5℃时开始生长，在15℃～30℃时可旺盛生长，温度在15℃以上时能促进根和根茎的发育。温度在32℃以上时，光呼吸加剧，消耗大量的碳水化合物，导致生长很差。它的耐热性较差，在炎热的夏季生长停止，甚至部分植株死亡。草地早熟禾的抗寒性很强。众所周知，在寒冷地区，抗寒性弱的品种建植当年因冬季温度过低，使根冠受损甚至冻死，造成翌年返青延迟，越冬率下降，甚至全部死亡。此外还因温度过低而使生长潜力得不到正常发挥。草地早熟禾在冬季少雪的－40℃的酷寒中能安全越冬。晚期出土的细弱苗即使被杂草强烈抑制，第二年也能正常返青。幼苗和成株能忍受早春持续的－5℃～6℃的寒冷。冬初生长更旺，直到土壤结冻地上部才枯死。

草地早熟禾为中生植物，耐旱性较差。根多集中在8cm～10cm的土层中，所以能充分利用地表水而旺盛生长，一旦遇雨便迅速生长。水分充足生长繁茂，但持续高温也生长不良，被水淹埋会引起死亡。

（三）对环境条件的要求

草地早熟禾适于温暖而湿润的气候。种子发芽要求较高的温度。适宜的发芽温度为25℃。草地早熟禾在全日照情况下生长良好，但略耐阴，在遮阴条件下能充分利用阳光而良好生长，所以在高温条件下适当遮阴有利于生长。草地早熟禾喜排水良好的壤土和黏土，尤以含腐殖质和石灰质的土壤为宜。在城市街道或居民区，对轻度化学物质，油垢污染或混有多种生活垃圾的杂类土有较强的忍受力，在这些地方都能形成草层旺盛生长。但最适于腐殖质多而富含石灰质的土壤，喜微酸性至中性土壤，在pH5.0～8.0时适应其生长，最适应的pH为6.0～7.0。

三、职业岗位能力训练

（一）播前准备

1. 职业岗位工作。制定生产计划；做好备耕各项工作。

2. 工作程序及操作技术和质量要求。

工作环节	工作程序及操作技术和质量要求
(1)土地准备	种子较小，苗期生长缓慢。整地要精细，做到土地平整细碎，并结合耕翻施用有机肥做基肥，每公顷施厩肥30～45t。播种后用镇压器轻轻地镇压土壤，以保证种子土壤能紧密接触。

续表

(2)种子准备	种子检验:播种前要进行种子品质及用价的检验，即测定种子的净度、发芽率、种子生活力等。这些指标达到规定标准方能采用。 为了提高发芽率，播种之前最好进行种子处理措施。

3. 常见技术问题处理。

如何选购草地早熟禾合格种子？购买的种子需要处理吗？

生产上应选用良种。良种的标准是净度不低于90.0%;发芽率不低于70.0%;水分不高于11.0 %;其他种子每千克最高粒数为3000。

种子处理方法:

①温水浸种。种子浸于53℃～54℃温水中10分钟，水量为种子量的20倍。浸后，摊开晾干。

②药物拌种。萎锈灵(有效成分3g/kg种子)、福美双(12g/kg)拌种可有效地防治病害。克菌丹、杀菌灵、氧化萎锈灵也很有效。

(二)播种

1. 职业岗位工作。选择适宜播期播种，落实播种技术，检查、监督播种质量，实现“一播全苗”。

2. 工作程序及技术操作和质量要求。

工作环节	工作程序及操作技术和质量要求
(1)播种期与播种方式	播种时间:在新疆播种时间为4月中旬至5月上旬。 播种方式:条播为主，行距30cm左右，覆土厚度1cm～2cm。早熟禾一般单播，也可以与白三叶、百脉根、苇状羊茅、鸡脚草、紫苜蓿等混播，以提高产量和改进品质。
(2)播种量	单播时:播种量每公顷7.5～15.0kg，混播时适当减少。
(3)基肥	结合耕翻施用有机肥作基肥，每公顷施厩肥30～45t。

3. 常见技术问题处理。

播种早熟禾时应该注意什么？

草地早熟禾种子发芽要求较高的水分，土壤含水量占田间持水量的60%以上时才能顺利出苗，所以必须保持土壤含水量不低于60%。

播种后用钉耙轻轻地把种子耙到土中，覆土应做到浅而不露种子，切忌过深。播种后用镇压器轻轻地镇压土壤，以保证种子与土壤能紧密接触。

(三)田间管理

1. 职业岗位工作。根据生产技术管理计划要求，确定适宜田间管理技术措施，指导田间作业，检查作业质量。

2. 工作程序及技术操作和质量要求。

工作环节	工作程序及操作技术和质量要求
(1)播后至苗期管理	(1)破除板结:在播后出苗前，出现板结时，可用短齿耙破除。在灌区可以采取轻度灌溉消灭板结，帮助幼苗出土。 (2)防除杂草与施肥:预防杂草的重要手段是播前精细整地，早熟禾苗期生长弱，需要防除杂草，以便减少竞争。早熟禾对肥料反应敏感，施肥能刺激枝条和根茎的形成。因此生长期最好施肥1~2次。
(2)苗期至收获前管理	在未繁茂成片时，应注意中耕除草。使用化学除草剂2，4－D丁酯的效果较好。干旱时有条件者要多次灌溉，生长多年长势衰退的草地，可用圆盘耙切碎草皮，并施肥料三要素以刺激其生长。

3. 常见技术问题处理。

(1)防除杂草时应该注意哪些问题?

使用化学除草剂对用量、兑水量、稀释浓度、气候温度、空气湿度、使用时的风向和风力，杂草生长期、牧草生长期都有较严格使用标准。

注意以下事项:

①使用化学除草剂时，选择晴天无风，气温高、湿度低的天气;

②要检查喷雾器安全性，使用之前倒清水检查喷雾器的管子和喷头完好情况;

③防除杂草时应该注意农药的稀释问题，一般多用消灭阔叶杂草的化学除草剂2，4－D丁酯，每公顷用药750~1125g，加水450~600 kg，晴天用喷雾器喷洒。

使用时严格按照说明书稀释药剂，过稀药效降低，过浓浪费药物和影响牧草的生长。

④喷过除草剂的牧草30~40天后家畜才能取食，以免中毒。

(2)早熟禾有哪些常见虫害?如何防止?

早熟禾易遭黏虫、草地螟等危害，可喷洒锌硫磷、速灭杀丁等防治。使用这些化学药剂时，认真阅读说明书，按要求使用。

(3)草地早熟禾有哪些常见病害?如何防治?

常见病害在早熟禾为主草坪草场发病率较高，主要有锈病、草地早熟禾立枯病、红丝病等。

防治方法:①减少侵染来源。发现病株及时拔除，集中销毁。②加强养护管理。确保良好的排水条件，保证灌溉或降雨后能及时排除草坪表面过多的水分。合理施肥，避免偏施氮肥，增施磷钾肥，促进其健壮成长。③化学防治。用瑞毒霉、乙磷铝、杀毒矾等药剂拌种或喷雾，都可取得良好的防治效果。

(四)收获利用

草地早熟禾可以放牧、也可以刈割利用，另外草地早熟禾也是非常好的草坪草。草地早熟禾与白三叶、百脉根、苇状羊茅、鸡脚草、紫苜蓿等混播，可以提高产量和改进品质。与白三叶混播可以促进生长，提高产量;与百脉根混播，草地早熟禾在春季发育早，可以提前供应饲草，百脉根在晚秋和夏季生长旺盛，二者在利用期内可连续充分供应饲草。在干旱条件下播种当年仅有个别植株开花，但种子不能成熟，株高15~25cm，每公顷收干草450~750kg。第二年以后，4月中旬返青，6月中旬抽穗，7月中旬开花，8月中、上旬种子成熟，全生育期104~110天，平均株高60~80cm，每公顷收干草3 750~5250kg，收籽300~600kg，如有灌溉条件，其产量还能大幅度提高。草地早熟禾种子成熟后容易脱落，为减少落粒损失应当在穗由绿变黄，穗轴已见黄枯时及时收。每公顷收种子450～900kg。

计划单

<table>
<tr><td>学习情境7</td><td colspan="3">新疆优质禾本科牧草栽培技术要点</td><td>学时</td><td>24</td></tr>
<tr><td>计划方式</td><td colspan="5">以小组为单位，通过讨论共同制定计划</td></tr>
<tr><td>序号</td><td colspan="3"></td><td>使用资源</td><td>备注</td></tr>
<tr><td>1</td><td colspan="3"></td><td></td><td></td></tr>
<tr><td>2</td><td colspan="3"></td><td></td><td></td></tr>
<tr><td>3</td><td colspan="3"></td><td></td><td></td></tr>
<tr><td>4</td><td colspan="3"></td><td></td><td></td></tr>
<tr><td>5</td><td colspan="3"></td><td></td><td></td></tr>
<tr><td>6</td><td colspan="3"></td><td></td><td></td></tr>
<tr><td>7</td><td colspan="3"></td><td></td><td></td></tr>
<tr><td>8</td><td colspan="3"></td><td></td><td></td></tr>
<tr><td>9</td><td colspan="3"></td><td></td><td></td></tr>
<tr><td>10</td><td colspan="3"></td><td></td><td></td></tr>
<tr><td>制定计划说明</td><td colspan="5"></td></tr>
<tr><td rowspan="3">计划评价</td><td>班级</td><td></td><td>第　组</td><td>组长签字</td><td></td></tr>
<tr><td>教师签字</td><td colspan="2"></td><td>日期</td><td></td></tr>
<tr><td colspan="5">评语：</td></tr>
</table>

决 策 实 施 单

学习情境7	新疆优质禾本科牧草栽培技术要点						
讨论小组制定的计划书，做出决策							
计划对比	组号	工作流程的正确性	知识运用的科学性	步骤的完整性	方案的可行性	人员安排的合理性	综合评价
	1						
	2						
	3						
	4						
	5						
	6						
	7						
	8						

制定实施方案		
序号	实施步骤	使用资源
1		
2		
3		
4		
5		
6		
7		

实施说明：

班 级		第　组	组长签字	

评语：

作 业 单

学习情境7	新疆优质禾本科牧草栽培技术要点
作业完成方式	课余时间独立完成
项目一	无芒雀麦栽培技术
作业	1. 撰写无芒雀麦施肥，病虫害防治方法。 2. 参阅相关资料，了解新疆无芒雀麦栽培面积与技术要点。
作业答案	可另附纸张
项目二	苏丹草的栽培技术
作业	1. 苏丹草的栽培要点，施肥，病虫害防治方法如何？ 2. 制作苏丹草提高产量的耕作计划。
作业答案	可另附纸张
项目三	老芒麦栽培技术
作业	1. 参阅相关资料，了解新疆老芒麦栽培面积，产量与技术要点。 2. 制作出在旱地提高老芒麦产草量的方案。
作业答案	可另附纸张
项目四	披碱草栽培技术
作业	1. 参阅相关资料，了解新疆披碱草栽培面积，主要适应范围，产量与技术要点。 2. 披碱草适合什么样的生态环境？施肥，病虫害防治方法如何？
作业答案	可另附纸张
项目五	冰草栽培技术
作业	1. 冰草适合什么样的生态环境条件？冰草的施肥，病虫害防治方法如何？ 2. 制作冰草提高产量的耕作计划。
作业答案	可另附纸张
项目六	鸭茅的栽培技术
作业	鸭茅的特点是什么？适合什么样的生态环境条件？施肥，病虫害防治方法，注意事项如何？
作业答案	可另附纸张
项目七	早熟禾栽培技术
作业	1. 早熟禾的特点是什么？适合什么样的生态环境条件？栽培技术要点如何？ 2. 制作早熟禾提高产量的耕作计划。
作业评价	班级 ＿＿ 第　组 ＿＿ 组长签字 ＿＿ 学号 ＿＿ 姓名 ＿＿ 教师签字 ＿＿ 教师评价 ＿＿ 日期 ＿＿ 评语：

效果检查单

<table>
<tr><td>学习情境7</td><td colspan="6">新疆优质禾本科牧草栽培技术要点</td></tr>
<tr><td>检查方式</td><td colspan="6">以小组为单位，采用学生自查与教师检查相结合，成绩各占总分(100分)的50%</td></tr>
<tr><td>序号</td><td>检查项目</td><td colspan="2">检查标准</td><td>学生自查</td><td colspan="2">教师检查</td></tr>
<tr><td>1</td><td>无芒雀麦栽培技术</td><td colspan="2">能正确地说出基本概念、植物学与生物学特点、栽培技术要点，会制作提高产量的方案。</td><td></td><td colspan="2"></td></tr>
<tr><td>2</td><td>苏丹草栽培技术</td><td colspan="2">能正确地说出基本概念、植物学与生物学特点，栽培技术要点。</td><td></td><td colspan="2"></td></tr>
<tr><td>3</td><td>老芒麦栽培技术</td><td colspan="2">能正确地说出基本概念、植物学与生物学特点、栽培技术要点，会制作提高产量的方案。</td><td></td><td colspan="2"></td></tr>
<tr><td>4</td><td>披碱草栽培技术</td><td colspan="2">能正确地说出基本概念、植物学与生物学特点、栽培技术要点，会制作提高产量的方案。</td><td></td><td colspan="2"></td></tr>
<tr><td>5</td><td>冰草栽培技术</td><td colspan="2">能正确地说出基本概念、植物学与生物学特点，会制作冰草栽培技术与提高产量的耕作计划。</td><td></td><td colspan="2"></td></tr>
<tr><td>6</td><td>鸭茅栽培技术</td><td colspan="2">能正确地说出基本概念、植物学与生物学特点，会制作提高产量的耕作计划。</td><td></td><td colspan="2"></td></tr>
<tr><td>7</td><td>早熟禾栽培技术</td><td colspan="2">能正确地说出基本概念、植物学与生物学特点，会制作提高产量的耕作计划。</td><td></td><td colspan="2"></td></tr>
<tr><td rowspan="3">检查评价</td><td>班级</td><td></td><td>第　组</td><td>组长签字</td><td colspan="2"></td></tr>
<tr><td>教师签字</td><td colspan="2"></td><td>日期</td><td colspan="2"></td></tr>
<tr><td colspan="6">评语：</td></tr>
</table>

评价反馈单

学习情境7	新疆优质禾本科牧草栽培技术要点				
评价类型	项目	子项目	个人评价	组内评价	教师评价
专业能力（60%）	资讯（10%）	查找资料，自主学习（5%）			
		咨询问题回答（5%）			
	计划（5%）	计划制定的科学性（3%）			
		用具材料准备（2%）			
	实施（25%）	各项操作正确（10%）			
		各项操作的效果（12%）			
		仪器材料使用的规范（3%）			
	检查（5%）	全面性、准确性（3%）			
		出现问题的处理（2%）			
	结果（10%）	提交成品质量			
	作业（5%）	及时、保质完成作业			
社会能力（20%）	团结协作（10%）	小组成员合作良好（5%）			
		对小组的贡献（5%）			
	敬业、吃苦精神（10%）	学习纪律性（5%）			
		爱岗敬业和吃苦耐劳精神（5%）			
方法能力（20%）	计划能力（10%）	制定计划合理			
	决策能力（10%）	计划选择正确			
意见反馈					
请写出你对本学习情境教学的建议和意见					

评价评语	班级		姓名		学号		总评	
	教师签字		第　组		组长签字		日期	
	评语：							

学习情境8　新疆优质其他科牧草栽培技术要点

学习任务单

<table>
<tr><td>学习情境8</td><td colspan="2">新疆优质其他科牧草栽培技术要点</td><td colspan="2">学时</td><td colspan="2">8</td></tr>
<tr><td colspan="7">布置任务</td></tr>
<tr><td>学习目标</td><td colspan="6">1. 掌握木地肤的概念、植物学和生物学特性。
2. 掌握木地肤的栽培技术要点。
3. 掌握驼绒藜的概念、植物学和生物学特性。
4. 掌握驼绒藜的栽培技术要点。</td></tr>
<tr><td>任务描述</td><td colspan="6">学习和查阅资料，掌握适合在新疆栽培的优质其他科牧草种类，具有栽培价值和面积较广的木地肤和驼绒藜的基本概念、植物学和生物学特性、栽培技术要点。
具体任务：
1. 木地肤的播种前准备、播种、田间管理、收获与利用等技术要点和常见技术问题处理方法。
2. 驼绒藜的播种前准备、播种、田间管理、收获与利用等技术要点和常见技术问题处理方法。</td></tr>
<tr><td>学时分配</td><td>资讯2学时</td><td>计划1学时</td><td>决策0.5学时</td><td>实施3学时</td><td>考核1学时</td><td>评价0.5学时</td></tr>
<tr><td>提供资料</td><td colspan="6">1. 陈宝书，牧草饲料作物栽培学. 北京：中国农业出版社，2001年
2. 杨青，苜蓿生产与管理指南. 北京：中国林业出版社，2003年
3. 董宽虎，沈益，饲草生产学. 北京：中国农业出版社，2003年
4. 杜桂娟，草类植物资源与利用. 北京：中国农业出版社，2010年
5. 草原休牧轮牧禁牧舍饲养畜技术300问. 北京：全国农业科技，2003年
6. 朱进忠，草业科学实践教学指导书. 北京：中国农业出版社，2009年
7. 新疆牧民饲草现代种植技术与管理手册. 新疆畜牧厅，2008年</td></tr>
<tr><td>对学生要求</td><td colspan="6">1. 由3~4人组成一个学习小组，完成本项目学习。
2. 课前以小组为单位，完成资讯问题答案的搜集与整理。
3. 严格遵守牧草栽培工学结合教室的规章制度。
4. 严格遵守实训单位的规章制度。</td></tr>
<tr><td>资讯方式</td><td colspan="6">通过资讯问题和资讯引导，全国高职牧草栽培技术精品课网站、图书、新疆和阿勒泰生态环境相关杂志资料查询，课件、视频及模拟实验展示，指导老师咨询等形式完成。</td></tr>
</table>

续表

资讯问题	1. 木地肤的主要优势是什么？适合什么样的生态条件栽培？栽培技术要点有哪些？ 2. 驼绒藜的主要特点是什么？适合什么样的生态条件栽培？栽培技术要点有哪些？ 3. 在新疆可以栽培的其他科优质牧草有哪些？它们的主要特点有哪些？
资讯引导	1. 在相关信息单中查询； 2. 新疆牧民饲草现代种植技术与管理手册； 3. 陈宝书，牧草饲料作物栽培学. 北京：中国农业出版社，2001 年； 4. 在其他相关资料中查询。

项目一　木地肤的栽培技术

一、概述

木地肤别名为伏地肤。木地肤主要分布在荒漠地带及草原地带。我国主要分布在内蒙古以及新疆的额敏、托里、伊犁谷地、天山北麓及阿勒泰的荒漠草原中。另外在东北、西北、华北和西藏等地也有生长，在这些地区木地肤主要生长在石质和碎石的干燥阳坡或沙性土壤上，不形成优势群落。

木地肤在我国北方牧区 4 月初至 4 月中旬萌发新枝，而上一年植物体的枯枝黄叶保存完好，这对于家畜早春恢复体膘，度过冬瘦、春乏时期具有很大作用。各种家畜都喜采食其嫩枝、叶片和花序。春季对绵羊适口性尤高，抓膘快，能抗寒。因为其营养成分较高，在夏末秋初，幼嫩枝叶的粗蛋白质和粗脂肪含量约占全部风干物质的 14%，灰分和粗纤维则比较少，是春秋牧场的良好催肥草。根据新疆生物土壤研究所于 1965 年 5 月中旬在新疆额敏谷地对木地肤等幼嫩枝叶采样分析，结果是：水分 6.26%，粗蛋白 10.5%，粗脂肪 3.08%，粗纤维 27.07%，无氮浸出物 45.06%，灰分 8.02%，钙 1.28%，磷 0.21%。新疆巩乃斯木地肤春季返青早，秋季停止生长晚，叶量大，分枝多，茎细脆，再生性好，耐践踏，适口性好，全株可利用。

二、基本知识

(一) 植物学特性

木地肤为藜科地肤属，多年生旱生半灌木，高 20 ~ 80cm，根粗壮，基部木质化，茎自基部丛生，多而密，斜生，枝细弱，

带有红褐色，具灰白色分离的绒毛。单叶互生，无柄，叶线状，密被茸毛。稀疏穗状花序，花两性或雌性，3 ~ 4 集生于叶腋。花被在结果时常常具翘状突起，很少呈瘤状；胞果扁球型，果皮近膜质，紫褐色。种子卵形或近圆形，灰褐色，千粒重约 1g。花期 7 ~ 8 月，果期 8 ~ 9 月(见图 8 - 1)。

(二) 生物学特性

木地肤具有十分发达的根系，主根粗壮，入土深达 2 m 以上，最深达 5 m，侧根也很发

达，当干旱降水少、土壤上层水分偏低时，它能吸收利用土壤深层的水分和养分，以维持生命，停止生长发育进入休眠状态，一旦水分状况有所改善，立即加以利用，又能很快恢复生机。木地肤常生长于山坡和沙丘中，抗旱能力强，并耐沙埋，被沙覆盖后能从近地表层沙土中长出新枝。耐盐碱性强，在土壤含盐量达0.5%～0.8%时仍能正常生长。抗寒性强，能在－40℃低温下越冬，是轻盐碱地、沙地和荒漠地区重要的牧草和固沙植物。不耐潮湿，在潮湿或积水地段不能生长。木地肤生长发育的最适温度为15℃～20℃，耐酷热，耐盐碱，夏季地表温度在65℃时，也未见植株有烧伤现象。

图8－1 木地肤

(三)对环境条件的要求

木地肤对土壤要求不太严，但以疏松肥沃的土壤为好。应选择地势平缓，坡度较小，土层深厚的地块。土层30 cm内总含盐量在0.5%以内时生长良好，即使在1.0%时也能出苗生长。

木地肤的种子萌发要求较高的土壤湿度和适宜的温度，因此播种时要抓住这两个关键环节，种子萌发出苗的适宜土壤(1cm～30 cm)湿度为15%～20%，移栽同样要注意土壤湿度。因此，在干旱草原和半荒漠地带种植木地肤时应在早春播种。

三、职业岗位能力训练

(一)播前准备

1. 职业岗位工作。制定生产计划；做好备耕各项工作。

2. 工作程序及操作技术和质量要求。

工作环节	工作程序及操作技术和质量要求
(1)土地准备	播种地准备：木地肤种子小，顶土力弱，故必须浅播。播种前头年秋天深耕25～30 cm，耕翻后要耙碎耖平，以利保墒，次年春季或雨季抢墒播种。 移栽育苗地的准备：旱地植苗移栽成败关键在于整地质量，所以植苗移栽要提前进行整地，应在植苗移栽前一年秋季选好地块深耕翻，细耙耖待用。
(2)种子准备	种子检验：播种前要进行种子品质及用价的检验，即测定种子的净度、发芽率、种子生活力等。这些指标达到规定标准方能采用。 在生产上一律不能用旧种子。

3. 常见技术问题处理。

如何选购木地肤合格种子？购买后需要进行种子处理吗？

生产上应选用良种。良种的标准是净度不低于85.0%；发芽率不低于60.0%；水分不高于11.0%；其他种子每千克最高粒数为3000。

在生产上应用的木地肤种子不需要处理，但木地肤当年种子的发芽率一般在50%左右，第二年下降至30%以下，田间发芽率仅为15%左右，所以播种时，不能利用陈旧种子。

(二)播种

1. 职业岗位工作。选择适宜播期播种，落实播种技术，检查、监督播种质量，实现“一播全苗”。

2. 工作程序及技术操作和质量要求。

工作环节	工作程序及操作技术和质量要求
(1)播种期与播种方式	(1)播种时间:木地肤春、夏均可播种。春播为4月底5月初,夏播为7月底,播种过迟苗子太小不利越冬。 (2)播种方式:可条播也可撒播,条播行距为20~50cm,撒播可采用钉齿耙切破土皮撒播,播后用耙齿朝上覆土,稍加镇压即可。覆土要浅,以1cm为宜。
(2)播种量	单播播量收草为15~22.5kg/hm^2。
(3)基肥	通常以有机肥作基肥,施用22500 kg/hm^2。

3. 常见技术问题处理。

(1)常用木地肤幼苗移栽方法有哪几种?幼苗移栽时注意哪些事项?

常用移栽方法有犁栽法、截干植苗法等两种。

①犁栽法是在土壤湿度较高的情况下才能进行,一般夏季雨后可以采用此法。

②截干植苗法是在干旱的气候条件下,采用的成活率较高移栽方法。此法是把地上部分枝条割掉,留茬高度3cm~5cm,起苗时要把过长的侧根和主根剪掉 ,一般主根以20 cm长为宜,并注意避免风吹日晒,防止苗木失水。

(2)木地肤植苗移栽什么时候最合适?植苗移栽方法有哪些?应注意哪些事项?

①植苗移栽时间:木地肤植苗移栽多在春秋两季进行。春季植苗移栽于萌动前4月初,秋季植苗移栽可在10月上、中旬进行,夏季墒情好也可移栽。

②植苗移栽方法:植苗移栽可用人工锹栽法和犁栽法两种。锹栽法很简单,踩下锹后撬开缝,把苗插入即可。

③ 注意事项:窝根,颈部分要全部埋在土中,植苗密度株行距以0.5 cm。

(三)田间管理

1. 职业岗位工作。根据生产技术管理计划要求,确定适宜田间管理技术措施,指导田间作业,检查作业质量。

2. 工作程序及技术操作和质量要求。

工作环节	工作程序及操作技术和质量要求
(1)播后至苗期管理	(1)破除板结:由于木地肤种子细小,幼苗生长缓慢,整地必须精细,要求无杂草,土壤保持较好的墒情。出苗前切忌灌水,土壤稍有板结即不能出苗。 (2)防除杂草与施肥:木地肤苗期生长十分缓慢,易受杂类草的抑制,因此待苗5~10cm及时锄草。苗高4~5cm后适当予以小水灌溉。
(2)苗期至收获前管理	在未繁茂成片时,应注意中耕除草。木地肤播种后3年内必须加强保护,封闭禁牧,有条件时可培育高产人工草地,多浇水施肥,以提高产草量。

3. 常见技术问题处理。

(1)如果木地肤播种地上出现缺苗现象怎么办?原因是什么?

缺苗原因以下几种情况造成:

①利用了陈旧种子或劣种子；

②播种之前没有精细整地以及灌足底水，土壤墒情差或不均匀，种子没法发芽；

③土出苗之前浇水，土壤表面出现板结块，影响出苗率。

解决方法：

①选用合格的新种子，播种之前检测种子用价。

②整地必须精细，要求无杂草，土壤保持较好的墒情。

③出苗前切忌灌水，土壤稍有板结即不能出苗。

(2)如何保证木地肤的高产量？

①计算好保苗：出苗后采取除草、灌水和施肥等措施，及时观察缺苗情况，一般每亩至少要有2万～3万株的幼苗，移栽地需苗1300～1400株，才能保证产草量。

②掌握好收获时间：木地肤最佳刈割利用期为开花期，这时草质好，叶量繁茂，营养成分也高。秋季刈割虽然产草量高，但枝条木质化程度增大，草质变劣，适口性降低。

③ 种子收获：木地肤种子成熟期，一般在9月下旬，10月初为种子成熟收获期。种子成熟后，极易落粒。当有20%的花序变为棕色，种子呈褐色时即可及时收割采收种子，否则影响种子产量。收割后在地里晒放5～7天，干后轻打2次脱粒。木地肤种子含水量较高，不宜马上装袋，以免霉烂。

(四)收获利用

木地肤是高蛋白优质饲用植物。其青草和干草的适口性均好，是牛、马、骆驼、羊等喜食的植物。木地肤在播种当年不宜放牧，可刈割少量干草，留茬不能低于8cm，第二年秋季可刈割晒制干草，三年后可用于春、秋、冬季放牧。夏季绵羊主要采食叶、细枝和花序。但当牧场上饲草缺乏时，常被啃食到地面。据新疆伊犁地区试验，第三年达成株时，鲜草产量可达3750～7500kg/hm^2，种子225－300kg/hm^2；据试验测定，鲜草产量4320kg/hm^2。

项目二　驼绒藜的栽培技术

一、概述

驼绒藜别名为优若藜。驼绒藜分布较广，在我国主要分布于内蒙古、甘肃、青海、新疆、西藏和宁夏回族自治区等地区灌木—小针茅荒漠草原上，尤以这一类草原地带的沙地、沙质化的浅洼地及干河床边缘和石质小丘的斜坡上分布最多，在某些地段上形成驼绒藜群落。目前在内蒙古、新疆等地牧区，作为饲用牧草开始栽培。由于它具有耐旱、适应性强等特点，在我国北方干旱地区人工种植具有现实意义。

驼绒藜枝叶繁茂，每公顷干草产量可达6000～7500kg。驼绒藜营养丰富，不仅蛋白质含量高，而且矿物质(钙和磷)的含量也较多，其营养成分列于表8－1。

表 8－1　　驼绒藜营养成分（%）

成分 样品	水分	粗蛋白	粗脂肪	粗纤维	无氮 浸出物	粗灰分	磷	钙	胡萝卜素 （mg/kg）
鲜枝	55.56	9.58	1.72	8.35	20.92	3.87			
蕾期干草	14.23	18.39	1.91	32.06	25.43	7.98	0.47	1.94	22.47
花期干草	19.01	10.08	1.39	35.58	－25.92	8.04	0.17	2.16	12.7

驼绒藜的适口性很好，既可放牧，又能青饲和调制干草，各种家畜都喜食，尤其是骆驼、马、羊等家畜最适宜食用。刈割利用时必须注意适当的刈割期，开花、结实期茎秆质地粗硬，大部分木质化，家畜采食率低，宜加工粉碎利用。人工种植的驼绒藜灌木林，可在孕蕾期刈割调制干草，冬春是各种牲畜的良好饲料。驼绒藜成熟后，除基部茎秆质地粗硬，家畜不采食外，基茎叶可作饲草，种子还可以当饲料，草料利用率达 80%。

二、基本知识

（一）植物学特性

驼绒藜是藜科驼绒藜属丛生灌木。株高 1～2m；主根入土不深，侧根发达，根系多集中分布于 50cm 以内土层中；茎直立，基部木质，多分枝且集中于上部，被星状毛，表皮白黄色；叶较大，叶披针形或短圆状披针形，长 2～5cm，宽 0.7～1.0cm，先端锐尖或钝，基部楔形至圆形，全缘，基部狭窄或楔形，通常具明显的羽状叶脉，上下两面均被星状毛；叶柄短，有密毛，上部叶片无柄，花单生，雌雄同株，雄花数个成簇，着生于小枝顶端，集成细长而柔软的穗状花序；花被片 4 个，椭圆形，膜质，背部有星状毛；雄蕊 4 枚，和花被片对生，雌花生于叶腋，花管倒卵形，长约 3 ㎜，角状裂片长度为管长的 1/5～1/4，先端钝，略向后弯，果期管外两侧的中、上部各有二束长毛，下部则有短毛，5 花被；苞片 2 个，合生成管，两侧压扁，成椭圆形，其上部由两个角状裂片，角片为管长的 1/3，叉开，果期管外两侧各有两束等长的毛；胞果椭圆形或倒卵形，被毛；种子和胞果同形，侧扁、直立，千粒重 4 g 左右（见图 8－2）。

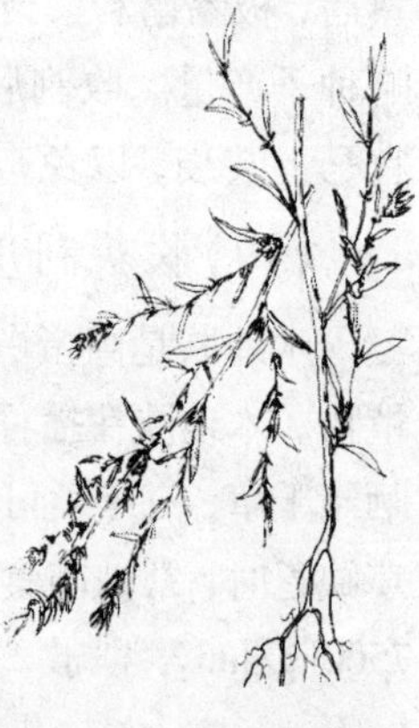

图 8－2　驼绒藜

（二）生物学特性

驼绒藜为多年生灌木，寿命长达数十年以上。人工栽培的驼绒藜灌木林可利用 10 年左右。驼绒藜耐旱性强，易于干旱和半干旱气候条件下生长。种子的发芽能力强，在平均温度 4℃左右，土壤水分适宜，很快就萌动。温度达 20℃～25℃条件下，8 小时后即发芽，24 小时之内发芽率达 75.9%。因此，驼绒藜播种之后，只要条件适宜，很快出苗。出苗后 1 个月左右，地下部分生长迅速，25 天根系便长达 15cm 以上。

驼绒藜的生长发育与土壤肥力和水分状况有密切关系。气候适宜，土壤水分充足，早春播种的驼绒藜，当年株高可达 60～70cm，但分枝较少，当年即可开花结实。生长第二年，株高 80～120cm，株丛直径可达 60cm，形成高大繁茂的灌丛。如在干旱、贫瘠的沙地上直播，出苗稀疏，株高仅 10～20cm，不能开花结实。第二年 8 月上旬或下旬开花，9 月初结实，10 月初种子成熟。

(三)对环境条件的要求

驼绒藜对土壤要求不严，除低湿的盐碱土和流动沙丘不宜于生长外，其他各类土壤均能生长。最适宜的土壤是棕色沙壤质土和壤质沙土上为好。

三、职业岗位能力训练

(一)播前准备

1. 职业岗位工作。制定生产计划;做好备耕各项工作。

2. 工作程序及操作技术和质量要求。

工作环节	工作程序及操作技术和质量要求
(1)土地准备	播种地准备:驼绒藜种子小而轻，因此，准备播种驼绒藜的土地应在头年秋季灭茬翻耕，并进行精细耙耱整地工作，使土地平整、细碎。
(2)种子准备 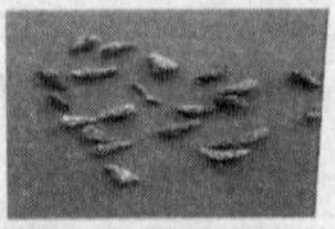	种子检验:播种前要进行种子品质及用价的检验，即测定种子的净度、发芽率、种子生活力等。这些指标达到规定标准能采用。 在生产上播种之前必须进行种子处理。

3. 常见技术问题处理。

如何选购驼绒藜合格种子？购买后需要进行种子处理吗？

生产上应选用良种。良种的标准是净度不低于85.0%;发芽率不低于75.0%;水分不高于11.0 %;其他种子每千克最高粒数为3000。

木地肤种子不需要处理。种子处理驼绒藜的胞果由于密生白色茸毛，籽粒与籽粒常常黏结在一起，不易分开，给播种带来困难，所以在播种前，要摊开晾干，用碾轻压筛选并与稍湿润沙土拌匀，然后播种。

(二)播种

1. 职业岗位工作。选择适宜播期播种，落实播种技术，检查、监督播种质量，实现“一播全苗”。

2. 工作程序及技术操作和质量要求。

工作环节	工作程序及操作技术和质量要求
(1)播种期与播种方式	(1)播种时间:驼绒藜春、夏均可播种。春播为4月底5月初，夏播为6月月下旬至7月中旬等待雨季抢播。 (2)播种方式:种植驼绒藜有直播和育苗栽植两种。种植驼绒藜可采用开沟条播、穴播和撒播。条播行距为30~35cm，撒播可采用钉齿耙切破土皮撒播，播后用耙齿朝上覆土，稍加镇压即可。驼绒藜籽小而轻，覆土不宜过厚，一般埋土1~2cm为宜，超过2cm出苗困难。播种后要轻轻镇压。
(2)播种量	单播种量每公顷3.75~7.5kg。
(3)基肥	通常以有机肥作基肥，施用22500 kg/hm^2。

3. 常见技术问题处理。

如何确定驼绒藜的播种时期？在干旱地区采取什么样的措施提高抓苗？

驼绒藜的播种时期是以气候和土壤保墒性来决定，一般播种期有灌溉条件和墒情好的地区以春播为好，当年大部分植株可开花结实，并能收获到较高的饲草料。如气候干旱，土壤墒情差，可夏播，待雨季抢播，但当年产量不高。

种植驼绒藜有直播和育苗栽植两种方法。直播驼绒藜在干旱地区抓苗困难，所以采取以下措施：

①干旱地区直播，则必须选择连阴雨天气抢墒播种，出苗率高。

②采用育苗栽植，选择适于肥力充足的土地，早春播种。播种时，最好作畦灌水，再在地表发白后播种，当年育出来幼苗，第二年春天移入大田栽培。

(三)田间管理

1. 职业岗位工作。根据生产技术管理计划要求，确定适宜田间管理技术措施，指导田间作业，检查作业质量。

2. 工作程序及技术操作和质量要求。

工作环节	工作程序及操作技术和质量要求
(1)播后至苗期管理	由于驼绒藜种子细小，幼苗生长缓慢，整地必须精细，要求无杂草，土壤保持较好的墒情。
(2)苗期至收获前管理 	驼绒藜具有基部分枝、根茎部粗壮的生物学特性，待幼苗长至20～25cm时应灌水。要特别注意中耕培土，以促使整个株丛生长旺盛。在整个生育期内，应灌水1～2次，确保产量提高。

3. 常见技术问题处理。

如何提高驼绒藜的产草量?

驼绒藜的生长发育与土壤肥力和水分状况有密切关系。气候适宜，土壤水分充足，早春播种的驼绒藜，当年株高可达60～70cm，第二年，株高80～120cm，株丛直径可达60cm，形成高大繁茂的灌丛，产量最高为第三年至第五年；如在干旱、贫瘠的沙地上直播，出苗稀疏，株高仅10～20cm，不能开花结实，第二年株高可达60～70cm左右，所以种植驼绒藜时一定要保证土壤肥力和水分条件，有利于提高产草量和种子产量。

(四)收获利用

驼绒藜为灌木植物，刈割后再生性差，故一年只割1次，可待种子大部分成熟时刈割。但这个时期，叶已枯黄，枝条木质化也严重，饲喂时需加工粉碎。否则利用率不高，造成浪费。驼绒藜籽实可作家畜的优质饲料。

驼绒藜从开花到种子成熟，这段时间经历较长，种子成熟期晚，所以应特别注意采种时间，待种子充分成熟，然后刈割并晾干待打，采集野生驼绒藜种子一般是在10月上旬至中旬。

计 划 单

<table>
<tr><td>学习情境8</td><td colspan="3">新疆优质其他科牧草栽培技术要点</td><td>学时</td><td>8</td></tr>
<tr><td>计划方式</td><td colspan="5">以小组为单位，通过讨论共同制定计划</td></tr>
<tr><td>序号</td><td colspan="3"></td><td>使用资源</td><td>备注</td></tr>
<tr><td>1</td><td colspan="3"></td><td></td><td></td></tr>
<tr><td>2</td><td colspan="3"></td><td></td><td></td></tr>
<tr><td>3</td><td colspan="3"></td><td></td><td></td></tr>
<tr><td>4</td><td colspan="3"></td><td></td><td></td></tr>
<tr><td>5</td><td colspan="3"></td><td></td><td></td></tr>
<tr><td>6</td><td colspan="3"></td><td></td><td></td></tr>
<tr><td>7</td><td colspan="3"></td><td></td><td></td></tr>
<tr><td>8</td><td colspan="3"></td><td></td><td></td></tr>
<tr><td>9</td><td colspan="3"></td><td></td><td></td></tr>
<tr><td>10</td><td colspan="3"></td><td></td><td></td></tr>
<tr><td>制定计划说明</td><td colspan="5"></td></tr>
<tr><td rowspan="3">计划评价</td><td>班级</td><td></td><td>第　　组</td><td>组长签字</td><td></td></tr>
<tr><td>教师签字</td><td colspan="2"></td><td>日期</td><td></td></tr>
<tr><td colspan="5">评语：</td></tr>
</table>

决策实施单

<table>
<tr><td>学习情境8</td><td colspan="7">新疆优质其他科牧草栽培技术要点</td></tr>
<tr><td colspan="8">讨论小组制定的计划书，做出决策</td></tr>
<tr><td rowspan="9">计划
对比</td><td>组号</td><td>工作流程
的正确性</td><td>知识运用
的科学性</td><td>步骤的
完整性</td><td>方案的
可行性</td><td>人员安排
的合理性</td><td>综合评价</td></tr>
<tr><td>1</td><td></td><td></td><td></td><td></td><td></td><td></td></tr>
<tr><td>2</td><td></td><td></td><td></td><td></td><td></td><td></td></tr>
<tr><td>3</td><td></td><td></td><td></td><td></td><td></td><td></td></tr>
<tr><td>4</td><td></td><td></td><td></td><td></td><td></td><td></td></tr>
<tr><td>5</td><td></td><td></td><td></td><td></td><td></td><td></td></tr>
<tr><td>6</td><td></td><td></td><td></td><td></td><td></td><td></td></tr>
<tr><td>7</td><td></td><td></td><td></td><td></td><td></td><td></td></tr>
<tr><td>8</td><td></td><td></td><td></td><td></td><td></td><td></td></tr>
</table>

<table>
<tr><td colspan="3">制定实施方案</td></tr>
<tr><td>序号</td><td>实施步骤</td><td>使用资源</td></tr>
<tr><td>1</td><td></td><td></td></tr>
<tr><td>2</td><td></td><td></td></tr>
<tr><td>3</td><td></td><td></td></tr>
<tr><td>4</td><td></td><td></td></tr>
<tr><td>5</td><td></td><td></td></tr>
<tr><td>6</td><td></td><td></td></tr>
<tr><td>7</td><td></td><td></td></tr>
<tr><td colspan="3">实施说明：</td></tr>
</table>

<table>
<tr><td>班 级</td><td></td><td>第　组</td><td>组长签字</td><td></td></tr>
<tr><td colspan="5">评语：</td></tr>
</table>

作 业 单

<table>
<tr><td>学习情境 8</td><td colspan="6">新疆优质其他科牧草栽培技术要点</td></tr>
<tr><td>作业完成方式</td><td colspan="6">课余时间独立完成</td></tr>
<tr><td>项目一</td><td colspan="6">木地肤栽培技术</td></tr>
<tr><td>作业</td><td colspan="6">1. 木地肤的特点是什么？为什么在盐碱地推广播种木地肤？
2. 木地肤栽培过程中出现的常见问题是什么？</td></tr>
<tr><td>作业答案</td><td colspan="6">可另附纸张</td></tr>
<tr><td>项目二</td><td colspan="6">驼绒藜栽培技术</td></tr>
<tr><td>作业</td><td colspan="6">1. 驼绒藜施肥，病虫害防治方法，注意事项如何？
2. 驼绒藜的栽培价值在哪里？</td></tr>
<tr><td>作业答案</td><td colspan="6">可另附纸张</td></tr>
<tr><td rowspan="4">作业评价</td><td>班 级</td><td></td><td>第　组</td><td colspan="2">组长签字</td><td></td></tr>
<tr><td colspan="2">学 号</td><td>姓 名</td><td colspan="3"></td></tr>
<tr><td>教师签字</td><td></td><td>教师评价</td><td></td><td>日期</td><td></td></tr>
<tr><td colspan="6">评语：</td></tr>
</table>

效果检查单

学习情境8	新疆优质其他科牧草栽培技术要点			
检查方式	以小组为单位，采用学生自查与教师检查相结合，成绩各占总分(100分)的50%			
序号	检查项目	检查标准	学生自查	教师检查
1	木地肤栽培技术	能正确地说出基本概念、植物学与生物学特点、栽培技术要点。		
2	驼绒藜栽培技术	能正确地说出基本概念、植物学与生物学特点、栽培技术要点。		
3				
4				
5				
6				
7				
检查评价	班级		第　组	组长签字
	教师签字		日期	
	评语：			

评 价 反 馈 单

学习情境8	新疆优质其他科牧草栽培技术要点				
评价类型	项目	子项目	个人评价	组内评价	教师评价
专业能力（60%）	资讯（10%）	查找资料，自主学习（5%）			
		咨询问题回答（5%）			
	计划（5%）	计划制定的科学性（3%）			
		用具材料准备（2%）			
	实施（25%）	各项操作正确（10%）			
		各项操作的效果（12%）			
		仪器材料使用的规范（3%）			
	检查（5%）	全面性、准确性（3%）			
		出现问题的处理（2%）			
	结果（10%）	提交成品质量			
	作业（5%）	及时、保质完成作业			
社会能力（20%）	团结协作（10%）	小组成员合作良好（5%）			
		对小组的贡献（5%）			
	敬业、吃苦精神（10%）	学习纪律性（5%）			
		爱岗敬业和吃苦耐劳精神（5%）			
方法能力（20%）	计划能力（10%）	制定计划合理			
	决策能力（10%）	计划选择正确			
意见反馈					
请写出你对本学习情境教学的建议和意见					

评价评语								
	班 级		姓 名		学 号		总 评	
	教师签字		第　组		组长签字		日期	
	评语：							

学习情境9　主要饲料作物栽培技术要点

学习任务单

<table>
<tr><td colspan="2">学习情境9</td><td colspan="2">主要饲料作物栽培技术要点</td><td colspan="2">学时</td><td>24</td></tr>
<tr><td colspan="7">布置任务</td></tr>
<tr><td>学习目标</td><td colspan="6">1. 掌握玉米品种的选择与播种技术要点。
2. 掌握饲料甜高粱的基本概念、植物学和生物学特性以及栽培技术要点。
3. 掌握燕麦的基本概念、植物学和生物学特性以及栽培技术要点。
4. 掌握豌豆的基本概念、植物学和生物学特性以及栽培技术要点。
5. 掌握马铃薯的基本概念、植物学和生物学特性以及栽培技术要点。
6. 掌握甜菜的基本概念、植物学和生物学特性以及栽培技术要点。
7. 掌握胡萝卜的基本概念、植物学和生物学特性以及栽培技术要点。</td></tr>
<tr><td>任务描述</td><td colspan="6">学习和查阅资料，掌握在新疆栽培的优质饲料作物种类，面积较广的饲料玉米、饲料甜高粱、豌豆、马铃薯、甜菜、胡萝卜等的饲料作物基本概念、植物学和生物学特性、栽培技术要点。
具体任务：
1. 玉米的播种前准备、播种、田间管理、收获与利用等技术要点和常见技术问题处理方法。
2. 饲料甜高粱的播种前准备、播种、田间管理、收获与利用等技术要点和常见技术问题处理方法。
3. 燕麦的播种前准备、播种、田间管理、收获与利用等技术要点和常见技术问题处理方法。
4. 豌豆的播种前准备、播种、田间管理、收获与利用等技术要点和常见技术问题处理方法。
5. 马铃薯的播种前准备、播种、田间管理、收获与利用等技术要点和常见技术问题处理方法。
6. 甜菜的播种前准备、播种、田间管理、收获与利用等技术要点和常见技术问题处理方法。
7. 胡萝卜的播种前准备、播种、田间管理、收获与利用等技术要点和常见技术问题处理方法。</td></tr>
<tr><td>学时分配</td><td>资讯3学时</td><td>计划3学时</td><td>决策0.5学时</td><td>实施16学时</td><td>考核1学时</td><td>评价0.5学时</td></tr>
<tr><td>提供资料</td><td colspan="6">1. 陈宝书，牧草饲料作物栽培学. 北京：中国农业出版社，2001年
2. 杨青，苜蓿生产与管理指南. 北京：中国林业出版社，2003年
3. 董宽虎，沈益，饲草生产学. 北京：中国农业出版社，2003年
4. 杜桂娟，草类植物资源与利用. 北京：中国农业出版社，2010年
5. 草原休牧轮牧禁牧合饲养畜技术300问. 北京：全国农业科技，2003年
6. 朱进忠，草业科学实践教学指导书. 北京：中国农业出版社，2009年；
7. 新疆牧民饲草现代种植技术与管理手册. 新疆畜牧厅，2008年</td></tr>
</table>

续表

对学生要求	1. 由3~4人组成一个学习小组，完成本项目学习。 2. 课前以小组为单位，完成资讯问题答案的搜集与整理。 3. 严格遵守牧草栽培工学结合教室的规章制度。 4. 严格遵守实训单位的规章制度。
资讯方式	通过资讯问题和资讯引导，全国高职牧草栽培技术精品课网站、图书、新疆和阿勒泰生态环境相关杂志资料查询，课件、视频及模拟实验展示，指导老师咨询等形式完成。
资讯问题	1. 饲料玉米的品种如何选择？适合北疆地区的品种有哪些？主要的特点是什么？ 2. 饲料玉米栽培技术要点有哪些？测产的方法是什么？常见病虫有哪些？该如何防治？ 3. 饲料甜高粱比饲料玉米品种的优势在哪儿？饲料甜高粱的栽培技术如何？ 4. 燕麦的主要特点是什么？栽培技术要点如何？常见病虫害有哪些？ 5. 豌豆的主要特点是什么？栽培技术要点如何？常见病虫害有哪些？ 6. 马铃薯的主要特点是什么？栽培技术要点如何？常见病虫害有哪些？ 7. 甜菜的主要特点是什么？栽培技术要点如何？常见病虫害有哪些？ 8. 胡萝卜的主要特点是什么？栽培技术要点如何？常见病虫害有哪些？
资讯引导	1. 在相关信息单中查询； 2. 新疆牧民饲草现代种植技术与管理手册； 3. 陈宝书，牧草饲料作物栽培学. 北京：中国农业出版社，2001年； 4. 在其他相关资料中查询。

项目一　青贮玉米的栽培技术

一、品种的选择

目前青饲青贮玉米有两种不同的类型：一是分蘖多穗型；二是单秆大穗型。分蘖型品种往往具有较多的果穗，可以改善青饲料的品质。

要选择具有植株高大、茎叶繁茂、抗倒伏、抗病虫和不早衰等特点的单位面积青饲产量高的品种。青贮玉米品种大多是中晚熟的，一般都是玉米种内杂交品种，春播生长期100~110天，青饲料产量春播能要达到67500~120000 kg/hm²，秋季生长期80~90天，能达到45000~60000 kg/hm²。青饲青贮玉米品种要求茎秆汁液含糖量为6%，全株粗蛋白质达7%以上，粗纤维素在30%以下。果穗一般含有较高的营养物质，选用多果穗玉米可以有效地提高青饲青贮玉米的质量和产量。青饲青贮玉米品种的选择还要求牲畜适口性好、消化率高。新疆目前比较有优势的品种为新饲青系列。

（一）播前准备

1. 职业岗位工作。根据当地气候条件、生产条件、管理水平制定切实可行的生产计划。合理选择玉米种植茬口，检查土地准备的质量，选择适宜的栽培品种，并进行种子处理。

2. 工作程序及操作技术和质量要求。

工作环节	工作程序及操作技术和质量要求
（1）土地准备	（1）选地。玉米适应性强，pH5.5～8.5之间的各类土壤都可以种植。但要获得高产、稳产，必须选择耕层深厚、肥沃、含盐量低的轻黏土壤，才能发挥该品种的丰产潜力。宜选择小麦、玉米等禾谷类作物作前茬，不宜用豆类、油菜等易感菌核病作物为前茬，更不能与向日葵重茬、迎茬，轮作周期必须在3年以上。 好的前茬是豆类作物、绿肥等养地作物，或氮肥施用水平较高的蔬菜。 （2）整地。秋深耕，宜早不宜晚。深耕应达25～27cm，具体深度还要视原来耕层深度和基肥用量灵活掌握。一般耕后不耙不耢，晒垡或冻垡；第二年春季合墒后播种前要进行早春耙地，以利保墒、增温。冬前未进行深耕的，早春应结合施基肥尽早春耕，深度应浅些，随耕随耙，防止跑墒。
（2）种子准备	（1）选用良种。适合青贮的品种有新多2号，科青一号以及新饲玉系列品种等。此外，根据生产上的特定需要，如甜玉米（应用的有加甜型和超甜型两种类型）、黑玉米、糯玉米、笋玉米等选用相应良种。 （2）种子处理。首先精选种子、做好发芽试验，其次要进行晒种和拌种。晒种可提高发芽率，早出苗；药剂拌种，可根据当地常发生的病虫害确定药剂种类。对于缺少微量元素的地区，可根据缺少种类进行微肥拌种。有条件的应利用种衣剂进行包衣。
（3）施用基肥	基肥施用原则：应以有机肥为主，并适量配合氮、磷、钾化肥和微肥。青饲青贮玉米品种有分枝特性，所以定苗时不能去分枝。品种需肥量较大，需施75000kg/hm^2有机肥作底肥，苗高30cm时追施复合化肥450 kg/hm^2。
（4）农机具准备	根据播种量调试单穴下种粒数或每米下籽粒数；带种肥时还要调整单穴或每米的排肥量。

3. 常见技术问题处理。

玉米良种质量选择标准是什么？购买种子播种之前需要处理吗？

生产中选购良种应符合以下标准：纯度不低于98.0%；净度不低于98.0%；发芽率不低于90%；水分不高于14.0%。

播种之前对种子进行处理是必要的技术措施之一。具体措施：

①晒种：播种之前要晒种1～2天，提高发芽率和早出苗；

②药剂拌种：阿勒泰地区对玉米危害比较大的是地老虎、玉米螟、红蜘蛛、黑粉病等。

具体方法：

①防治玉米黑粉病、丝黑穗病拌种方法：40%五氯硝基苯、50%多菌灵可湿性粉剂、50%苯来特、50%萎锈灵、40%拌种双、28%多井悬浮剂等，按种子重量的0.5%拌种。

②防治地老虎、玉米螟的拌种方法：拌种时采用药、水、种子比为1：40～75：400～750进行。常用药剂有：50%辛硫磷、40%甲基异柳磷、50%辛敌乳油、3%克百威颗粒剂等等。也可

以用种子重量0.2%的50%辛硫磷、兑种子重量5%的水混入喷雾器内，边喷边用木锹拌种，翻1~2遍后，堆闷3~4小时后摊开阴干，严禁日晒。

③缺素症拌种的方法：缺锌、缺硼、缺锰分别采用0.05%~0.1%硫酸锌溶液浸种12~24小时，0.01%~0.1%硼酸或硼砂溶液按种子与溶液之比为1∶1浸种6~12小时，0.05%~0.1%硫酸锰浸种12~24小时。

④微肥拌种。稀土拌种：每公斤种子拌3~4g稀土；或采用0.08%的稀土溶液浸种16小时；植物生长剂浸种：用6000倍液浸种20~30小时；磷酸二氢钾浸种：0.2%磷酸二氢钾溶液浸种20小时，捞出晾干后播种。

（二）播种

1.职业岗位工作。选择适宜播期播种，落实播种技术，检查、监督播种质量，实现“一播全苗”。

2.工作程序及技术操作和质量要求。

工作环节	工作程序及操作技术和质量要求
（1）播种期与播种方式	（1）播种时间：春播南疆3月底至4月初，北疆4月底至5月初，秋播一般在冬小麦收获后进行，秋播抢种越早，产量越高。 （2）播种方式：条播为主，行距50~55 cm，播种密度20~30 cm。黏土上的播深为2~3 cm，沙性土上的播深为5 cm。
（2）播种量	春播人工点播为45 kg/hm²，机播为30 kg/hm²；秋播每公顷苗数比春播多20%。
（3）基肥	青贮品种需肥量较大，需施75000kg/hm²有机肥作底肥，苗高30cm时追施复合化肥450 kg/hm²。

3.常见技术问题处理。

（1）如果出现缺苗现象怎么办?

查苗补缺：出苗后缺苗断垄60 cm时于中间补一粒，保证产草量。

（2）春季出苗后，为何有些年份会出现玉米叶片变为红色的现象，会影响玉米生长吗?

出现此现象是由于两种原因造成的：缺磷和冷害。这在不同程度上造成对玉米的伤害，影响玉米正常生长发育，严重时导致苗弱，产量降低幅度大。

预防措施：

①种肥以磷肥为主，如磷酸二铵、三料磷肥等以防止缺磷症的发生；春季根外追施磷酸二氢钾也可以缓解缺磷现象。

②冷害是0℃~8℃的低温危害。玉米是喜温作物，春季常常会遇到冷害侵袭。生产上采用：A.地膜覆盖栽培技术可有效防止冷害发生，可增加200℃~300℃有效积温，提早7~15天成熟；B.适期早播，避免过早播种，一般不应早于4月15日；C.苗期使用磷肥对缓解低温冷害有一定作用，此外用禾欣液肥50ml兑水500ml拌种，增强抗寒能力，还可以用生物钾肥500兑水250拌种，稍阴干后播种，可提高抗逆能力。

（三）苗期田间管理

1.职业岗位工作。根据生产技术管理计划要求、结合田间苗情，确定适宜管理技术措施，并组织农机、劳力实施，指导田间作业、检查作业质量。

2. 工作程序及技术操作和质量要求。

工作环节	工作程序及操作技术和质量要求
(1)查苗补苗	一是催芽补种，即提前浸种催芽，适时补种；二是移苗补栽，在播种时行间多播一些预备苗，如缺苗时移苗补栽。移栽苗龄以2～4叶期为宜，最好比田间苗多1～2叶。补栽最好在下午或阴天带土移栽，栽后浇水，以提高成活率。
(2)适时间苗、定苗	青贮玉米一般3叶时间苗，4～5叶时定苗，间苗过晚易形成“高脚苗”，定苗时应使玉米叶片的方向与行向垂直。间定苗时应当连根拔起，防止苗再生。
(3)中耕除草	苗期中耕一般可进行2～3次，第一次宜浅，深3～5cm，以松土为主，第二次在拔节前，可深至10cm，并且要做到行间深、苗旁浅。
(4)苗期肥水管理 ①玉米缺钙现象  ②玉米缺钾现象  ③玉米缺磷现象 	玉米苗期对养分需要量少，在基肥和种肥充足，幼苗长势好的情况下，苗期一般不再追肥。但对于套种玉米、板茬播种而未施种肥的夏玉米，应在定苗后及时追施“提苗肥”，以利幼苗健壮生长。对于弱小苗和补种苗，应早施肥浇水，以保证拔节前达到生长整齐一致，一般施肥量为75kg/hm^{2}左右。在正常年份玉米苗期一般不进行灌水。
(5)蹲苗	蹲苗的原则：“蹲黑不蹲黄，蹲肥不蹲瘦，蹲湿不蹲干”，即苗色黑绿、长势旺、地力肥、墒情好的宜蹲苗；地力薄、墒情差、幼苗黄瘦的不宜蹲苗。蹲苗一般在拔节前后，春玉米40～50天，叶片60%～70%以上出现暂时萎蔫时结束。
(6)苗期至收获前管理 双光灯： 	(1)中耕除草：春播在见5～6片叶子时，秋播在8月10～20日开始中耕除草。 (2)浇水：一般头水在拔节结束后结合追施攻秆肥浇，使土壤水分保持田间持水量的70%左右。大喇叭口期是玉米一生中的需水临界期，此期一定要浇水，使土壤水分保持田间持水量的70%～80%。 (3)施肥： ①拔节肥：玉米拔节前施尿素300～450 kg/hm^2，穴施，每40 cm 1穴，穴深7 cm以上，施后封土。 ②穗肥：6月下旬亩撒施尿素20 cm左右于2行玉米中间。总施肥量：全生育期除基肥外，每公顷用纯氮330～360 kg。

3. 常见技术问题处理。

(1)玉米出苗期间，经常发现幼叶和幼茎被咬食的现象，造成严重的缺苗断垄，这是什么原因造成的？应如何防除？

这种现象是地下害虫危害所致。对地老虎幼虫宜用毒土或毒饵诱杀，成蛾糖浆或黑光灯诱杀，且宜早不宜晚。

①用90%晶体敌百虫750克/hm^2，加水1kg融化，喷在3.5kg的油渣或棉饼上，边喷边拌匀，即成毒饵。傍晚撒于田间，进行诱杀。

每公顷使用3%克百威15～30kg拌细土105～150kg撒施。

②诱杀成虫。在蛾子数量开始上升时，用糖醋酒液或其他发酵有甜酸味的食物配成诱杀剂，盛于盆、钵、碗等容器内，每公顷放15～30盆，盆要高出作物30cm左右，诱剂保持3cm深左右，每天早晨取出蛾子，白天将盆盖好，傍晚开盖。5～7天换诱剂一次，连续16～20天。另外也可用杨枝把诱杀成虫。

5～9月份用黑绿单管双光灯或黑光灯、高压电网黑光灯及频振式杀虫灯等可诱杀大量地老虎成虫、多种金龟甲、叩头甲、东方蝼蛄及蟋蟀等害虫，可有效减少田间虫口密度。

(2)玉米如何"蹲苗"？

蹲苗要根据玉米苗期的环境和长势，在底墒充足的条件下，采取控制灌水、多次中耕的方法，达到促进根系发育，控制地上部旺长的一项措施。

①蹲苗时间确定：玉米播种出苗后开始蹲苗，拔节前结束。春玉米视情况蹲苗40～50天左右，夏玉米一个月左右。整个过程控制灌水，仅进行中耕。

②中耕次数：中耕2～3次。第一次于现行后，中耕深度5～8cm；第二次于定苗后，10cm以上；第三次在拔节前，结合中耕进行施肥、开沟、施肥、培土。

如今生产上普遍存在蹲苗时间不够的现象。有的农民害怕以后浇不上水，就提前浇水，导致玉米后期倒伏，遭受了损失。一定牢记蹲苗在叶片60%～70%以上出现暂时萎蔫时结束。在不违背蹲苗原则的基础上，不要提前浇水。

3. 为什么生产上要及时间苗、定苗？

适时间、定苗，才能达到苗匀、苗齐、苗壮。春玉米的间苗一般在3叶期进行，定苗在4～5叶进行；夏玉米生长较快，可在3～4叶时一次完成定苗。这时玉米籽粒的营养物质已基本消耗完，如果苗子过分拥挤，株间根系交错，争肥争水，幼苗叶片彼此相互重叠，不但影响光合作用，而且易发生苗荒，导致减产。适时间苗、定苗可以避免幼苗拥挤和相互遮光，节省土壤养分和水分，有利于培育壮苗。根据试验得知：5～6叶期定苗的，减产14.4%；定苗愈晚，减产愈多，到8～9叶时定苗，则减产26.96%。所以生产上一定要做到及时间、定苗。

4. 玉米为何要中耕？

中耕是玉米苗期促下控上，增根壮苗的主要措施。中耕可疏松土壤，流通空气，促进根系生长，而且还可消灭杂草，减少养分消耗，并促进有机质的分解。对于春玉米，中耕还可提高地温，促进幼苗健壮生长。苗期中耕一般可进行2～3次，第一次宜浅，深3～5cm，以松土为主，第二次在拔节前，可深至10cm，并且要做到行间深、苗旁浅。

拔节后也要及时进行中耕，可疏松土壤，促根壮秆，清除杂草。一般进行2次，深度以12～15cm为宜，以免伤根。蹲苗结束后结，合施肥进行培土，培土不宜过早，高度以6～10cm为宜。秋播在8月10～20日开始中耕除草。培土可促进根系大量生长，防止倒伏并利于灌溉。

化学除草:玉米地化除一般采用播后苗前土壤封闭法，即在播种后玉米幼苗还没有出土前用除草剂均匀喷雾在土壤表面。春播玉米用38%阿特拉津100ml加50%的乙草胺80ml兑水45kg;秋玉米播后苗前用50%的乙草胺150ml，兑水45kg，均匀喷雾在土壤表面(土壤表面要潮湿，否则效果不佳)。

5.防治虫害:主要是“地老虎”和玉米螟。在小苗期用杀灭菊脂75～100ml，加水30kg喷雾，在玉米“喇叭口”期喷雾防治玉米螟。

(四)病虫害防治

1.职业岗位工作。按照玉米病虫害发生规律，在不同生育时期识别调查发生情况，及时采取有效防治措施。

2.工作程序及技术操作和质量要求。

病虫害	形态识别	防治方法
(1)小地老虎 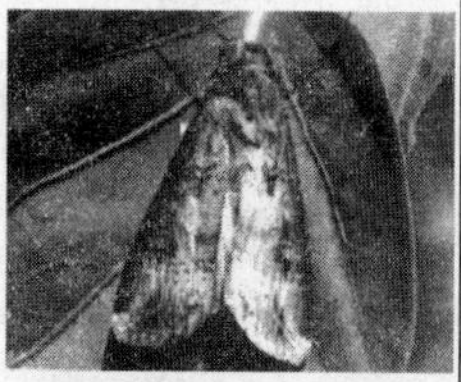 	以黄地老虎为例: 成虫:体长15～18mm，前翅灰黄、灰褐至灰黑色。内横线、中横线不明显，肾状纹、楔状纹边缘色深，环状纹中央有一粗大黑点。后翅白色。 幼虫:长43～45mm，额区直达颅顶，体灰黄色有光泽，第一对腹足趾沟10～17根。 以幼虫危害，杂食性，危害多种作物幼苗。1～2龄幼虫常在作物幼苗上危害，常造成玉米心叶产生成排的孔洞，3龄以后隐居于土中昼伏夜出，咬伤或咬断作物近地面的茎部，且拖带植株地上部分入隐藏处，断续取食，造成缺苗断垄。	(1)秋翻冬灌。 (2)在地老虎产卵盛期前或地老虎1～2龄的幼虫盛发期，及时铲净田间杂草。 (3)采用种子包衣。 (4)糖醋液、黑光灯诱杀。 (5)用90%敌百虫晶体1kg，加饵料(如麸皮、油渣)100kg，制成毒饵防治地老虎幼虫。 (6)将青草切碎，用50%辛硫磷100g加水2～2.5kg，喷在100kg草上，于傍晚分成小堆放置田间诱杀地老虎。 (7)苗期害虫猖獗时，可用90%晶体敌百虫800倍液、50%辛硫磷乳油500倍液灌根。

续表

(2)玉米螟 	成虫:黄褐色，体长10～14mm，前翅内横线呈波状纹，外横线锯齿状暗褐色，前缘有两个深褐色斑，后翅略浅，也有两条波状纹。 卵:椭圆形，黄白色。一般20～60粒粘在一起排列成不规则的鱼鳞状卵块。卵块多产于叶背主脉旁。 幼虫:共五龄。老熟幼虫体长20～30mm。体背淡褐色，中央有一条明显的背线，腹部1～8节背面各有两列横排的毛瘤，前四个较大。 蛹:纺锤形，红褐色，长15～18mm,腹部末端有5～8根刺钩。 玉米螟以幼虫危害，初龄幼虫蛀食嫩叶形成排孔花叶，3龄以后幼虫蛀入茎杆，危害花苞、雄穗及雌穗，在蛀孔外均有粪屑堆积。受害玉米营养及水分输导受阻，长势衰弱，茎杆受害遇风易折。	(1)在4月中旬前，将所有玉米杆、穗轴、残茬处理完毕。可以沤肥、焚烧、碾压、粉碎等，以消灭潜伏其中的越冬幼虫。 (2)在成虫羽化期利用黑光灯及频振式杀虫灯等，或性诱剂诱杀。 (3)生物防治:释放赤眼蜂和使用BZ生物制剂"灌心"或喷雾。在玉米螟产卵始期至产卵盛末期释放赤眼蜂1～2次，每公顷释放15万～30万头。 (4)药剂防治:重点在玉米心叶期抓好对第1代幼虫的防治。目前，主要采用3%呋喃丹颗粒剂灌心。即在玉米浇头水前，将3%呋喃丹颗粒剂在撒入喇叭口内,每亩1～1.5kg。
(3)玉米红蜘蛛 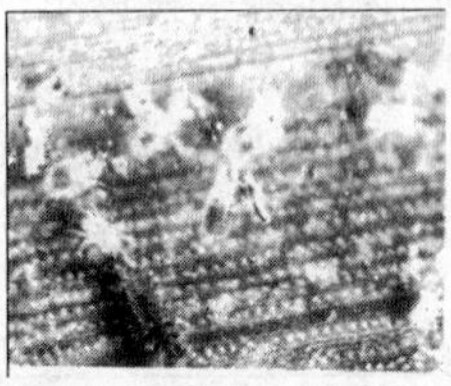	玉米红蜘蛛又名玉米叶螨。主要有截形叶螨、土耳其斯坦叶螨等，通常为几种叶螨混合危害玉米。其幼螨、成螨集聚叶背主脉两侧，以口针刺入玉米叶肉组织，吸取细胞汁液，并吐丝拉网，导致叶片积尘覆土。受害部位初期呈针头大小的褪绿斑，甚至失绿。危害严重的玉米植株大片枯死，空穗率高，即使结实者，子粒秕瘦，给玉米生产造成严重的损失。 由于危害玉米的叶螨为多种叶螨混合发生，再加上虫体很小，肉眼不易观察，因此，生产上多是通过手持放大镜对危害症状进行观察和判断。	(1)清洁田园，秋耕冬灌。 (2)及时彻底清除田间、地埂、渠边杂草降低虫源基数。 (3)避免与豆类等作物间作。 (4)保护瓢虫、草蛉、捕食螨、蜘蛛等天敌。 (5)药剂防治。突出一个"早"字，早查、早治。早播玉米以6月上、中旬为宜，晚播玉米可酌情推后，常用的药剂种类常用药剂有:哒螨灵、乐斯本、尼索郎等杀螨剂喷雾。喷药时，尽量不要在杀螨剂中混合杀虫剂，以免伤害天敌。

续表

(4)玉米三点斑叶蝉 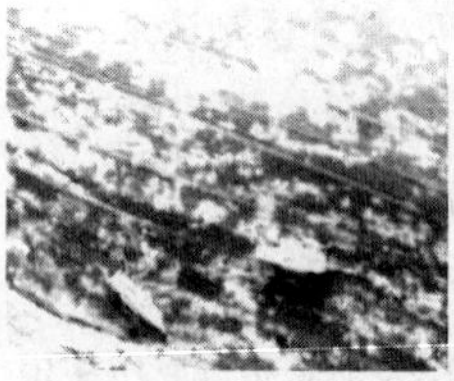	玉米三点斑叶蝉成虫寿命长，产卵期也长。以成虫在冬麦地及林带、果园、田埂渠边的禾本科杂草上越冬。5月下旬玉米出苗后即有部分成虫迁入。成虫、若虫聚集叶背刺吸叶片汁液，破坏叶绿素，初期沿叶脉吸食汁液，叶片出现零星小白点，以后随受害不断加重，斑点密集并遍及整个叶片，6月下旬以后被害叶片严重焦枯，部分组织成紫红色条斑，7月下旬大部分叶片干枯死亡。 玉米三点斑叶蝉成虫灰白色。体长2.6～2.9mm，复眼黑色，头顶前缘还有淡褐色斑纹，成倒八字形。中胸盾片上有三个大小相等的椭圆形黑斑，小盾片末端亦有一相同形状的黑斑。前后翅白色、透明。 成虫、若虫行走时为横向移动。	(1)清除田边地埂、渠边杂草，及时中耕。 (2)在4月下旬至5月上旬，结合麦田除草，用20%的灭扫利乳油或2.5%的敌杀死乳油2000～2500倍液喷雾防治，降低进入玉米田的虫口基数。 (3)在5月下旬至6月上旬，玉米3－5叶期，用20%的灭扫利乳油或2.5%的敌杀死乳油2000～2500倍液于傍晚叶面喷雾，还可兼治地老虎。 (4)在6月中、下旬，玉米喇叭口期，用3%呋喃丹颗粒剂1～1.5kg/亩，可兼治玉米螟，且防效较好，残效期长。 (5)秋热年份，可选用20%的灭扫利乳油或2.5%的敌杀死乳油2000～2500倍液或40%氧化乐果乳油1000倍液喷雾，减少越冬虫源。
(5)瘤黑粉病 	玉米瘤黑粉病在玉米整个生育期和所有地上部位均可发病，是典型的局部侵染性病害。受害部位生出大小不等、形态各异的病瘤。病瘤外部被有白色或粉红色的被膜，或稍着红、紫杂色，后变灰色。成熟前压之能出水，成熟后内部是片状物和黑粉，病瘤破裂散出大量黑粉即病菌冬孢子。	(1)选育抗性品种。 (2)实行3年以上轮作。 (3)加强栽培管理，合理水肥，尽量减少田间作业所造成的创伤。及时割除未成熟病瘤。 (4)玉米收获后，及时进行清田，然后秋耕冬灌。玉米秸秆等在春播前处理完毕。 (5)药剂防治：用20%粉锈宁、70%甲基托布津等药剂拌种，用药量为种子量的0.1%。苗期可喷洒波尔多液、或保护性杀菌剂如代森锰锌等。

3. 常见技术问题处理。

玉米病虫害防治时应注意什么？

在玉米病虫害防治时，首要选择优质、高抗品种；其次应该严格按照国家无公害生产技术要求进行防治。禁止使用毒性大、残留时间长的农药和“三无”农药，积极使用生物农药。如防治玉米螟灌心时就不能使用呋喃丹，而应选择无公害生产允许的药剂辛硫磷等，或用白僵菌、杀螟杆菌灌心。再次采收前25天严禁使用任何农药。因此，玉米病虫害防治应以农业防治、生物防治为主，同时积极开发并使用天敌防治。

（五）收获利用

抽雄后40天即乳熟后期或腊熟前期就可收割，过早收割会影响产量，过晚收割则黄叶增多影响质量。青饲青贮玉米的适期收获是非常重要的。最适收获期是在含水量为61%～68%时，若在饲料含水量高于68%之前收获，干物质积累就没有达到最大量；若在饲料含水量降到61%以下后收获，茎叶会老化而导致产量损失。

（六）田间调查和测产方法

1. 职业岗位工作。在玉米一生中，按照一定的方法和标准调查玉米生育特性和主要经济性状，成熟时进行测产，以综合评价玉米地块长势长相和管理水平，总结管理经验。

2. 调查内容、方法和标准。

（1）生育时期：生产实践中，根据玉米器官形成的顺序和外部形态特征的显著变化，划分为若干个时期。在生产和科学研究中，常用的主要生育时期及记载标准如下：

①出苗期：发芽出土高约3cm左右的穴数达50%的日期；

②拔节期：近地面节间伸长达2～3cm，此时雄穗生长锥分化到伸长期；

③抽丝期：50%的植株雌穗花丝从苞叶抽出的日期；

④抽雄期：50%的植株雄穗尖端露出顶叶的日期；

⑤成熟期：90%以上植株苞叶变黄，籽粒硬化并呈现成熟时的固有颜色的日期。

在生产上，常用小喇叭口期、大喇叭口期作为生育进程和田间管理的重要依据。小喇叭口期约在拔节后7～10天，通常与雄穗小花分化期、雌穗生长锥伸长期相吻合。大喇叭口期，约在抽雄前10天左右，此时雄穗分化至四分子期，雌穗分化至小花分化期，主要特征是棒三叶大部伸长而未展开，心叶丛生，上平中空，形似大喇叭口，最上部展开叶与未展开叶之间，在叶鞘部位能触摸到柔软有弹性的雄穗。

（2）玉米形态特征等指标的测定标准如下：

①茎粗：指乳熟期地上第三节间中部的短径（不带叶鞘）；

②主茎叶数：指出苗第一片叶至顶叶主茎上的总叶数；

③穗粗（cm）：指果穗中部的最小直径；

④单株有效穗数：平均一株结实的穗数（每穗结实10粒以下的不计）；

⑤穗位高度：指乳熟期地面到植株最上部果穗着生节的高度；

⑥双穗率（%）：成熟期有效双穗株占总株数的百分率；

⑦果穗长度（cm）：指最上部果穗去除苞叶后包括秃尖的长度；

⑧出籽率（%）：籽粒干重占果穗干重的百分率；

⑨倒伏：玉米抽穗后，因风雨等灾害导致主茎倾斜度大于45℃的植株，在1/3以下为轻，1/3～2/3为中，2/3为重；

⑩倒折率：玉米抽雄穗后，果穗以下部位折断的植株占总株数的百分率。

（3）测产。

①选点取样：玉米单株生长量大，单株差异大，选点取样的代表性与测产结果的准确性关系较大。应随机选点并注意均匀布点。选点数目依面积大小和长势而定。田块大、地形复杂、长势不均的应适当增加样点数，反之减少样点数。一般采用对角线5点取样，每点取样10～20株，不得少于10株。

②测定单位面积实际株数。

测平均行距:无论等行距、宽窄行或间套种的玉米，都应量 21 行间垂直距离，再除以 20 即得平均行距。

测平均株距:每个田块应选择 3 ~5 行或更多，要求所选的行株分布均匀。每个点量 21 株的株间连续距离，在除以 20 即得平均株距。

每公顷株数 = $10000m^2$/(平均株距 × 平均行距)(株行距单位为 m)

③测定平均结穗率。在样点中，随机顺序数 20 株的总穗数，各点平均得单株结穗率，并随时记录空杆数和双穗率。

④测定果穗粒数。每点从中选取 10 ~20 个果穗，不摘取果穗，剥开苞叶数其行数和粒数。顶端有秃顶和实粒不齐的可少数 1 ~2 粒，求出果穗平均结实粒数。也可晒干后实测。

⑤千粒重的测定。收获时可随机取样重复 3 次，取较接近的两次，算出平均值。预测可依据上一年或该品种常年一般的千粒重计算。

⑥产量计算。

产量(kg/hm^2) = 每公顷株数 × 单株结穗率 × 单穗实粒数 × 千粒重 × 折扣率/(1000 × 1000)

为了接近实产，计算结果应适当扣除收获等损失(折扣率)，一般为 80% ~90%。

3. 常见技术问题处理。

如何确保记载和测产数据准确?

在记载和测产工作中，减少误差最重要的是选点取样点要合理。选点数目依面积大小和长势而定。一般采用对角线 5 点取样，每点取样 10 ~20 株，不得少于 20 株。如果田块大、地形复杂、长势不均的应适当增加样点数。如果地形复杂、长势十分不均匀的地块，应当采取"S"形取点，且多布点;或者按照长势划分若干地块后，针对每一个地块再进行对角线 5 点取样测产，最后取平均数。其次，选点取样具有代表性也是关键因素，不要在地边选点，选点的作物长相与大田整体相一致。再次，要认真按照程序操作，按标准计数，不可马虎造成人为错误。

项目二　饲料甜高粱的栽培技术

一、概念

新疆农牧民传统上有种植籽实高粱的习惯，但以收获茎秆为主的饲用型高粱对大多数牧民来讲还非常陌生。目前福海县有种植和大面积地推广。与玉米、谷子和豌豆等一年生作物相比，饲用高粱具有高产，抗旱性好，对高温和水淹的适应性强，耐盐碱能力强，水肥报酬高等特点，在旱作条件下的产量一般是玉米的两倍，鲜草可达 12 ~15 吨/亩。甜高粱茎秆含糖量达 17%，粗蛋白质 2.63%，粗脂肪 1.14%，粗纤维 27.21%，无氮浸出物 59.93%，粗灰分 4.86%。饲用高粱主要用来饲喂绵羊、山羊和肉牛。此外，饲用高粱还是遇到洪水、干旱等自然灾害后，一种非常好的应急性饲用作物，对缓解自然灾害给畜牧业带来的压力有非常明显的作用。饲用高粱具有耐旱、耐瘠薄和高光合效率的特点，在新疆各地推广种植，对促进畜牧业发展，增加农牧民收入和提高土地及水资源的利用率有着重要的作用。种植玉米产量在3~6吨/亩的农田，改种甜高粱后产量多在10~15吨/亩，而且甜高粱种植2个月后，即可割青草饲喂家畜。甜高粱在一个生长季内可收割2~5次(南疆5次、北疆2~3次)，可以青饲，也可以制成干草或青贮，不但解决了春冬季饲草短缺的问题，农牧民的养殖规模还有所扩大，对舍饲养殖的积极性也在不断提高。

二、基本知识

(一)植物学特性

饲料甜高粱为禾本科高粱属一年生草木植物。须根系，由初生根、次生根和支持根组成。有明显的层次。入土深1.4~1.7m，地面1~3节处有气生根。茎直立，株高1~5m不等，一般有分蘖4~6个。多穗高粱分蘖更多，刈割后能再生分蘖，每个分蘖都能成穗。叶片狭长，圆锥花序，分弯穗、直穗、散穗三种。大小视品种而异，中有粗大的穗轴，分出许多小枝，其上着生10穗，每一小穗有花2~3枚，其中一花无柄，为结实花。结实花有颖，坚硬有光泽，有内外稃，成膜质，外稃生芒，内稃甚小，退化花的颖和结实花者相似，但无雄蕊。种子成圆形或倒卵形，有红褐、淡黄、白等色。千粒重20~30g。

(二)生物学特征

饲料甜高粱为喜温作物，生育期要求较高的温度，并有一定的耐高温特性。种子发芽温度最低为8℃~10℃，最适温度20℃~30℃，生育期适温20℃－35℃，要求≥10℃有效积温为980℃~2200℃，抗热性强，不耐寒，昼夜温差大有利于养分积累，高于38℃低于16℃时生长受阻，0℃以下幼嫩部分受冻，低于10℃易造成瘪籽粒。甜高粱蒸腾量小，叶面积仅相当于玉米的2/3，茎叶表面被蜡粉；当水分极为短缺或酷热时，可停止生长，暂时休眠，遇雨能恢复生长，而少受旱害。因此，在于旱少雨地区或夏季干热风严重地区适应种植高粱。

饲料甜高粱抽穗后2~4天开始开花，开花顺序由穗顶部开始渐及中部下部，但也有个别由下而上开的，全穗开花所需时间因品种及环境条件而不同。穗小早熟的品种全穗开花时间短，约为5~7天，以第二天至第四天开花最盛。穗大晚熟品种所需时间长，约7~9天，以第四天至第六天最盛。一日内开花时间为晚上7点至午夜2点开花最多。每朵花开花时间20分钟以上。温度20℃左右，湿度80%~90%开花最多，低于14℃不能开花。开花期间的高温干旱会使花粉干枯丧失发芽能力，但雨水过多会引起花粉吸水破裂，不能正常受精，使结实率降低。高粱为常异花授粉植物，雌雄同花，开花期又长，常异交，天然杂交率为3%~5%。

高粱耐涝，在抽穗期后遇水淹，对其产量影响甚小，据农民经验，心叶淹水不超过2天，下部淹水不超过7天，不影响产量。

(三)对环境条件的要求

高粱对土壤的适应能力很强，无论沙土、黏土、旱坡、低洼易涝地均可种植，较耐瘠薄和抗病虫害。高粱的另一特性是耐盐碱，它是盐碱地的先锋植物，在盐渍化土壤地带及易涝地区，不适宜种植其他饲料作物时，可种植甜高粱。适宜的pH为6.5~8.0，土壤含盐量小于0.34%，高粱能正常生长，0.34% ~0.49%时生长受抑制，超过0.49%时高粱不出苗或死亡。

三、职业岗位能力训练

(一)播前准备

1. 职业岗位工作。制定生产计划;做好备耕各项工作。

2. 工作程序及操作技术和质量要求。

工作环节	工作程序及操作技术和质量要求
(1)土地准备	播种地准备:播前要平整土地，使种床紧实，种子和土壤充分接触，这样才能使种子迅速而整齐地萌发。种植高粱时，氮肥的施用量常较磷、钾肥为多。以基肥为主，配合适量的追肥，需每公顷施基肥45000~60000kg。
(2)种子准备	种子检验:播种前要进行种子品质及用价的检验，即测定种子的净度、发芽率、种子生活力等。这些指标达到规定标准方能采用。

3. 常见技术问题处理。

如何选购饲料甜高粱合格的种子？购买后需要进行种子处理吗？

生产上应选用良种。良种的标准是净度不低于95.0%;发芽率不低于90.0%;水分不高于11.0 %;其他种子每千克最高粒数为1000。

为预防危害高粱的地下害虫，如蝼蛄、蛴螬、针钟虫、地老虎，播前进行药剂拌种或播后施用毒土。拌种常用药剂有氯丹和乐果。播前用50%氯丹乳剂1kg或40%乐果剂1kg，加水40kg，可分别拌高粱种子500~600kg。拌后堆闷4小时，晾干后即可播种。

(二)播种

1. 职业岗位工作。选择适宜播期播种，落实播种技术，检查、监督播种质量，实现“一播全苗”。

2. 工作程序及技术操作和质量要求。

工作环节	工作程序及操作技术和质量要求
(1)播种期与播种方式	(1)播种时间:饲料甜高粱的播种在南疆4月初，北疆5月初，也可作为复播作物。 (2)播种方式:条播为主，行距为15~30 cm，在干旱地区种植，行距可加大到70~100 cm。 黏土上的播深为2~3 cm，沙性土上的播深为5 cm。
(2)播种量	播量为旱地7.5~15.0 kg/hm^2，水浇地22.5 kg/hm^2。播种量太低，一方面影响前期的产量，另一方面会使茎秆加粗。
(3)基肥	通常以有机肥作基肥，施用45000 kg/hm^2 ~60000 kg/hm^2，播种时可施450 kg/hm^2 的氮磷钾肥复合肥(比例:13:13:13)作种肥。

3. 常见技术问题处理。

饲料甜高粱轮作时应该注意哪些牧草连作？

饲料甜高粱是吸肥力强，消耗养分多，种过高粱的地土壤紧密板结，对后茬作物有不良影响。所以高粱忌连作，通常与豆类作物和施肥较多的小麦、玉米、棉花等作物轮作为好。

（三）田间管理

1. 职业岗位工作。根据生产技术管理计划要求、结合田间苗情，确定适宜管理技术措施，并组织农机、劳力实施，指导田间作业，检查作业质量。

2. 工作程序及技术操作和质量要求。

工作环节	工作程序及操作技术和质量要求
（1）播后至苗期管理	饲料甜高粱有3～4片真叶时间苗，苗高10cm左右时定苗。结合间、定苗进行除草。生长期间中耕2～3次。一般结合第二次中耕进行培土。为了促进饲料甜高粱分蘖、饲用高粱迅速生长，定苗后结合追肥灌水1次。收割1至2次后，最好能结合灌溉追施105 kg/hm² 左右的硝酸铵。 高粱抗旱性虽强，但充足的水分是丰产的必要条件。通常，在土壤水分较多的情况下，苗期不灌水，以便"蹲苗"。但为了促进多穗高粱分蘖、饲用高粱迅速生长，定苗后结合追肥灌水1次。
（2）苗期至收获前管理	拔节至抽穗开花期，高粱生长迅速，需水多，可据降水情况灌水2～3次，以保持土壤水分达到最大持水量的60%～70%。追肥以氮肥为主，如一次追肥，可在拔节期进行，若分两次追肥，可分别在拔节和抽穗期进行。 灌水方法可采用沟灌或畦灌，为节约用水也可滴灌。使用化学除草剂2，4－D丁酯的效果较好。

3. 常见技术问题处理。

（1）种植饲料甜高粱时应该注意什么？

①干旱地区应适当降低肥料用量。分次施用氮肥，不但使植物的生长比较均匀，还能防止氮肥流失。

②高粱虽能耐涝，但当田里积水时，不利根系生长，应排水。特别是高粱生育后期，根系活力减弱，在秋雨过多、田间积水时，土壤通气不良，影响高粱成熟，应排水防涝，这一点对于粒用高粱尤为重要。

（2）饲料甜高粱有哪些常见病害？如何防治？

在玉米上发生的病虫害都可能在甜高粱上发生，但受蚜虫的危害较重和较广，需要及时防治。

防治方法：①防治蚜虫可选择无公害农药或溴氰菊酯、氯氰菊酯、EB－82灭蚜净等。②防治螟虫可用颗粒型呋喃丹撒心，还可兼治蚜虫。

（四）收获与利用

①营养及利用：甜高粱的生长速度使得它的产量和质量变化很快，在快速生长的幼嫩期，它的粗蛋白含量高达近20%，青饲料多汁爽口。在近成熟期，粗蛋白含量降低至7%或更低，应及时收割。在干旱季节，应在甜高粱高度达1.5m以上再收获，以免家畜氰氢酸中毒。留茬高度在15～20 ㎝，对甜高粱的再生最有利。

②干草：要调制高质量的干草，应在甜高粱抽穗前或其高度达1m时收割。此时收割后调制的干草蛋白含量比苜蓿干草稍低一些，但能量含量与好的天然草地的干草和苜蓿干草一

样。收割太晚，牧草质量会明显下降。可以通过压扁和切割茎秆的方式加快干燥速度。

③青贮：甜高粱应在半乳期收割进行青贮，因为此时牧草的质量还比较好，水分含量也降低到了适宜青贮的水平。有些地区不能抽穗，需经霜冻后水分含量才能降低到适宜青贮的水平。青贮甜高粱的能量水平相当于青贮玉米的75%～85%，而其他一些一年生夏季作物的能量水平只相当青贮玉米的60%～80%。青贮甜高粱钙和磷的含量高于青贮玉米，而且钙磷比例更为合理，钾的含量也相对高一些，用甜高粱饲喂绵羊时不补充铜，而应补充钼。

④青饲：甜高粱种植2个月，植株达1.2～1.5m时即可割青草饲喂家畜，首先要避免用幼嫩多汁的鲜草饲喂饥饿的家畜，特别在旱季；其次，用甜高粱饲喂家畜应先进行适应性锻炼，即第一次青饲时，应先让家畜吃饱，家畜适应2次后再直接青饲或放牧，而且要备有充足的水。给家畜补充盐和带有硫的矿物质，能减轻氢氰酸的有害作用。但要注意不要给家畜饲喂放置了一晚上的甜高粱鲜草，因为青绿高粱遇热会放出氢氰酸，变成有毒饲料。

⑤放牧：甜高粱高度达1m左右也可放牧利用。放牧时应进行重牧，使其高度在几天内就降低到15～20 cm，最有利于它的再生。建议播种时将不同地块的播期差开10天，这样可避免因延迟收获降低甜高粱的营养价值。

项目三　燕麦的栽培技术

一、概述

燕麦是一种优良的饲用麦类作物，种植面积广，在新疆也有少量种植。近年来，随着人工草地的建立，燕麦开始在牧区大量种植，发展很快，已成为高寒牧区枯草季节的重要饲草来源。燕麦籽粒中含有较丰富的蛋白质，一般含量为10%～14%，裸燕麦的蛋白质含量在15%左右，脂肪含量超过4.5%。燕麦籽粒粗纤维含量高，是各类家畜特别是马、牛、羊的良好精料。燕麦的秸秆与稃壳的营养价值较其他麦类作物为高（表9－1），蛋白质含量为1.3%，而小麦和黑麦则分别为1.1%和0.6%。燕麦稃壳中蛋白质含量为3.0%，小麦则为2.3%。因此，适于饲喂牛、马。

燕麦是一种优良的草料兼用作物，籽实产量一般每公顷2250～3000kg。青饲料每公顷产15000～22500kg。燕麦叶多，叶片宽长，柔嫩多汁，适口性强，消化率高，是一种极好的青刈饲料。

表9－1　燕麦营养成分（%）

材料名称	水分	粗蛋白	粗脂肪	粗纤维	无氮浸出物	粗灰分
燕麦籽实	10.9	12.9	3.9	14.8	53.9	3.6
青刈燕麦	80.4	2.9	0.9	5.4	8.9	1.5
燕麦秸秆	13.5	3.6	1.7	35.7	37	8.5

二、基本知识

（一）植物学特性

燕麦为禾本科燕麦属一年生草本植物。须根系，入土深度达1m左右。株高80~150cm。叶片宽而平展，长15~40cm，宽0.6~1.2cm；无叶耳；叶舌大，顶端具稀疏叶齿。圆锥花序，穗轴直立或下垂，每穗具4~6节，节部分枝，下部节与分枝较多，向上渐减少，小穗着生于分枝的顶端，每小穗含1~2朵花，小穗近于无毛或稀生短毛，不易断落。外颖具短芒或无芒，内外稃紧紧包被着籽粒，不易分离。颖果纺锤形，宽大，具簇毛，有纵沟。谷壳率占籽粒重量20%~30%。

（二）生物学特性

燕麦生长期因品种、栽培地区和播种期而异。一般春播的生长期为75~125天，而秋播者可长达250天以上。燕麦耐寒性好，在-3℃~-4℃的低温下仍能生长。适合在伊犁河谷和北疆沿天山北坡以及阿勒泰山前旱地种植，在丰水年份可以成为很好的冬季青干饲草。早熟品种生育期为70~90天，适合无霜期短的高海拔冷凉山区种植，但晚熟品种植株高大，对温度要求较高，主要为收获饲草，可以青饲，也可调制干草或制作青贮。燕麦播种后经6~8天即可出苗，有时延至11~15天以上。燕麦种子发芽时需水分较多，约吸收本身重量的65%的水分才可以萌发。因此，播种燕麦的土地，土壤湿度需较其他麦类作物为高。燕麦发芽的最低温度为3℃~4℃，最高30℃，最适温度为15℃~25℃。

燕麦出苗后长出3片叶子时开始出现分蘖，并长出次生根。分蘖和次生根都是从接近地表的分蘖节长出的。分蘖节实质上包含几个极端短的节间和腋芽，由这些叶芽发育成分蘖。分蘖有有效和无效两种，一般燕麦的有效分蘖数为1.8~2.3个。为了提高有效分蘖和形成强大的根系，必须在分蘖期间保证土壤有充足的水分和养料。当植株出现5片叶子时，即开始拔节。

燕麦是自花授粉植物，燕麦开花顺序是顶端小穗先开放，依次向下，枝穗梗的小穗也按此顺序开花。但每小穗中各花开放的顺序是基部花先开，然后顺序向上开放。通常一个小穗开花时间为2~3天，一个花序为7~8天，最长可达10~13天。开花适宜温为20℃~24℃，最低16℃，最高24℃。开花期间需要适量湿度和无风的天气，湿度过高或阴雨有碍开花。低温会延迟开花过程，降低湿度促进开花趋势。干燥炎热而带有旱风的天气，会破坏受精过程而不结实。燕麦抗病能力强，特别是抗锈病的能力强。灌浆期如遇高温干旱，往往造成瘦小皱缩瘪籽，或籽实根本没有发育，影响产量。燕麦千粒重在25~44g。

（三）对环境条件的要求

燕麦最适于生长在气候凉爽、雨量充沛的地区。对温度的要求较低，生长季炎热而干燥对其生长发育不利。燕麦对土壤的选择不严，可以栽种在各种土壤上，如黏土、壤土、沼泽土等，以富于腐殖质的黏壤土和沙壤土为最适宜。在高寒牧区的粗耕地上，由于土壤腐殖质含量高，水分充足，即使整地较为粗糙，亦可获得很高的青草产量。但是干燥沙土，不适于其生长。土质比较黏重潮湿而不适于种植小麦、大麦和其他谷类作物时，可以种植燕麦。燕麦对酸性土壤（pH5.0~6.5）的反应不如其他谷类作物敏感，耐碱性不如大麦，但某些品种的耐碱能力较小麦为强。

三、职业岗位能力训练

(一)播前准备

1. 职业岗位工作。制定生产计划;做好备耕各项工作。

2. 工作程序及操作技术和质量要求。

工作环节	工作程序及操作技术和质量要求
(1)土地准备	播种地准备:燕麦播种前整地的主要措施是深耕和施肥。春燕麦要求秋翻,冬燕麦则在前年作物收获后随即耕翻,耕翻深度以18~22cm为宜。翻后及时耙地和压地,耕前施基肥。大量施用有机肥对燕麦丰产的作用也非常明显。
(2)种子准备 	种子检验:播种前要进行种子品质及用价的检验,即测定种子的净度、发芽率、种子生活力等。这些指标达到规定标准方能采用。 燕麦种子大小不整齐,选用籽粒大,饱满,发芽率高,发芽势强,纯净度高的种子播种。黑穗病流行地区,播前要实行温汤浸种。

3. 常见技术问题处理。

(1)如何选购燕麦合格种子?

生产上应选用良种。良种的标准是净度不低于95.0%;发芽率不低于90.0%;水分不高于12.0 %;其他种子每千克最高粒数为1000。

(2)燕麦倒伏现象是什么原因造成的?

燕麦对有机肥和氮肥有良好的反应,大量施用有机肥显著提高产量,同时生长加快分蘖多,造成植株倒伏现象,所以必须结合施用草木灰,以防倒伏。

(二)播种

1. 职业岗位工作。选择适宜播期播种,落实播种技术,检查、监督播种质量,实现"一播全苗"。

2. 工作程序及技术操作和质量要求。

工作环节	工作程序及操作技术和质量要求
(1)播种期与播种方式	(1)播种时间:北疆春播一般在4月下旬到5月上旬,也可在6、7月进行夏播。南疆地区一般秋播,播期在8月上旬。 (2)播种方式:播种方式条播为主,单播时行距15~30 cm,混播时30~50 cm,夏季或秋季复播时行距可缩小到15 cm。燕麦覆土宜浅,一般为3~4cm,干旱地区可稍深些,播种后镇压有利于出苗。

续表

(2)播种量	单播量为45.0～60.0 kg/hm^2。在干旱条件下，燕麦可与豌豆、山黧豆、苕子等混播。混播通常以燕麦为主作物，占混播总量的3/4，每公顷用燕麦112 .5kg，豌豆75～112.5kg；燕麦127.5～150kg，苕子45～60kg，可根据需要酌情增减。
(3)基肥	翻后及时耙地和压地耕前施基肥，每公顷22500kg。

3. 常见技术问题处理。

燕麦常年连作产量会继续下降，应采取什么样的措施提高产量？

由于常年连作，产量下降，应注意适当地倒茬轮作。马铃薯、甜高粱、玉米、甜菜，尤以豌豆茬对它的增产效果特别显著。所以出现产量下降时必须采取轮作措施，保证高产量。

(三)田间管理

1. 职业岗位工作。根据生产技术管理计划要求、结合田间苗情，确定适宜管理技术措施，并组织农机、劳力实施，指导田间作业，检查作业质量。

2. 工作程序及技术操作和质量要求。

工作环节	工作程序及操作技术和质量要求
(1)播后至苗期管理	(1)破除板结:燕麦在出苗前后若表土出现板结，可以轻耙一次，保证松土，改善土壤通气性和保墒性等。 (2)防止杂草:苗期如果杂草太多，可以用人工除草，也可以用2，4－D丁酯进行化学除草，每公顷用药量不超过1.5kg。
(2)苗期至收获前管理	(1)除草与施肥:在分蘖或拔节期进行第二次除草时，结合灌溉、降雨施入追肥。第一次追肥在分蘖时进行，可促进有效分蘖的发育。第二次在拔节期进行，追氮、钾肥料。第三次追肥可根据具体情况在孕穗或抽穗时进行，以磷、钾肥为主，配合使用粪肥。在抽穗期间以2%的过磷酸钙进行根外追肥，可促进籽粒饱满。 (2)灌溉:燕麦在一生中浇水次数可根据各地具体情况来定。在干旱地区，生育期一般需浇2～4次水，时间分别在分蘖、抽穗和灌浆期进行。同时为了充分发挥肥料的作用，灌水应与施追肥同时进行。

3. 常见技术问题处理。

(1)影响燕麦产量的主要因素是什么？

①浇水时间:以土壤的墒情决定浇水次数，但应该注意浇水时间，燕麦从分蘖到拔节这一时期是幼穗分化的重要时期，在这个时期如果水分供应不充分，就会增加不孕穗数，因而也降低种子产量。掌握浇水时间是获得高产的关键，因此浇水时间必须在分蘖、抽穗和灌浆期进行。

②施肥方法:施肥要结合灌溉，降雨施入追肥，肥效快，利用率高，有利于提高产量。

(2)燕麦有哪些常见病害？如何防治？

燕麦抽穗成熟期是病虫害发生的盛期，常见的病虫害有黑穗病、冠锈病、秆锈病及黏虫等。需在选拔优良抗病品种的同时，采用综合防治措施。

①黑穗病选用双、多菌灵拌种进行早期预防。

②冠锈病和秆锈病在大发生前，用0.4% ~0.5%的敌锈酸或敌锈钠水溶液喷洒2~3次，在病害流行期间7~10天喷药一次，每亩喷药75~100 kg。

③黏虫用2.5%敌杀死乳油2000倍液喷雾防治。

（四）收获利用

燕麦播种后50~60天就可以放牧或收割利用。可根据需要在拔节至开花期收割，但在开花期收割不利于分蘖再生。优质燕麦一年生麦类禾本科牧草品种再生性强，在一年的生长季节里，可多次收割，但收割时间不能晚于拔节期，留茬高度5~10 cm。经过试验证明，燕麦乳熟期到蜡熟期收获最好。

燕麦是一种极好的青刈饲料，在冬季较为温暖的地方可秋播供冬春利用，在冬季严寒的地方，则以春播利用。如果与豆科作物混播，则更能获得量质兼优的青饲料。燕麦可以鲜喂、青贮、调制干草或利用燕麦地放牧，其饲用价值很高，是一种很有潜力的饲草。

项目四　豌豆的栽培技术

一、概述

豌豆别名为寒豆、麦豌豆、麦豆。豌豆是世界性第二大类食用豆类。截至1990年，全世界约有65个国家种植豌豆，总面积达9267khm^2，总产量达17511kt，平均单产水平为1890kg/hm^2。豌豆在中国的栽培历史约有2000多年，现已遍及全国，主要分布在四川、河南、湖北、江苏、云南、甘肃、陕西、山西、青海、西藏、新疆等省区，截至1990年种植面积达1300khm^2，总产量达1600kt，平均单产水平为1231kg/hm^2。

豌豆是重要的粮、料兼用作物。种子含蛋白质22% ~24%，嫩荚和鲜豆中，含有较多的糖分（25% ~30%）和多种维生素（A、B_1、B_2、C等）。发芽的种子含有维生素E。豌豆蔓含6% ~8%的蛋白质，质地柔软易于消化，是家畜优良的粗饲料（表9－2）。

表9－2　豌豆营养成分（%）

成分 样品	水分	粗蛋白	粗脂肪	粗纤维	无氮浸出物	灰分	钙	磷
籽实	10.09	21.2	0.81	6.42	59	2.48	0.22	0.39
秸秆	10.88	11.48	3.74	31.35	32.33	10.04		
秕壳	7.31	6.63	2. 15	36.7	28.18	19.03	1.82	0.73
青刈豌豆	79.2	1.4	0.5	5.8	11.6	1.5	0.2	0 .04

豌豆的新鲜茎叶为各种家畜所喜食。适于青喂、青贮、晒干草和制成干草粉等。豌豆多适宜与麦类等禾谷类作物混播。在肥力较差的土地上，混播产量均比单播高。豌豆与燕麦、大麦等作物混播作饲料，能提高饲料的产量与品质。

豌豆在轮作制中占有重要的地位，是很好的养地作物。种过豌豆的土地，一般每公顷能增加75kg左右的氮素，高的可达148.875kg以上。同时豌豆生育期短，是多种作物的优良前茬。

二、基本知识

(一)植物学特性

豌豆为豌豆属一年生或越年生草本植物。直根系，主根发达，入土深度约1.00m~1.50m左右。侧根分支多，细长，主要分布在耕作层之内。根上着生很多圆形和肾形的根瘤。豌豆的主根发育较早，播种后第6天，幼苗尚未出土前，主根已长达6cm~8cm，播种后20天，地上部有4个复叶时，主根长达16cm左右。茎圆形中空，无茸毛，长约100cm~200cm，高约60cm。按株型分矮生、半蔓生和蔓生三类。矮生型一般成熟早，蔓生种成熟较晚。主茎基部1~3节可发生分枝，营养节节间较短，生殖节节间较长。幼苗出土时子叶不出土。真叶为偶数羽状复叶，复叶互生，每片复叶由叶柄和1~3对小叶组成，顶部小叶变为卷须，可攀缘。一对托叶特别大，着生于叶柄基部，包围茎。花为腋生总状花序，每花梗上着生1~3朵花，极少数为4~6朵。花萼斜形，小，绿色，基部愈合，上部浅裂成5瓣。蝶形花冠，有白色、淡红色和紫色之分，一朵花中有雄蕊10枚，呈9合1离，雌蕊1枚，位于雄蕊中部。

豌豆为自花授粉作物，遇高温和干燥等不良条件时，也可异交。授粉发生在花冠开启以前。每株豌豆花期约持续15~20天。每天上午9时左右开始开花，11时至下午3时为开花盛期，下午5时后减少。种子形状呈凹圆、压圆、方形、皱缩、不规则等，其颜色呈黄色、橘黄色、黄绿色、绿色和深绿色等。种子大小也不相同，千粒重变幅为85~300g。豌豆的种子寿命在普通仓库条件下，贮藏5~6年，发芽率约80%左右。在较好的条件下保存，种子寿命可达10年。

(二)生物学特性

豌豆从热带到寒带都可以栽培，但最适于寒冷而潮湿的气候。豌豆种子发芽最低温度为1℃~2℃，最适温度为6℃~12℃。苗期较耐寒，一般能忍受-8℃~-4℃的低温，个别品种能耐-12℃的严寒。紫花豌豆的耐寒性较白花豌豆强。豌豆生育期内，以气温15℃为宜，生殖器官形成至开花期以16℃~20℃最适宜，结荚期以16℃~22℃为宜。如果在生育期间，气温在20℃以下，10℃以上的持续时间长，则分枝多，开花多，产量高。温度超过20℃时，分枝少，产量低。开花期遇26℃以上的高温干燥条件，落花落荚多，品质差，易得病。因此，在春末初夏温度较高的地方应提早播种，使结荚期避开高温夏季。

豌豆从种子萌发到成熟需要≥5℃的有效积温为1400℃~2800℃。豌豆是需水较多的作物，种子发芽时吸水量约为种子重量的100%~110%。光滑圆粒品种需吸收种子本身重量的100%~120%的水分，皱粒品种为150%~155%。豌豆发芽的临界含水量为干种子重量的50%~52%，低于50%时，种子不能萌发。豌豆幼苗较耐干旱，这时地上部分生长缓慢，根系生长较快，如果土壤水分偏多，往往根系入土深度不够，分布较浅，降低其抗旱吸水能力。自现蕾到开花结荚期，枝叶繁茂，花序逐渐形成并开花，同时以很快的速度积累蛋白质和干物质，此时需要较多的水分和养分。

豌豆开花时，最适宜的空气湿度为60%~90%，高温低湿最不利于花的发育，干旱常使大量花蕾脱落。豌豆的耐涝性较差，在排水不良的土地上，根的机能早衰腐烂，地上部分也早枯死。

（三）对环境条件的要求

豌豆对土壤的要求不严格，一般各种土壤都可以栽培。但最适宜的土壤为有机质多，排水良好，并富含磷、钾及钙的土壤。过于黏重的土壤，因通气不足，影响根瘤菌的活动，不易于豌豆生长。豌豆较能耐酸性土壤，适宜的土壤应在pH5.5～6.7之间，而以pH为4.5为限，土壤过酸则根瘤菌难以形成。

豌豆是长日照作物，大多数品种在延长光照时可以提早开花。豌豆整个生育期都需要充足的阳光，尤其是花荚期，若光照不足花荚就会大量脱落。

三、职业岗位能力训练

（一）播前准备

1. 职业岗位工作。制定生产计划；做好备耕各项工作。

2. 工作程序及操作技术和质量要求。

工作环节	工作程序及操作技术和质量要求
（1）土地准备	播种地准备：直根系，主根发达，入土深，种植豌豆的地必须深耕。播前整地应精细，要求达到平整、耙碎、草净和保墒。 豌豆施肥应以施用充足的有机肥为主，要重视磷、钾肥。一般每公顷施有机杂肥15t左右、过磷酸钙300kg，最好在播种前将有机肥和磷、钾肥料混合掺入土壤。
（2）种子准备	种子检验：播种前要进行种子品质及用价的检验，即测定种子的净度、发芽率、种子生活力等。这些指标达到规定标准方能采用。 种子处理：播种前晒种2～3天，或利用干燥器在30℃～35℃的条件下，进行温热处理。

3. 常见技术问题处理。

如何选购豌豆合格种子？购买后需要进行种子处理吗？

生产上应选用良种。良种的标准是净度不低于95.0%；发芽率不低于90.0%；水分不高于13.0%；其他种子每千克最高粒数为200。

提高种子内酶的活性，提高发芽率和发芽势，在播种前进行种子处理。处理方法：播种前晒种2～3天，或利用干燥器在30℃～35℃的条件下，进行温热处理。经温热处理的种子水分从20.4%降低到15.0%，发芽势从28.5%升高到96.0%，发芽率可从71.5%提高到97.0%。

（二）播种

1. 职业岗位工作。选择适宜播期播种，落实播种技术，检查、监督播种质量，实现“一播全苗”。

2. 工作程序及技术操作和质量要求。

工作环节	工作程序及操作技术和质量要求
(1)播种期与播种方式	(1)播种时间:可以春播、秋播。常把豌豆与麦类作物(大麦、小麦、燕麦等)进行间、混、套作，以提高产量与品质。 (2)播种方式:条播和点播方式。豌豆条播行距一般25～40cm;点播穴距一般15～30cm，每穴2～4粒种子。因土壤湿度、土质不同，豌豆播种深度宜在3～7cm之间，最多不宜超过8cm。覆土深度5～7cm。
(2)播种量	豌豆可条播、点播和撒播。播种量因地区、种植方式和品种而异，一般每公顷播量75kg～225kg。豌豆播种密度对产量有较大影响，对于大粒的软荚豌豆类型，最佳群体密度是60株/m^2左右;对于小白粒和小褐粒硬荚类型则为90株/m^2左右;对于青豌豆生产而言，最佳群体密度介于80～100株/m^2。
(3)基肥	豌豆施肥应以施用充足的有机肥为主，要重视磷、钾肥。一般每公顷施有机杂肥15t左右、过磷酸钙300kg，最好在播种前将有机肥和磷、钾肥料混合掺入土壤。磷、钾肥也可作种肥，效果最好的施用方法是条施于土壤5cm下方。

3. 常见技术问题处理。

(1)豌豆是忌连作的，连作时会产量锐减，品质下降，病虫害加剧，原因是什么?

①豌豆根部分泌多量的有机酸，影响次年根瘤菌发育;②豌豆连作时，其种子和幼苗易感染土壤中积累的果胶分解菌和线虫而影响生长。所以豌豆的轮作年限应为4～5年。最好采用3年或4年一轮。

(2)豌豆容易倒伏影响产量，采用什么办法避免?

豌豆茎秆柔软，容易倒伏，所以采用间、混、套作。在新疆豌豆与春麦、油菜间作的习惯。为了克服前后作之间生育期的矛盾，豌豆与夏季作物实行套种更为普遍。主要有豌豆—玉米、豌豆—马铃薯、豌豆—向日葵等。同时豆麦混种，可增加饲料的蛋白质，改善饲料的品质。

(三)田间管理

1. 职业岗位工作。根据生产技术管理计划要求、结合田间苗情，确定适宜管理技术措施，并组织农机、劳力实施，指导田间作业，检查作业质量。

2. 工作程序及技术操作和质量要求。

工作环节	工作程序及操作技术和质量要求
(1)播后至苗期管理	(1)破除板结:燕麦在出苗前后若表土出现板结，可以轻耙一次，保证松土，改善土壤通气性和保墒性等。 (2)防止杂草:苗期如果杂草太多，可以用人工除草，也可以用合适的化学除草剂，消灭杂草。 (3)施肥:钾全部靠豌豆根系从土壤中吸收，也可在苗期田间撒施草木灰，既可增加养分又能抑制豌豆虫害，还可增加土壤温度，有利于根系生长发育。

续表

(2)苗期至收获前管理	(1)防除杂草的方法:面积小，可用人工锄草;面积大，最好选用适合的除草剂消灭杂草。 (2)浇水施肥:豌豆籽粒蛋白质含量较高，生长期间需供应较多的氮素。每生产1000kg豌豆籽粒，需吸收氮约3.1kg，磷约0.9kg，钾约2.9kg。所需氮、磷、钾比例大约为1:0.9:0.94。为达到壮苗，以及诱发根瘤菌生长和繁殖的目的，苗期施用少量的速效氮肥是必要的。在贫瘠的地块上结合灌水施用速效氮增产效果明显，以每公顷45kg纯氮肥用量为宜。开花结荚期采用根外施硼、锰、钼、锌、镁等微量元素，往往有明显的增产效果。

3. 常见技术问题处理。

(1) 豌豆是豆科牧草，为什么还要在其生长期间施入氮肥呢?

①豌豆籽粒蛋白质含量较高，生长期间需供应较多的氮素。每生产1000kg豌豆籽粒，需吸收氮约3.1kg，磷约0.9kg，钾约2.9kg，所以施入磷和钾肥外还要重视施入氮肥才能保证产量的提高。

②苗期施入的氮肥，诱发根瘤菌生长和繁殖，达到壮苗效果，所以苗期施用少量的速效氮肥是非常重要的。

(2)豌豆有哪些常见病害?如何防治?

豌豆常见的病害有锈病，豌豆得了锈病，叶片上有圆形褐色小斑点，周围紫色，后变为茶褐色。白粉病，病征初为叶片及茎秆有白色粉斑，尔后扩大成片，导致植株部分或全部枯死。还有一种常见病是霜霉病。豌豆常见的病毒病有豌豆花叶病(PMV)、豌豆顶黄病毒病(PTYV)、豌豆种传花叶病(PSbMV)，其病征常表现为幼嫩部分皱缩不展和失绿，严重时颗粒无收或植株死亡。

防治措施:

①选用良种，在无病的良种田中繁种;②进行种子消毒，如用0.6~1.0 kg多菌灵、福美双或苦生乐仁粉拌种100 kg豌豆种子，以杀灭病原菌;③采用药剂防治，除病毒病以外，均可用波尔多液加以保护，用多菌灵、甲基托布津、代森锌等广谱杀菌剂进行防治，病毒病可采用乐果、敌杀死等药剂灭蚜，消灭传毒媒介;④及时拔除已感染病毒病的植株并彻底销毁;⑤进行合理的轮作和间套种，适期播种，加强田间管理，提高植株的抗病能力。

(3)豌豆有哪些常见虫害?如何防治?

豌豆常见虫害有豌豆蚜、豌豆象、豌豆潜叶蝇。

防治方法:

①豌豆蚜。用1.5%的“1605”粉剂，每亩药粉用量1.5~2.0 kg，进行田间喷粉。也可用50%氧化乐果乳剂1000~1500倍液，每亩用药30~40 kg喷雾，或用50%马拉硫磷乳剂50%二溴磷乳剂2000倍，每亩用药液30~40 kg喷雾，均有较好的防效。如田间蚜虫不多，而又发现有七星螵虫，可不喷药或暂缓喷药。

②豌豆蟓。有种子处理和田间防治两种方法。种子处理又有以下3种常用方法:

A. 豌豆脱粒晒干后，集中在仓库内用氯化苦或磷化铝密封熏蒸，气温在20℃以上时需3天，气温低于20℃时需熏蒸4~5天。氯化苦用量每立方米30~40g，磷化铝参考用量每立方米9~12g。熏蒸后两周内残毒就能散尽。

B. 用囤贮放豆种，每囤不少于500 kg。豌豆种子收获后，选择晴热天气将种子曝晒1~2天，种子含水量降至13%以下时趁热装在囤内，利用高温密闭15~20天，杀死豆粒内的幼虫。

C. 开水烫种。用篮子盛种在沸水中浸泡20~30秒取出，立即在冷水中浸一下，摊开晒干后贮藏。在豌豆蟓越冬虫量大的秋播地区，需在豌豆开花、越冬成虫产卵前，于田间喷洒马拉硫磷乳剂。

③豌豆潜叶蝇。采用药剂防治，常用的方法有两种：

A. 诱杀成虫。在山芋或胡萝卜的5 kg煮液中加入90%晶体敌百虫2.5g制成诱杀剂，每平方米面积内点喷豌豆1~2株，每隔3~5天点喷一次，共喷5~6次。

B. 防治幼虫。用90%晶体敌百虫1∶1000倍药液，根据田间虫情及时进行喷雾，共喷1~2次。

（四）收获与利用

根据豌豆营养物质（主要是蛋白质）积累动态，在开花到结荚始期，其蛋白质积累达到最高。到低层豆荚变黄始期，含氮化合物的合成实际上已经停止。因此，青刈豌豆应在结荚期左右进行收割。

麦类与豌豆混种时，以收籽实为目的时，应在两者成熟时混收、混合脱粒。青刈时应在豌豆开花至结荚期，麦类在开花期收割。因为这时它们的干物质和蛋白质产量均较高。

单播豌豆成熟籽粒的收获，应在绝大多数荚变黄但尚未开裂时连株收获。植株收获后，接近成熟的荚果会继续成熟。当过多的荚果干枯时再收获，由于裂荚会使损失很严重。联合收割机收获时，种子含水量在21%~25%时间最为合适。豌豆脱粒后应及时干燥，籽粒水分含量降到13%以下时才有利于安全贮藏。贮藏期间，要注意防止昆虫、微生物和鼠类的侵害，避免贮存期造成籽粒损失。

项目五　马铃薯的栽培技术

一、概述

马铃薯别名为土豆、山药蛋、地蛋、洋芋、番薯、荷兰薯等。马铃薯原产于南美洲的安第斯山区，目前已发展成为全球第五大作物，栽培范围遍及世界140余个国家，栽培总面积近2000万 hm^2，总产量约3亿t。平均单产约为15.5t/hm^2。

马铃薯已成为我国人民喜爱的粮、菜和饲料兼用型作物，已在我国24个省（市、区）广泛种植，在高寒山区种植面积最大。

马铃薯块茎及其副产品可作为高产多汁饲料和淀粉能量饲料来被广泛利用。马铃薯不仅块茎可直接饲喂畜禽，茎叶也可饲用，干物质含量为20%~50%。除脂肪含量少外，干物质中粗蛋白、碳水化合物、铁和维生素含量均显著高于玉米和小麦（表9-3）。

表 9－3　　马铃薯的营养成分(%)

样品＼成分	水分	粗蛋白质	粗脂肪	粗纤维	无氮浸出物	粗灰分	钙	磷
茎叶(鲜)	87.90	2.27	0.60	2.53	4.43	1.82	0.23	0.02
(干)	11.03	20.00	4.39	18.57	32.50	13.41	1.72	0.46
块茎(鲜)	79.27	1.52	0. 30	0.60	17.35	0.96	0.21	0.04
(干)	9.71	6.60	1.29	2.72	75.02	4.66	–	–

马铃薯块茎洗净后可直接作为多汁饲料饲喂肉牛、奶牛、羊等，家畜喜食。如切成薯片晾干后，贮备起来或加工成薯粉与其他饲料成分配合后饲养单胃动物可替代能量饲料，作为精饲料来利用，将大大提高马铃薯块茎的饲用价值。

在给家畜饲喂新鲜马铃薯茎叶和块茎时应严格控制用量，每头(只)家畜一次不可供给过多。马铃薯茎叶和块茎中含有一种称为龙葵素的生物碱，对家畜具有毒害作用，采食过多会引起家畜不适，严重者甚至会发生中毒造成死亡。当块茎发芽变绿或腐烂时，龙葵素的含量会急剧增加。据测定，每100g 嫩芽中龙葵素含量高达500mg，每100g 外皮中也达30～64mg，每100g 块茎中龙葵素达7.5～10mg。因此，发芽变绿或腐烂的马铃薯块茎不能用于饲喂牲畜。

二、基本知识

(一)植物学特性

马铃薯是茄科茄属结块茎种的草本植物。马铃薯用块茎繁殖产生的根系是须根系，用种子繁殖形成的根系是直根系，马铃薯的根系主要分布在土壤表层30cm 左右，一般不超过70cm。马铃薯的地上茎是由从块茎芽眼抽出地面的枝条形成，茎上常有分枝。地上茎有直立、半直立和匍匐型的，生育后期易倒伏。地上茎高45～100cm，绿色，但有的品种因含花青素较多呈紫色和红色。地下茎上的每个叶芽都有可能伸长形成匍匐茎。

匍匐茎是由地下茎节上的腋芽发育形成的，是块茎形成的部位。一般而言，匍匐茎愈多，形成的块茎也愈多。块茎是马铃薯短缩而又膨大的变态茎，马铃薯的块茎也是主要的栽培收获产物。马铃薯在进入孕蕾期以后就开始形成白色的匍匐茎。随着植株的发育，匍匐茎髓部的韧皮部和皮层薄壁细胞由于养分的不断沉淀和积累，顶端逐渐膨大形成块茎。

初生叶为单叶，以后随着植物的生长逐渐形成奇数羽状复叶，复叶互生呈螺旋状排列，叶面上有茸毛和腺毛。花序为聚伞形或拟伞形，浆果，果内多为二心室，在中轴胎座上着生100～300 粒种子，千粒重为0.5g。

(二)生物学特性

当马铃薯种薯播种后芽眼的幼芽开始萌发形成初生芽，随后在初生芽的基部生长出幼根。在幼芽出苗前就形成了相当数量的根系和一些胚叶，出苗后5～6 天就会有4～6 个叶片展开，根系开始从土壤中吸收水分和无机营养供幼苗生长，同时幼苗继续可从种薯中不断得到碳水化合物及其他营养物质。种薯的营养供给作用可持续到出苗后的30 天。随着气温的不断上升，幼苗从种薯和自身两个方面得到营养物质的供给。当主茎上出现7～13 个复叶时，生长点上开始孕育花蕾，侧枝开始形成。

马铃薯出苗后15～25天匍匐茎停止伸长，顶端开始膨大。此时，是由上部茎叶生长为中心转向地上部茎叶生长和地下部块茎形成同步进行的块茎形成期。该时期是决定结薯多少的关键，同一植株块茎大都在这个时期形成。地下主茎中部偏下节位的块茎形成略早，生长最迅速形成较大的块茎；而最上部和最下部节位的块茎生长慢，形成较小的块茎。

块茎增长期是以马铃薯的块茎从体积和重量两个方面为中心快速增长的生长阶段。在适宜的条件下，该期内一穴马铃薯平均日增可达20～50g，大约是形成期的5～9倍。马铃薯干物质的主要部分是在该期形成，这是决定马铃薯块茎产量和品质的关键时期。这一时期茎叶生长也较旺盛，日增加2～3cm的叶长，茎秆的分枝、总叶面积和茎叶鲜重等的增长速度均达到地上部分生长的最高峰。

当马铃薯开花结实即将完成，茎叶生长渐趋缓慢或停止。植株下部叶片开始衰老变黄逐渐枯萎，便进入淀粉积累期。在该期内马铃薯地上茎叶贮存的养分仍继续向块茎中转移，块茎的体积基本不再增大，但重量继续增加。块茎内主要是淀粉在不断积累。表皮的细胞木栓组织日益加厚，薯皮愈加牢固，块茎内外气体交换更加困难。当茎叶完全枯萎时，块茎已充分成熟并转入休眠状态。

（三）对环境条件的要求

1. 温度：马铃薯适宜在冷凉气候条件下生长，既不耐高温又怕过分寒冷。薯块播种后，地表5cm以内的温度在7℃～8℃时开始萌芽。当土壤温度上升到10℃～20℃时出苗速度加快，苗期最适土壤温度为18℃，地上茎叶生长的适宜气温是21℃。如气温降到7℃时，茎叶就停止生长，－1℃就会受冻害。块茎形成期的最适土壤温度是16℃～18℃。如土温上升到25℃时，块茎生长缓慢；当土温达到30℃时，植株呼吸强度增大，有机物会被大量消耗，使茎叶缩小，植株生育受阻，块茎停止生长；若气温超过40℃，植株会严重受害被灼伤而死亡。马铃薯生育期内有效积温需要1400℃～2400℃，而从播种到出苗需要200℃～300℃。

2. 水分：马铃薯虽较耐旱，但在生育期内仍需要适宜的水分条件。从块茎播种到出苗主要依靠母薯中贮存的水分，但仍需要土壤保持适度的持水量，不可过分干燥，否则会对幼苗萌发和出土产生不良影响。马铃薯在苗期主茎和叶片虽然生长迅速，但总茎叶量仅占全生育期的20%～25%，干物质积累量约占全生育期的3%～4%，对水分的需要量仅占全生育期15%左右。在马铃薯苗高达到15cm之前，要适当进行蹲苗锻炼，以促进根系生长。当苗高达到15cm以后应适时灌水，使土壤含水量达到最大持水量的60%～70%。

马铃薯当进入块茎形成和增长期后，地上部分茎叶生长和地下部分块茎形成都逐渐进入高峰期，是生长最旺盛、对水分需要量最大的时期。如果这个时期土壤缺水会造成块茎表皮细胞的木栓化，使薯皮老化。当水分再次满足时，块茎在其他部位恢复生长形成次生块茎，多畸形。马铃薯在进入块茎增长后期直到淀粉积累期要适当控制土壤湿度，如水分过多会使块茎感染各种病害，造成在田间腐烂或给贮藏增加困难。这期间要求土壤湿度是田间最大持水量50%～60%，对块茎的增长有利。

3. 土壤和肥料：马铃薯对土壤条件要求不十分严格，但最适合在土层较厚、土壤通透性良好、疏松肥沃的土地中生长。在通气性良好，保水、透水力适中，微酸或微碱性土地上都适合种植马铃薯，但马铃薯不适合在地下水位过高、盐碱性过强的土壤上栽培。马铃薯是高产喜肥作物，对施肥反应敏感，增产效果显著。据内蒙古农科院报道，每生产1t马铃薯块茎需施氮素5.5kg、磷2.2kg、钾10.2kg。马铃薯对钾的需要量最高，氮次之，磷最少，对氮、磷、钾的需求比约为2.5:1:4.5。

三、职业岗位能力训练

(一)播前准备

1. 职业岗位工作。制定生产计划;做好备耕各项工作。

2. 工作程序及操作技术和质量要求。

工作环节	工作程序及操作技术和质量要求
(1)土地准备	播种地准备:马铃薯是块茎类作物，适合于对土壤进行深耕细作。深耕可使土壤疏松，改善土壤中的水、肥、气、热状况，有利于马铃薯幼苗出土和生长，根系入土分布，促进块茎增大，结薯增多，深耕还可灭除杂草、蓄水保墒。耕深20~25cm，有条件地区可翻到30~35cm。通常可按宽2~5m、长15~30m的规格作畦后种植马铃薯。起垄时可选用垄宽30~50cm、垄距60~80cm的规格进行。
(2)种子准备	种子处理:催芽处理的种薯应在播前40~45天出窖。把种薯与潮湿的沙土或锯末分层堆放在温床或火炕上，堆放厚度为50 cm，温度要保持在15℃~18℃，经10~15天当芽长0.2 cm时，把种薯移到避风向阳的屋前，放入铺垫着麦秸的沟内进行催芽。沟中的最高温度以18℃左右为宜，夜间和白天温度低于0℃时，要加覆盖物防寒。经过25~28天芽0.5cm时即可切块栽植。

3. 常见技术问题处理。

(1)种植马铃薯应该注意什么呢?

①选对种植地块:马铃薯忌连作，也不能与同是茄科的作物进行轮作，否则易传染病害，所以最好选用前作有谷子、麦类、玉米等，其次是高粱和豆类作物等茬地。马铃薯的后茬可安排豆类、瓜类和绿肥作物，玉米、油菜和谷类作物。

②种薯的选择:种薯中还要精选优良薯块，标准是薯块完整，不携带病虫害，没有冻伤，芽眼深浅适中，表皮光嫩形状整齐，品种特征鲜明的块茎作为选用种薯的条件。从经济高效的思路出发，生产上常用中等大小的块茎作种薯。要严格淘汰烂薯瘤薯，纺锤形的、芽眼凸起的、表皮粗糙老化的和龟裂、畸形的薯块，这类块茎常属感染病毒或退化的薯块。

(2)为什么要种薯要催芽处理?

种薯催芽的作用是促使薯块打破休眠，淘汰感病种薯，为马铃薯延长生长时间。种薯切块是把块茎按芽眼分割成若干小块，以节约种薯降低成本的方法。

(3)种薯切块的大小会不会影响产量?

种薯的切块既不可因过小而影响产量，也不能因过大而增加成本，切块重量在25~50g范围之内最适宜，每个切块上要带1~2个芽眼以便于控制密度，切块时要尽量多带薯肉。利用25~50g重的小块茎直接播种，可降低发病率，节省劳力，提高幼苗的抗逆性，方便机械播种。

(二)播种

1. 职业岗位工作。选择适宜播期播种，落实播种技术，检查、监督播种质量，实现“一播全苗”。

2. 工作程序及技术操作和质量要求。

工作环节	工作程序及操作技术和质量要求
(1)播种期与播种方式	(1)播种时间：马铃薯在新疆地区实行春季播种为主要方式。 春季提倡马铃薯适时早播，以土壤表层10cm范围内温度达到7℃～8℃时作为马铃薯开始播种的标志。 (2)播种方式：可分为平作栽培播种技术和垄作栽培播种技术。在降雨量少、气温高、缺少灌溉条件的地区，为实现抗旱和丰产的目标，多采用平作。在高寒阴雨、土壤黏重、地势低洼排水不利和暴雨集中的地区，多采用马铃薯垄作种植的方式。新疆北部等地区，马铃薯采用垄作栽培。马铃薯的田间播种深度，在干旱地区或沙质松散的土壤中种薯块可播得深一些，深度10～12cm，在涝洼地区或黏重潮湿的土壤上薯块可播得适当浅些，一般为6～8cm。
(2)播种量	马铃薯的播种量因切块和播种密度不同而有较大差异。如春播密度以9万株/hm^2计，播种量为1500－2900kg/hm^2，如切块以每千克种薯为70个时，播量则为1200～1 00kg/hm^2。
(3)基肥	在前茬收获后，首先要施足基肥。一般应施厩肥30000kg/hm^2左右，均匀地撒布在土地表面，通过深翻等耕作措施达到土肥相融的状态。部分厩肥还可在播种时作顶肥(种肥)施用。种肥还应包括一定数量的速效化学肥料，一般按尿素38～75kg/hm^2或磷酸二铵30～60kg/hm^2用量施用种肥。

3. 常见技术问题处理。

在生产上常用的播种方法有哪些？播种时应该注意什么呢？

①播种方法：马铃薯垄作有播垄上和播垄下两种类型。种薯播在地平面以上或与地面齐平的方式称播垄上。种薯播在地平面以下，称播垄下。在低洼易涝地区块茎要播在垄上，岗地及春旱较重地区和早熟栽培应播垄下。上垄播种是指在原垄上开沟点种薯块，施肥后，再把土合成原垄并适当镇压。下垄播种是指在原垄沟里点种薯块，施肥后，再犁开原垄向垄沟覆土并镇压。

②注意事项：为预防病毒污染必须要对切刀进行经常性的消毒。切块应安排在播前2～3天内进行，随切随播效果最好。

(三)田间管理

1. 职业岗位工作。根据生产技术管理计划要求、结合田间苗情，确定适宜管理技术措施，并组织农机、劳力实施，指导田间作业，检查作业质量。

2. 工作程序及技术操作和质量要求。

工作环节	工作程序及操作技术和质量要求
(1)播后至苗期管理 缺氮、磷、钾情况：   	(1)破除板结：马铃薯播种后直到出苗要保持土壤疏松透气，在田间杂草过多或地表板结时应及时中耕。 (2)补苗与浇水：出苗后要及时查田，发现缺苗后要及时从临近穴里取下多余的茎芽进行扦插补苗。掰茎时要尽量带上小块母薯，这样成活率高，扦插应在傍晚和阴天进行，要多壅土，土壤干燥时要浇水。 (3)防除杂草与施肥：主要措施是抓中耕深松垄沟、除草和追施氮肥，按 50～100kg/hm² 尿素或磷酸二铵的标准施用。中耕深度 5～10cm，进行首次培土。
(2)苗期至收获前管理	(1)生长中期：马铃薯进入块茎形成期后，管理的重点是结合中耕不断加厚增土，植株封垄前要培厚土。要结合追肥和灌水措施安排 2～3 次中耕培土作业。继续抓中耕，消灭杂草，保持土壤疏松，提高地温，加速有机肥分解。开花后要适当进行摘花去蕾以调节植株的营养分配。马铃薯封垄前的中耕和培土要充分增宽培深，防止薯块露出地表以利于结薯。 (2)生长后期：马铃薯从块茎增长期到淀粉积累期的管理措施有行间中耕培土，防病治虫，花期喷施 0.01%～0.1% 的矮壮素以防倒伏，追施适量磷、钾肥，根外喷施铜、镁、硼肥溶液，防止叶片早衰等。

3. 常见技术问题处理。

(1)种植马铃薯时应该注重哪些田间管理措施？

①要注重施肥的种类、追肥时间与顺序等。马铃薯在块茎形成期和块茎增长期前后，需要采取中耕和灌水等措施。第一次追肥在马铃薯齐苗后结合头次中耕进行，以施氮为主，磷、钾为辅。第二次追肥应安排在现蕾期结合中耕培土和灌水进行，以磷、钾为主，施氮为辅。此后在马铃薯进入盛花期，也应根据需要结合中耕培土和灌水措施追施肥料。马铃薯在开花期，叶面喷施硫酸铜和硼酸溶液，不仅有显著的增产效果还可防病治病。

②注重浇水时间与水量。马铃薯需水量因气候、土壤、栽培季节和耕作措施等的不同，存在着较大差异。马铃薯生育期内不同阶段的需水特点是从播种到出苗主要依靠母薯中的水分，但要保持土壤湿润。当苗高于 15cm 后，需水量逐渐增多，到现蕾和开花期后需水量达到高峰，此时土壤出现干旱必须适时灌水，否则将造成块茎严重减产。马铃薯苗期土壤含水量应保持在田间最大持水量的 65% 左右，而块茎形成期相应指标应为 75%～80%，块茎增长期为 65%～70%，而在淀粉积累期应为 60% 左右。土壤实际

含水量低于上述指标就应及时灌溉。从生产上推算每1kg鲜块茎需耗水100～150kg，若以产块茎30t/hm² 计，需水量为3000～4500t。

(2)马铃薯常见病虫害有哪些？防治方法是什么？

马铃薯病虫害按照"预防为主，综合防治"的原则进行防治。春季马铃薯病害有病毒病、晚疫病、疮痂病等，虫害有蚜虫、地老虎、蛴螬、茶黄螨、潜叶蝇等。

①病毒病：病毒病是造成马铃薯薯种性退化，产量降低的主要原因，应重点防治。措施有：选用脱毒种薯；适当调整播种期：春季早播早收，避开蚜虫迁飞高峰，躲过高温影响；发现感病植株应立即拔除，及时防治蚜虫、白粉虱等传病毒昆虫；发病初期喷洒糖+醋+酒+羊奶混合液，或1.5%植病灵II号乳剂1000倍液防治。

②晚疫病：晚疫病在温度较低、湿度较大的条件下容易发生。在开花前后要采用喷药预防，重点喷叶子背面。防治方法：选用抗病性强种薯；精选种薯淘汰病薯；在开花前后，用70%代森锰锌、25%瑞毒霉或58%瑞毒锰锌预防喷施，每7天左右喷1次，连续3次。交替使用。

③疮痂病：疮痂病是一种放线菌病害，土壤碱性、施不腐熟的有机肥料、结薯初期土壤高温高湿发病严重。防治方法：轮作倒茬，不要在碱生地块种植马铃薯，施用有机肥料要充分腐熟；适当早播提前收获，使马铃薯结薯期避过高温；块茎膨大期小水勤浇，保持土壤湿润但不能积水；药剂防治：用1.5～2kg硫磺粉撒施后犁地进行土壤消毒，播种开沟时每亩再用1.5硫磺粉小熊猫施消毒。

④蚜虫和菜青虫：可用5%抗蚜威、10%吡虫啉、20%的氰戊菊酯或10%氰氯菊酯等药剂交替喷雾。

⑤地老虎、蛴螬等地下害虫：犁地前，用3%辛硫磷颗粒剂5～6kg/亩均匀地撒施；也可在播种时，亩用麸皮2～3kg药麸在田间撒施时，2～3次即可。

⑥茶蟥螨：用73%炔螨特乳油2000～3000倍稀释液，或0.9%阿维菌素乳油4000～6000倍稀释液，5天喷药1次，连喷3次。

(四)收获与利用

当马铃薯植株停止生长、茎叶逐渐枯黄、匍匐茎干缩易与块茎脱离，块茎表皮形成了较厚的木栓层，增重停止时，就标志着马铃薯的块茎已进入了收获期。

马铃薯的具体收获期可根据用途、气候和土壤条件灵活掌握和安排。如作为饲料时可根据家畜需要提前安排，分期、分批地收获，直接或加工后饲喂各类家畜。作为蔬菜时要力争早收获早上市，以提高售价、增加收益。一般马铃薯种植区收获期多在9～10月内。

马铃薯晚熟品种在收获前地面茎叶仍不枯萎时，可先用石磙在田间将植株压倒，造成人为的创伤，促使茎叶中的营养物质向块茎加速转移，达到催熟和增产的目的。对较青绿的马铃薯茎叶也可提前收割调制为青贮，以便于机械进地作业。

马铃薯块茎的主要收获方法有人工采挖、木犁犁翻和机械收获等。无论何种方法收获，块茎翻出地面后都要及时拣拾，稍待晾干后就应集中堆放，以免见光时间长后块茎变绿。对播种行要复翻复拣，尽量收获干净。

人工用铁锹等农具沿播行翻垄起收块茎，收获率高，损伤少，但费工费时、作业效率低，不适合大面积马铃薯生产。

畜力牵引木犁或马铃薯收获机在田间作业，将薯垄翻起把块茎起出地面或一侧后，仍由人工拣拾归堆，适合于各种不同地形上，中、小面积马铃薯块茎收获。

悬挂抛送式收薯机和马铃薯挖掘机都采用轮式拖拉机牵引或液压悬挂后配套作业，效率高，收薯率达90% ~98%，损伤率1% ~2%。

项目六　甜菜的栽培技术

一、概述

甜菜别名为糖萝卜、饲料萝卜、糖菜等。甜菜有糖用、食用、饲用、叶用和观赏等类型。甜菜中糖用和饲用甜菜种植面积最大，经济价值较高，可作为畜禽优良的多汁和青绿饲料来利用。甜菜的茎叶和制糖后的粕渣都是良好的饲料资源。

甜菜在我国15个省区推广，20世纪80年代种植面积已达40万hm^2，占全国糖料播种面积的40%。主要产区有东北、内蒙古和新疆。

饲用甜菜的块根和茎叶是各类家畜特别是带仔母畜、奶牛的良好多汁及青绿饲料。据测定，含水分88.8%，粗蛋白1.5%，粗脂肪0.10%，粗纤维1.4%，无氮浸出物7.1%，灰分1.1%，消化能0.50 ~1.67MJ/kg，代谢能（鸡）0.33 ~ 1.09MJ/kg。饲用甜菜块根的年产量为30 ~ 53t/hm^2，而糖用甜菜块根为23 ~38 t/hm^2。由于饲用甜菜水分含量高，无氮浸出物含量较低，单位面积土地上所生产块根中干物质可消化蛋白和相对饲料单位及营养物质总量均低于糖用甜菜。每100kg块根中，糖用及饲用甜菜所含的饲料单位和可消化蛋白量分别为25.7个和11.5个与0.6kg和0.3kg。糖用甜菜因含糖率较高，饲喂乳牛后产奶量和乳脂率均高于饲用甜菜的效果。由于糖用甜菜适应性较强，在饲料生产中种植糖用甜菜效益要高于饲用甜菜。

二、基本知识

（一）植物学特性

甜菜是藜科甜菜属植物。按不同用途可把栽培种划分为5个变种，即食用甜菜、观赏甜菜、叶用甜菜、饲用甜菜和糖甜菜。下面主要介绍饲用甜菜和糖甜菜。

甜菜是越年生植物，播种当年是以块根和叶丛为主的营养生长时期，第二年的母根才能进入以抽薹、开花、结球为主的生殖生长时期。直根系作物，主根发达，侧根是从主根两侧的腹沟中形成，在成熟期主根可入土深达2.5m，侧根水平伸展半径达1m。

甜菜的块根是由根冠、根颈、根体和根尾四部分构成。块根有圆锥形、楔形、纺锤形和心脏形等。饲用甜菜的块根多圆柱形、椭圆形和球形。糖甜菜的根皮有白色和浅黄色，根肉白色。饲用甜菜根皮有白色、绿色、黄色、橙色、红色和玫瑰色等，根肉除白色外，还有黄色或红色。单叶，形状有盾形、心形、矩形、柳叶形、团扇形和犁铧形等。叶子是由根冠顶端的叶芽生育而形成，每株丛生叶子50 ~70个，总叶面积可达0.7m^2。

第二年春季甜菜种株生出叶丛60 ~80天后开花，为不完全花，缺少花瓣，花小，绿色，萼5片，雄蕊3枚，雌蕊由2~3个心皮组成。花单生或丛生在主薹或侧枝上，属异花授粉植物，由1~5个果实组成复合体，习惯上称为种球。种子肾形，胚弯曲。一个种球只一个果实的单粒种，便于机械化播种和间苗，生产上被广泛推广。种球千粒重15~259g，贮藏2~3年发芽率还可达80%以上。

(二)生物学特性

甜菜在播种当年以营养生长为主。在田间生长出繁茂的叶丛，在地表以下形成肥大的块根作为营养物质的贮藏器官，以便为翌年的生殖生长积累充足的有机和无机养分。从出苗到根的初生皮层脱落木栓化形成为止，是甜菜的出苗期，持续时间大约30天。这个时期特点为子叶开始枯黄，已形成了4~6片真叶，器官和组织逐渐形成并分化。由根的初生皮层脱落到地面上叶丛达到最繁盛，叶片数较多的时期为叶丛繁茂期，一般应持续30天左右。这个时期是甜菜叶丛生长速度和日均增长的重量达到最高峰，块根的伸长速度也是最快的生长阶段。

从7月中旬到8月下旬是块根及其糖分的增长期，持续40天左右。当一进入这个时期，甜菜的生长中心就开始从地上部分转移到地下部，叶丛生长逐渐减弱，光合产物开始大量地从叶片中向地下输送，块根则迅速膨大，根肉和根中糖分同步增长。在这40天中块根的增长量达全生育期的50%以上，是丰产关键期。

从8月下旬直到收获前为止大约持续40天左右。进入这一时期甜菜营养体基本停止生长，绿叶显著减少，枯叶大量增加，块根的根体很少增长，根肉几乎停止增加，光合产物几乎全部都以蔗糖形式被贮藏进块根中，根中含糖率显著提高。这个时期糖分的积累量接近整个生育期总量的50%，是获得甜菜高产糖量的关键时期。

(三)甜菜生育对环境条件的要求

甜菜的营养生长期一般为130~180天，需要有效积温幅度为1900℃~3500℃，最适积温为3000℃，如果低于2600℃就不易获得丰产。我国主要甜菜产区，在生长期内日平均温度15℃以上，积温为2400℃~3100℃适于甜菜生长。

甜菜是较耐寒作物，低温下发芽出苗慢，持续时间长，在3℃~5℃气温下，出苗期可持续30天以上。而在15℃气温下只需6~10天。甜菜种子发芽速度随气温升高而加快。气温愈高相应出苗期所需的积温就愈低。甜菜苗期生长的适宜气温是8℃~15℃，繁茂期为18℃~20℃，块根形成期15℃~18℃，块根成熟期为10℃~15℃。气温日较差大、晴朗少雨的气候条件，有利于块根中的糖分积累。气温低于5℃甜菜生长停滞，25℃~30℃的高温对生长不利，超过35℃时影响正常生长。

甜菜对土壤条件的要求是地下水位1m以下、地势平坦、排水良好、耕层在20cm以上、富含腐殖质的沙壤土，中性和微碱性土壤上生长良好。甜菜在含盐量为0.3%~0.6%盐碱地上通过采用育苗移栽等防盐碱措施后能够种植。由于甜菜根系发达，可吸收土壤深层水分，故有较强的抗旱能力。甜菜块根在积水中根体和根尾将发生腐烂，因而耐涝性差。

在透气性差、排水不良、有机质分解慢、地温低、板结和黏重的土壤上种植甜菜影响其正常生长。地下水位高、沙石过多的砾石质土壤不宜种植甜菜。当土壤含水量达到田间最大持水量的60%左右时，块根和含糖量的增长速度最快。

三、职业岗位能力训练

(一)播前准备

1. 职业岗位工作。制定生产计划;做好备耕各项工作。

2. 工作程序及操作技术和质量要求。

工作环节	工作程序及操作技术和质量要求
(1)土地准备	播种地准备:甜菜种子甚小，萌发时种球吸收水分较多，深翻后要及时耙耱保墒，播前要细致整地，达到地面平、细、松、软的技术标准，保证土墒适宜，按期下种，适当浅播，播深一致，使苗齐、苗全和苗壮。
(2)种子准备	种子检验:播种前要进行种子品质及用价的检验，即测定种子的净度、发芽率、种子生活力等。这些指标达到规定标准方能采用。 种子处理:甜菜种球的木质花萼粗糙，播前可用碾米机或石磙碾压，以便于下种。播种前还应用药剂拌种，预防病虫害。

3. 常见技术问题处理。

如何选甜菜合格种子？购买后需要进行种子处理吗？

选择优良品种，严格精选种子。播种用种的发芽率不得低于75%;净度不得低于97%;种球千粒重要在20g以上。

播种之前必须要采取种子处理措施。按每100kg甜菜种子，使用甲拌磷乳剂(3911)1kg~1.2kg，加清水100kg的溶液浸种24小时阴干后即可，也可用占种子重量0.8%~1.0%的敌克松和菲醌粉进行干性拌种，防治效果都很好。

(二)播种

1. 职业岗位工作。选择适宜播期播种，落实播种技术，检查、监督播种质量，实现“一播全苗”。

2. 工作程序及技术操作和质量要求。

工作环节	工作程序及操作技术和质量要求
(1)播种期与播种方式	(1)播种时间:在新疆地区主要采用春播，一般在4月上旬至5月上旬，以土壤表层5cm范围内日均温度达5℃左右为标准，在春小麦播种之后进行。 (2)播种方式:甜菜的播种方法有条播和点播两种，点播节省种子50%左右，行距45~60cm，株距35~50cm(点播时)，播种深度2~4cm，播后要及时镇压。
(2)播种量	播种量为20k~30kg/hm^2。
(3)基肥	甜菜地翻耕前按30~70t/hm^2的标准施足有机肥料翻埋入土后，土肥在耕层中均匀混合融为一体是甜菜田间施肥的基础。播种时按磷酸二铵75~100kg/hm^2的标准配施种肥，与种子同时播入种沟，对抓早苗和壮苗有重要作用。

3. 常见技术问题处理。

选择甜菜种植地时应该注意什么呢?

①甜菜不耐连作，重茬对土壤养分消耗大，使土壤营养失调，病虫害增多，导致减产，所以甜菜的轮作周期最少3年，一般为4~6年。选择前作是麦类、麻类、油菜等。

②如果选择的地土壤酸性过多时，土壤通过施入石灰、制糖滤泥、草木灰等碱性肥料中和改良土壤中的游离酸后方可种植甜菜。

③最好选用为地下水位1m以下、地势平坦、排水良好、耕层在20cm以上、富含腐殖质的沙壤土，中性和微碱性土。

(三)田间管理

1. 职业岗位工作。根据生产技术管理计划要求、结合田间苗情，确定适宜管理技术措施，并组织农机、劳力实施，指导田间作业，检查作业质量。

2. 工作程序及技术操作和质量要求。

工作环节	工作程序及操作技术和质量要求
(1)播后至苗期管理	(1)破除板结:对苗期有盐碱危害的土地及时破除土壤板结，进行中耕松土、铺沙、铺粪、压碱等田间作业，可避免和减轻盐碱危害，保全幼苗。在盐碱危害严重的土壤上，可采用育苗移栽法，增强抗盐碱能力。 (2)防除杂草:在苗期首先要及时防治虫草害，以消除保苗阶段的最大威胁。适时恰当地选择和使用各类农药，有效地控制病虫草害的发生。 (3)补苗:在灾情严重造成缺苗断行时，应采用催芽补种或间苗移栽的方法补齐田间幼苗。有些地块也可采用阳畦纸筒法育苗后移栽。甜菜幼苗生出1对真叶时，开始进行间苗，分2~3次作业，到3~4对真叶期时定苗，株距条播20~25cm。保苗数7500~105000株/hm^2，饲用甜菜为45000~67 500株/hm^2。 (4)浇水:一般在定苗后结合追肥灌头水，第二水可根据土壤含水量来确定。灌水次数与灌水量因各地气候条件不同有较大差异。在新疆甜菜高产地块生育期内要灌水5~7次。从定苗水以后每隔15~20天左右灌水一次。 (5)施肥:甜菜苗期所需要的氮、磷、钾占全生育期吸收量的比率分别为20%、13.4%和15.5%，所以在生产上采用以速效氮肥为主，磷、钾肥为辅的追肥措施。
(2)苗期至收获前管理	(1)中耕:第一次中耕要安排在间苗进行，深度3~4 cm，主要目的是消灭杂草，疏松地表，提高地温和减少蒸发，促使幼苗茁壮生长。第二次中耕一般在定苗前后进行，深度可达5~10cm，以加快幼苗后期的生长速度。每次灌水后都应及时安排中耕作业以解除土壤板结，减少土壤蒸发。到甜菜封垄一般要中耕2~4次，每次中耕也要注意和培土结合。 (2)施肥:用浓度0.03%的硼酸或硫酸锰及钼酸锌(硫酸锌)等微量元素溶液喷洒在甜菜的叶面上有较好的增产效果，可根据土壤缺乏状况选用。 (3)浇水:甜菜叶丛繁茂期后，每次灌水应尽量和追肥相结合。主要灌水方法是大田畦灌，在干旱地区要发展喷灌和滴灌等节水灌溉技术。

3. 常见技术问题处理。

甜菜苗期的最大危害是什么？危害程度较大时采取什么样的技术措施？

甜菜在苗期常遇到风、虫、盐、旱、病、冻等的危害。如果危害程度较大时必须采取以下几种急救措施：

①调整播期避开霜冻严重时期，适时早播，增强幼苗的抗冻力是预防冻害的主要方法。

②在灾情严重造成缺苗断行时，应采用催芽补种或间苗移栽的方法补齐田间幼苗。

③在春季大风频繁，降雨较少，幼苗遇干旱和风沙之害时给苗田灌薄水以防风蚀和干旱。

④关注天气情况，依据天气低温和寒流预报，及时在田间采取熏烟的措施也可减轻冻害。

⑤在甜菜幼苗期不浇水，适当蹲苗对促进根系生长有利。在春旱重、风沙大的地区，苗期可进行轻灌，灌后及时中耕、保墒、提温，以免旱灾。

（四）收获与利用

新疆地区通常在9月下旬至10中旬收获甜菜。糖甜菜在进入收获期后在机械或人工收获时，将大量的叶片收集起来每1t左右集成一堆运回基地，部分可饲喂家畜，其余大部分可进行青贮。

甜菜块根的收获方法，在大面积种植区主要用拖拉机牵引摘掉犁壁的四铧或五铧犁在甜菜的行间深松土壤，切断尾根，犁起植株。犁铲入土20～22cm。无壁犁起收甜菜要人工配合，边犁边收边集堆。在种植面积较少的地方，甜菜块根普遍用畜力牵引的铲趟犁或翻地犁收获。一般是顺着甜菜行深松或深耕15～18cm，边耕（松）边人工拣拾和堆积块根。在起收过程中避免损伤块根。在田间要对收获的块根进行去头切削、积堆等工序。要及时把切削后的副产品收集起来，作为牲畜饲料。起收切削完的甜菜要在田间进行短期堆藏或较长期的沟藏。堆藏也称圆堆式保藏。主要方法是把田间块根按直径1.5～2m，堆高1～1.5m的规格堆积成圆锥体，每堆贮藏量约为1～2t，堆好后在其上覆20～30cm厚的土层以保温。

饲用甜菜的块根在结冻前要根据需要量运回饲养场进行窖藏或沟藏。甜菜的根茎叶可切碎或打浆后生喂家畜，但一次不宜过多。甜菜茎叶中含有草酸，家畜采食过量会产生腹胀、腹泻等有害症状。最好能与其他饲草混合后饲喂家畜，也可青贮后再利用。甜菜腐烂茎叶含有亚硝酸盐，切不可饲用，以防止畜禽中毒。

项目七　胡萝卜的栽培技术

一、概述

胡萝卜别名为红萝卜、黄萝卜、丁冬萝卜。胡萝卜原产于中亚细亚一带。它在欧洲已有2000多年的栽培历史，之后从小亚细亚传入我国。由于它高产，病虫害少，易于栽培，管理较粗放，也耐贮藏和运输，所以全国各地均有栽培。

胡萝卜是营养价值很高的蔬菜和多汁饲料作物。其块根和茎叶的营养成分见表9-4，特别是富含维生素B和胡萝卜素（每千克胡萝卜肉质块根含胡萝卜素40～250mg），用以喂乳牛能提高泌乳量，喂养幼畜和种畜能促进生长和发育，饲喂家禽能提高卵率及卵的孵化率。

胡萝卜的产量很高，一般公顷产块根45000～60000kg，鲜叶24000～30000kg。

胡萝卜味甜适口，各种家畜都喜食，马尤其喜食。饲喂的方法简便，煮熟、生食、青贮或晒干均可。

表9-4　胡萝卜的营养成分(%)

分析项目	水分	粗蛋白质	粗脂肪	粗纤维	无氮浸出物	粗灰分
食用胡萝卜	88.69	1.27	0.68	0.25	9.22	0.89
饲用胡萝卜	81.34	0.88	0.24	0.32	15.68	1.24
胡萝卜缨	81.94	3.87	0.09	3.34	7.59	3.17
青贮胡萝卜	84.32	1.17	0.53	2.65	6.07	4.67

二、基本知识

(一)植物学特性

胡萝卜是伞形科胡萝卜属二年生草本植物。根系发达，播种后45天根就能深入70cm土层，90天的根系深达180cm。主根肥大形成肉质块根。其外形分为根头、根颈和根体三部分。肉质根圆锥形、圆柱形或纺锤形。有紫、红、橙黄、黄等颜色。胡萝卜的叶片为3～4回羽状复叶，色浓绿，具叶柄，表面密被茸毛，故蒸腾作用弱，较抗旱。早熟品种叶片较小，叶柄短而细，晚熟品种叶片较大，叶柄短而粗。胡萝卜抽薹后，株高可达1m左右。复伞形花序，一株上的小花数有时可达千朵。整枝开花期约1个月，花小白色;5瓣;虫媒花，易天然杂交。果实为瘦果。种子的种皮革质，透水性差，胚小，种子千粒重仅1～1.5g。

(二)生物学特性

胡萝卜从播种到种子成熟要经过2年。从种子播种，即开始胡萝卜的营养生长期，至子叶展开，真叶露心，约需10～15天，为发芽出苗期。由于胡萝卜的果皮和种皮透性差，种子小，所以不仅发芽慢，而且要求的条件也较严格。要创造良好的发芽出苗条件，以保证苗齐、苗全。由真叶露心到4～5叶，约经过25天，为幼苗期。这期间光合作用和根系吸收能力弱，生长缓慢，3～5天才生长出一片新叶，抗杂草能力差，对生长条件反应敏感。在23℃～25℃温度条件下生长较快，低温则生长较慢。所以，保证足够的营养面积、肥沃湿润和无杂草等土壤条件，以及适当的温度，幼苗就能茁壮生长。

4～5叶后进入叶生长盛期，亦称莲座期，是叶面积扩大、直根开始缓慢生长时期，所以又称肉质根生长前期。这个时期约需30天，对光照强度反应较敏感。光照不足，下部叶片要提早枯黄和脱落，从而影响肉质根的肥大。要注意地上部和地下部平衡生长，这时的同化产物仍以地上部为主，所以肥水供应上应掌握“促而不过旺”的原则。

其后，进入肉质根生长期，这时期经历的时间较长，约占整个营养生长期的少一半。新叶继续生长，下部老叶不断死亡，故叶片能保持一定数目和面积。此时期要保持最大叶面积，配合施用适当的肥料和灌溉，以加强光合作用，使形成的大量营养物质向肉质根运输贮藏。

胡萝卜为低温、长日照作物。由营养生长过渡到生殖生长，需经冬季低温的时期，通过春化阶段要求的条件是1℃～3℃需60～80天；在2℃～6℃时需40～100天。一般品种在光照阶段要求每日12～14h或以上日照的幼胡萝卜苗达到一定苗龄时才能在低温条件下通过春化阶段。

(三)胡萝卜对外界条件的要求

胡萝卜种子发育的最低温度为2℃～4℃，适宜温度为18℃～25℃。种子发芽较慢，随着温度提高，可缩短发芽时间，8℃时需25～41天发芽，15℃时8～17天，25℃时6～11天。

幼苗耐热力和耐寒力均较强，植株能忍受-5℃～-3℃低温，在苗期27℃以上的高温和干燥下，影响生长较小。叶部生长的最适温度为23℃～25℃，块根为13℃～18℃。25℃以上即降低产量，而且在高温下形成肉质的颜色较淡，末端尖锐，品质差。相反，在较低温度下，形成的肉质根颜色深，末端圆钝，品质佳。但开花和种子灌浆期，却要求较高的温度，最适温度为25℃。

胡萝卜根系发达，叶片具抗旱性状，所以较耐旱。在播种、幼苗和肉质根生长期，必须保证土壤有足够的水分。但土壤的水分过多，导致茎叶徒长，肉质根细小，含水量多而味淡。过于干燥无法播种保全苗，而且肉质根瘦小，粗糙，常带苦味。土壤水分保持田间持水量的60%～80%，最适于胡萝卜生长。

胡萝卜要求土层深厚、富含有机质、排水良好的沙壤土。土层薄、土质硬或黏重的土壤都不适于种胡萝卜。若栽培在黏重土壤上，肉质根的根形不佳，外皮粗糙，破裂者多，外观不良。如黏重土中含过多的腐殖质时，则根的色泽不好，多须根，易生瘤，分枝多，品质劣。若栽培于排水不良的土壤上，根多破裂，易腐烂。沙质土过于干燥，不利于发育，根发育亦不良。

胡萝卜对土壤溶液浓度较敏感，幼苗期土壤溶液浓度不应超过0.5%，成长植株不得超过1%。它在盐渍化土壤和强酸性土壤上生长不良，适宜在中性或弱酸性土壤中生长。

氮素对胡萝卜是不可缺少的营养元素，但土壤中含氮量过多，会促使叶簇过茂，肉质根则相对发育缓慢而变小，降低产量，干物质含量减少，糖分降低，口味变劣。施用氮肥要配合磷、钾肥，特别是钾能促进形成层的分生作用，加速糖分积累，对增加块根产量和品质均有良好效果。

三、职业岗位能力训练

(一)播前准备

1. 职业岗位工作。制定生产计划；做好备耕各项工作。

2. 工作程序及操作技术和质量要求。

工作环节	工作程序及操作技术和质量要求
(1)土地准备	播种地准备：胡萝卜要求疏松肥沃的土壤，故播前深耕20～25cm并翻入腐熟细碎的厩肥，每公顷施肥37.5t，耙碎，整平作畦。一般用平畦栽培，畦面必须平整，便于播种和灌水。

续表

(2)种子准备	种子处理:胡萝卜种子有刺毛,不便于播种,且影响种子吸收水分,故在播前应将种子刺毛搓去,并以同量的沙或灰混合播种更好。胡萝卜种子含有挥发油,阻碍种子吸水,播前浸种有利出苗。即将去掉刺毛的种子浸在温水中,泡一夜后捞出,晾晒至种子表面水分消失,手握不成团时播种。

3. 常见技术问题处理。

(1)胡萝卜适合连作吗?

胡萝卜土壤传染的病虫害少,可连作2~3年。且连作后根形整齐,表面光滑,品质佳。但连作太长会使土壤养分贫乏。

(2)胡萝卜适合轮、间种吗?

胡萝卜适合轮作,在饲料轮作中,青刈豆类、青刈玉米、各种瓜类和青刈麦类等,都是胡萝卜的良好前作。胡萝卜可与麦类等谷类作物或蔬菜轮作,可以避免新鲜厩肥对胡萝卜肉质根的危害。

作为饲料作物,胡萝卜可以在农、牧场旁及其他肥沃的小块地种植,也可以与果树或其他幼龄林地间种。

(二)播种

1. 职业岗位工作。选择适宜播期播种,落实播种技术,检查、监督播种质量,实现"一播全苗"。

2. 工作程序及技术操作和质量要求。

工作环节	工作程序及操作技术和质量要求
(1)播种期与播种方式	(1)播种时间:在新疆地区主要采用春播。胡萝卜出苗缓慢,太早播种容易受杂草危害,开裂根增多,甜味减少,故多在播完大田作物后播种。 (2)播种方式:胡萝卜的播种方法有撒播和条播两种。条播行距30cm,深度以2~3cm为宜,不宜深,因胡萝卜种子发芽力弱,深则出苗困难;撒播时,播前应充分灌水,播后一般不灌水,以免土壤板结,妨碍种子发芽出苗。如播后土壤干旱必须灌水时,在将近出苗时期灌一次水,以助幼苗出土。播后用铁耙轻轻耙平,然后镇压。
(2)播种量	播种量:每公顷播种量4.5~7.5kg。
(3)基肥	种植胡萝卜时每公顷施入基肥37.5t。除耕翻施足有机肥外,要注意磷、钾、氮的配合,磷肥可使含糖量增加改善品质,促进肉质根的成熟;钾肥也可增加其含糖量和细致性,但不宜施用过多;氮肥在前期宜多,以促进植株的生长,后期不宜过多,以防地上部徒长影响肉质根的肥大,或使色泽不良,并降低其耐贮性。

3. 常见技术问题处理。

胡萝卜播种后出现缺苗现象是什么原因造成呢?采取什么措施?

缺苗主要原因:

①胡萝卜种子不易吸水，如果土壤水分少，种子不会萌发造成缺苗；

②如果大田发芽条件差或用陈种子，发芽率更低，造成缺苗现象；

③春胡萝卜播种时气温、地温都低，不利于种子发芽出苗。

采取的措施：

播种前搓去刺毛，浸种催芽后再播种，使胡萝卜早出苗，出苗整齐，增产显著。①方法如下：种子搓去刺毛后放在30℃~40℃的温水中浸泡3~4小时，捞出后放在湿布包中，置于20℃~25℃下催芽，保持种子湿润，并定期搅拌，使温度、湿度均匀，待部分种子露白时即可播种。②土壤干旱会推迟出苗，并造成缺苗断垄，播种至出苗连续浇水2~3次，土壤湿度保持在70%~80%。胡萝卜比较怕涝，所以下雨后要及时排水。

（三）田间管理

1.职业岗位工作。根据生产技术管理计划要求、结合田间苗情，确定适宜管理技术措施，并组织农机、劳力实施，指导田间作业，检查作业质量。

2.工作程序及技术操作和质量要求。

工作环节	工作程序及操作技术和质量要求
（1）播后至苗期管理	（1）松土与定苗：在播种后，幼苗期即可进行第一次行间松土，同时拔除行内杂草。一般间苗2次，第一次在苗高4~6cm（幼苗1~2片真叶）进行，第二次在苗高8~10cm（幼苗4~5片叶）时进行，每公顷保苗30~45万株。 （2）防止杂草：胡萝卜苗期生长缓慢，易受杂草抑制，胡萝卜对化学除草剂除草醚有高度的抗性，因此使用除草醚对防除胡萝卜苗期的杂草有良好的效果。每667m^2用0.7~1.01kg，25%的除草醚，兑水60~100kg，于播后出苗前用喷雾器均匀喷洒于地表。也可以用除草剂1号（50%），每公顷用量1.5~2.25kg，或50%的除草净100g，兑水50~60kg。
（2）苗期至收获前管理	（1）浇水：胡萝卜是喜水的，多实行灌溉栽培。但要根据不同生长阶段对水分的不同需求来进行灌溉。胡萝卜长到手指粗即肉质根膨大期，是对水分需求最多时期，应及时浇水防止肉质根中心木质化。一般10~15天浇一次水，防止水分忽多忽少。 （2）施肥：生长期一般追肥2~3次，第一次在定苗前后进行，以后每隔20天左右追第二次或第三次。

3.常见技术问题处理。

种植胡萝卜时应该注重哪些问题？

①浇水时间：胡萝卜在发芽期需要供给充分的水分，保证发芽迅速，出苗整齐；夏播胡萝卜苗期正逢雨季，要注意排涝；在幼苗期不浇或少浇水，以促进肉质根向下生长；肉质根生长前期，可适当浇水，但不可过多，以免徒长；肉质根生长后期是产品部分生长最快的时期，宜足肥足水。

②土壤湿度与施肥条件：浇水时忽干忽湿，施肥时施用新鲜肥或每次施肥量过大都易引起肉质根的破裂或发生叉根等现象出现。

③间、定苗：间苗在晴天午后，将过密苗、劣苗及杂苗拔除。

(四)收获及种根的选留

胡萝卜耐寒性较强，早霜后午间仍能恢复生长，根中糖分继续积累。过早收获，不仅产量低，而且糖分积累也少。过晚则心柱扩大，甜味减退，甚至遭受冻害。一般春胡萝卜播后90~100天收获。

选根形整齐，中等大小，整齐一致，具本品种形状的块根做母根，拧去叶，保留顶芽，贮藏过冬。窖的温度为1℃~4℃，相对湿度为85%~95%，每隔30~50天倒一次窖，及时剔除烂根。

(五)采种

翌春，选择无腐烂、无病虫害、顶芽生长茁壮的、经过冬季贮藏的母根作种株，于土壤表层地温达到8℃~10℃即定植。胡萝卜为异花授粉作物，不同品种之间容易杂交，不同品种采种地须隔离2km，行株距45cm×30cm，定植时宜使肉质根倾斜，以便接近温暖的表土层，提早生根。栽植深度以埋没全部肉质根为宜，覆土压紧，仅露叶柄，上覆马粪防寒。

抽薹后，花茎较高，须及时培土及设支柱，以防倒伏，主茎生长后，侧枝相继生长。开花参差不齐，种子成熟不一致，为了使养分集中，可留主茎和3~4个侧枝，摘除其他侧枝，以便获得品质良好的种子，成熟期稍趋一致。种子开始成熟后，可分次采收。为了提高种子产量，须进行灌溉和追肥。一般从定植至种子成熟约经过120~140天。

计划单

学习情境9	主要饲料作物栽培技术要点	学时	24
计划方式	以小组为单位，通过讨论共同制定计划		
序号		使用资源	备注
1			
2			
3			
4			
5			
6			
7			
8			
9			
10			
制定计划说明			

续表

<table>
<tr><td rowspan="3">计划评价</td><td>班级</td><td></td><td>第　组</td><td>组长签字</td><td></td></tr>
<tr><td>教师签字</td><td></td><td></td><td>日期</td><td></td></tr>
<tr><td colspan="5">评语：</td></tr>
</table>

决策实施单

<table>
<tr><td colspan="2">学习情境 9</td><td colspan="6">主要饲料作物栽培技术要点</td></tr>
<tr><td colspan="8">讨论小组制定的计划书，做出决策</td></tr>
<tr><td rowspan="9">计划对比</td><td>组号</td><td>工作流程的正确性</td><td>知识运用的科学性</td><td>步骤的完整性</td><td>方案的可行性</td><td>人员安排的合理性</td><td>综合评价</td></tr>
<tr><td>1</td><td></td><td></td><td></td><td></td><td></td><td></td></tr>
<tr><td>2</td><td></td><td></td><td></td><td></td><td></td><td></td></tr>
<tr><td>3</td><td></td><td></td><td></td><td></td><td></td><td></td></tr>
<tr><td>4</td><td></td><td></td><td></td><td></td><td></td><td></td></tr>
<tr><td>5</td><td></td><td></td><td></td><td></td><td></td><td></td></tr>
<tr><td>6</td><td></td><td></td><td></td><td></td><td></td><td></td></tr>
<tr><td>7</td><td></td><td></td><td></td><td></td><td></td><td></td></tr>
<tr><td>8</td><td></td><td></td><td></td><td></td><td></td><td></td></tr>
<tr><td colspan="8">制定实施方案</td></tr>
<tr><td>序号</td><td colspan="5">实施步骤</td><td colspan="2">使用资源</td></tr>
<tr><td>1</td><td colspan="5"></td><td colspan="2"></td></tr>
<tr><td>2</td><td colspan="5"></td><td colspan="2"></td></tr>
<tr><td>3</td><td colspan="5"></td><td colspan="2"></td></tr>
<tr><td>4</td><td colspan="5"></td><td colspan="2"></td></tr>
<tr><td>5</td><td colspan="5"></td><td colspan="2"></td></tr>
<tr><td>6</td><td colspan="5"></td><td colspan="2"></td></tr>
<tr><td>7</td><td colspan="5"></td><td colspan="2"></td></tr>
</table>

续表

实施说明：				
班 级		第　组	组长签字	
评语：				

作 业 单

学习情境9	主要饲料作物栽培技术要点
作业完成方式	课余时间独立完成
项目一	饲料玉米栽培技术
作业	1. 春饲料玉米常见病虫害有哪些？防治方法如何？ 2. 制作提高玉米产量的技术要点，技术计划。 3. 参阅相关资料，了解新疆主载玉米品种特性，栽培技术要点。
作业答案	可另附纸张
项目二	饲料甜高粱栽培技术
作业	1. 新疆主栽培的饲料甜高粱品种特性，栽培技术要点是什么？ 2. 调查在新疆推广的饲料甜高粱品种、产量、品种如何？ 3. 饲料甜高粱主要病虫害种类与防治方法如何？
作业答案	可另附纸张
项目三	燕麦栽培技术
作业	1. 燕麦栽培技术要点与注意事项如何？ 2. 燕麦常见病虫害有哪些？防治方法如何？
作业答案	可另附纸张
项目四	豌豆栽培技术
作业	1. 豌豆栽培技术要点如何？ 2. 豌豆常见病虫害有哪些？防治方法如何？
作业答案	可另附纸张
项目五	马铃薯栽培技术
作业	1. 马铃薯栽培技术要点与种薯催芽技术如何？ 2. 马铃薯常见病虫害有哪些？防治方法如何？
作业答案	可另附纸张

续表

<table>
<tr><td>项目六</td><td colspan="6">甜菜栽培技术</td></tr>
<tr><td>作业</td><td colspan="6">1. 参阅相关资料，了解阿勒泰地区种植甜菜区域，种植面积，利用方式。
2. 甜菜常见病虫害有哪些？防治方法如何？</td></tr>
<tr><td>作业答案</td><td colspan="6">可另附纸张</td></tr>
<tr><td>项目七</td><td colspan="6">胡萝卜栽培技术</td></tr>
<tr><td>作业</td><td colspan="6">1. 参阅相关资料，了解阿勒泰地区种植胡萝卜种植面积，产量、利用方式。
2. 胡萝卜常见病虫害有哪些？防治方法如何？</td></tr>
<tr><td>作业答案</td><td colspan="6">可另附纸张</td></tr>
<tr><td rowspan="4">作业评价</td><td>班 级</td><td></td><td>第　组</td><td>组长签字</td><td colspan="2"></td></tr>
<tr><td>学 号</td><td></td><td>姓 名</td><td colspan="3"></td></tr>
<tr><td>教师签字</td><td></td><td>教师评价</td><td></td><td>日期</td><td></td></tr>
<tr><td colspan="6">评语：</td></tr>
</table>

效果检查单

<table>
<tr><td>学习情境9</td><td colspan="4">主要饲料作物栽培技术要点</td></tr>
<tr><td>检查方式</td><td colspan="4">以小组为单位，采用学生自查与教师检查相结合，成绩各占总分(100分)的50%</td></tr>
<tr><td>序号</td><td>检查项目</td><td>检查标准</td><td>学生自查</td><td>教师检查</td></tr>
<tr><td>1</td><td>玉米栽培技术</td><td>能正确地说出基本概念、植物学与生物学特点，栽培技术要点，会制作提高玉米产量的技术要点计划书。</td><td></td><td></td></tr>
<tr><td>2</td><td>饲料甜高粱栽培技术</td><td>能正确地说出基本概念、植物学与生物学特点、栽培技术要点。</td><td></td><td></td></tr>
<tr><td>3</td><td>燕麦栽培技术</td><td>能正确地说出基本概念、植物学与生物学特点、栽培技术要点与防治病虫害技术要点。</td><td></td><td></td></tr>
<tr><td>4</td><td>豌豆栽培技术</td><td>能正确地说出基本概念、植物学与生物学特点、栽培技术要点与防治病虫害技术要点。</td><td></td><td></td></tr>
</table>

续表

5	马铃薯栽培技术	能正确地说出基本概念、植物学与生物学特点、栽培技术要点与催芽方法。		
6	甜菜栽培技术	能正确地说出基本概念、植物学与生物学特点、栽培技术要点与防治病虫害技术要点。		
7	胡萝卜栽培技术	能正确地说出基本概念、植物学与生物学特点、栽培技术要点与防治病虫害技术要点。		
检查评价	班级		第　组	组长签字
	教师签字			日期
	评语：			

评价反馈单

学习情境9	主要饲料作物栽培技术要点				
评价类型	项目	子项目	个人评价	组内评价	教师评价
专业能力（60%）	资讯（10%）	查找资料，自主学习（5%）			
		咨询问题回答（5%）			
	计划（5%）	计划制定的科学性（3%）			
		用具材料准备（2%）			
	实施（25%）	各项操作正确（10%）			
		各项操作的效果（12%）			
		仪器材料使用的规范（3%）			
	检查（5%）	全面性、准确性（3%）			
		出现问题的处理（2%）			
	结果（10%）	提交成品质量			
	作业（5%）	及时、保质完成作业			
社会能力（20%）	团结协作（10%）	小组成员合作良好（5%）			
		对小组的贡献（5%）			
	敬业、吃苦精神（10%）	学习纪律性（5%）			
		爱岗敬业和吃苦耐劳精神（5%）			

续表

<table>
<tr><td rowspan="2">方法能力
（20%）</td><td>计划能力
（10%）</td><td>制定计划合理</td><td></td><td></td><td></td></tr>
<tr><td>决策能力
（10%）</td><td>计划选择正确</td><td></td><td></td><td></td></tr>
<tr><td colspan="6">意见反馈</td></tr>
<tr><td colspan="6">请写出你对本学习情境教学的建议和意见</td></tr>
</table>

<table>
<tr><td rowspan="3">评价
评语</td><td>班 级</td><td></td><td>姓 名</td><td></td><td>学 号</td><td></td><td>总 评</td><td></td></tr>
<tr><td>教师签字</td><td></td><td>第　组</td><td></td><td>组长签字</td><td></td><td>日期</td><td></td></tr>
<tr><td colspan="8">评语：</td></tr>
</table>

附表：顶岗实习工作过程作业记录单

一、阿勒泰地区苜蓿种植地的调查表

<table>
<tr><td colspan="6">1. 生产计划与成本预算</td></tr>
<tr><td>种植面积</td><td></td><td>种植户</td><td></td><td>地块编号</td><td></td></tr>
<tr><td>选用品种</td><td></td><td>预计产量</td><td>kg/hm²</td><td>预计售价</td><td>元/kg</td></tr>
<tr><td rowspan="8">生产投入</td><td colspan="2">土地承包费：</td><td>元/hm²</td><td rowspan="4">成本合计</td><td rowspan="4">元/hm²</td></tr>
<tr><td colspan="2">种子：</td><td>元/hm²</td></tr>
<tr><td colspan="2">化肥：</td><td>元/hm²</td></tr>
<tr><td colspan="2">农药与施药：</td><td>元/hm²</td></tr>
<tr><td colspan="2">水费：</td><td>元/hm²</td><td rowspan="4">预期效益</td><td rowspan="4">元/hm²</td></tr>
<tr><td colspan="2">机耕费(耕、耙、播、收)：</td><td>元/hm²</td></tr>
<tr><td colspan="2">雇工：</td><td>元/hm²</td></tr>
<tr><td colspan="2">其他：</td><td>元/hm²</td></tr>
<tr><td colspan="6">根据生产计划制定苜蓿高产栽培技术方案(丰产计划)</td></tr>
<tr><td colspan="6">2. 备耕检查</td></tr>
<tr><td>检查项目</td><td colspan="3">检查记录</td><td colspan="2">评价</td></tr>
<tr><td>土地耕翻墒情(耕地质量、冬灌或春灌情况)</td><td colspan="3"></td><td colspan="2"></td></tr>
<tr><td>种子质量与种子处理</td><td colspan="3"></td><td colspan="2"></td></tr>
<tr><td>播前整地质量(墒情、土壤平整、细碎、化学除草等)</td><td colspan="3"></td><td colspan="2"></td></tr>
<tr><td>播种机调试准备(播量调试、机械工作状况等)</td><td colspan="3"></td><td colspan="2"></td></tr>
<tr><td colspan="6"></td></tr>
<tr><td colspan="6">3. 田间管理与作业质量检查</td></tr>
</table>

续表

项目		时间	检查记录(技术措施、指标、作业质量)	评价
播种质量(种肥、下种量、播深、覆土、镇压、浮籽、漏重播等)				
间定苗				
中耕除草(中耕深度、细碎、平整、伤埋苗、杂草清除等)				
追肥(追肥肥料种类、用量、深度、均匀度、覆盖等)				
灌溉(灌量、技术标准)	头水			
	二水			
	三水			
	四水			
化控、化学除草				
收获(收获方式、损失)				
产量				

4. 病虫害调查与防治记载

病虫害名称	发病(危害率)病情指数调查	防治措施	效果

5. 生产技术问题处理记录

续表

时间	生产问题	原因分析	处理措施	效果

6. 撰写苜蓿高产栽培技术总结

二、阿勒泰地区玉米种植地的调查表

1. 生产计划与成本预算

<table>
<tr><td>种植面积</td><td></td><td>种植户</td><td></td><td>地块编号</td><td></td></tr>
<tr><td>选用品种</td><td></td><td>预计产量</td><td>kg/hm^2</td><td>预计售价</td><td>元/kg</td></tr>
<tr><td rowspan="8">生产投入</td><td colspan="2">土地承包费:</td><td>元/hm^2</td><td rowspan="4">成本合计</td><td rowspan="4">元/hm^2</td></tr>
<tr><td colspan="2">种子:</td><td>元/hm^2</td></tr>
<tr><td colspan="2">化肥:</td><td>元/hm^2</td></tr>
<tr><td colspan="2">农药与施药:</td><td>元/hm^2</td></tr>
<tr><td colspan="2">水费:</td><td>元/hm^2</td><td rowspan="4">预期效益</td><td rowspan="4">元/hm^2</td></tr>
<tr><td colspan="2">机耕费(耕、耙、播、收):</td><td>元/hm^2</td></tr>
<tr><td colspan="2">雇工:</td><td>元/hm^2</td></tr>
<tr><td colspan="2">其他:</td><td>元/hm^2</td></tr>
<tr><td colspan="6">根据生产计划制定普通玉米高产栽培技术方案(丰产计划)</td></tr>
</table>

2. 备耕检查

检查项目	检查记录	评价
土地耕翻墒情(耕地质量、冬灌或春灌情况)		
种子质量与种子处理		
播前整地质量(墒情、土壤平整、细碎、化学除草等)		
播种机调试准备(播量调试、机械工作状况等)		

3. 田间管理与作业质量检查

续表

项目		时间	检查记录(技术措施、指标、作业质量)	评价
播种质量(种肥、下种量、播深、覆土、镇压、浮籽、漏重播等)				
间定苗				
中耕除草(中耕深度、细碎、平整、伤埋苗、杂草清除等)				
追肥(追肥肥料种类、用量、深度、均匀度、覆盖等)				
灌溉(灌量、技术标准)	头水			
	二水			
	三水			
	四水			
化控、化学除草				
收获(收获方式、损失)				
产量				

4. 病虫害调查与防治记载

病虫害名称	发病(危害率)病情指数调查	防治措施	效果

5. 生育期及品种特性记载

续表

生育期	播种期	出苗期	拔节期	抽雄期	吐丝期	成熟期
品种特性	株高(cm)	主茎叶片数	穗粗(cm)	穗位高度(cm)	双穗率%	穗长度(cm)
	倒伏率%	空杆率%	秃顶长(cm)	单穗行数	单穗粒数	单穗粒重(g)
	出籽率%	粒色	粒型	千粒重(g)	籽粒整齐度	穗轴率(%)

6. 测产与效益分析

测产	产量构成因素法	株数/hm^2	穗数/株	粒数/穗	千粒重 g	产量 kg/hm^2
	计算公式	株数/hm^2 × 穗数/株 × 粒数/穗 × 千粒重 g × 0.8/1000 × 1000				
	实测法	按照种植面积取150m^2 测产样点若干，取雌穗脱粒后自然风干，称重并测籽粒含水量。				产量 kg/hm^2
	计算公式	150m^2 测产样点产量(kg)平均数 × 10000 × 水分校正系数/150				
效益分析	实际发生成本核算	土地承包费：				元/hm^2
		种子：				元/hm^2
		化肥：				元/hm^2
		农药与施药：				元/hm^2
		水费：				元/hm^2
		机耕费(耕、耙、播、收获)：				元/hm^2
		雇工：				元/hm^2
		其他：				元/hm^2
	平均产量	kg/hm^2		市场价格		元/kg
	副产品收入	元/hm^2		种植效益		元/hm^2

7. 生产技术问题处理记录

时间	生产问题	原因分析	处理措施	效果

续表

8. 撰写玉米高产栽培技术总结

参考文献

1. 陈宝书，牧草饲料作物栽培学. 北京:中国农业出版社，2001 年。
2. 杨青，苜蓿生产与管理指南. 北京:中国林业出版社，2003 年。
3. 董宽虎，沈益，饲草生产学. 北京:中国农业出版社,2003 年。
4. 杜桂娟，草类植物资源与利用. 北京:中国农业出版社,2010 年。
5. 草原休牧轮牧禁牧舍饲养畜技术 300 问. 北京:全国农业科技，2003 年。
6. 朱进忠，草业科学实践教学指导书. 北京:中国农业出版社,2009 年。
7. 新疆牧民饲草现代种植技术与管理手册. 新疆畜牧厅，2008 年。
8. 新疆农作物栽培技术. 新疆农职院(电子版)。